国家出版基金项目
NATIONAL PUBLICATION FOUNDATION

世界边缘的桥梁

The Bridge at the Edge of the World

自 然 生 态 保 护

U0246748

[美] 詹姆斯·古斯塔夫·斯佩思 著

胡婧 译

吕植 审校

北京大学出版社
PEKING UNIVERSITY PRESS

著作权合同登记号 图字：01-2009-7101

图书在版编目（CIP）数据

世界边缘的桥梁／（美）斯佩思（Speth，J. G.）著，胡婧译. —北京：北京大学出版
社，2014.1
（自然生态保护）
ISBN 978-7-301-23786-1

Ⅰ.①世… Ⅱ.①斯… ②胡… Ⅲ.①自然环境—环境保护 Ⅳ.①X21

中国版本图书馆 CIP 数据核字（2014）第 015760 号

The bridge at the edge of the world: capitalism, the environment, and crossing from crisis
to sustainability
English language edition published by Yale University Press of New Haven and London, © 2008
by James Gustave Speth
中文简体版由北京大学出版社出版

书　　　　名：世界边缘的桥梁
著作责任者：[美]詹姆斯·古斯塔夫·斯佩思　著
　　　　　　胡　婧 译 吕　植 审校
责 任 编 辑：黄　炜
标 准 书 号：ISBN 978-7-301--23786-1/Q · 0145
出 版 发 行：北京大学出版社
地　　　　址：北京市海淀区成府路 205 号　100871
网　　　　址：http://www. pup. cn　　新浪官方微博：@北京大学出版社
电 子 信 箱：zpup@pup. cn
电　　　　话：邮购部 62752015　发行部 62750672　编辑部 62752038　出版部 62754962
印 　刷　者：北京宏伟双华印刷有限公司
经 　销　者：新华书店
　　　　　　720 毫米×1020 毫米　16 开本　15 印张　265 千字
　　　　　　2014 年 1 月第 1 版　2014 年 1 月第 1 次印刷
定　　　价：35.00 元

序一

在人类文明的历史长河中，人类与自然在相当长的时期内一直保持着和谐相处的关系，懂得有节制地从自然界获取资源，"竭泽而渔，岂不获得？而明年无鱼；焚薮而田，岂不获得？而明年无兽。"说的也是这个道理。但自工业文明以来，随着科学技术的发展，人类在满足自己无节制的需要的同时，对自然的影响也越来越大，副作用亦日益明显：热带雨林大量消失，生物多样性锐减，臭氧层遭到破坏，极端恶劣天气开始频繁出现……印度圣雄甘地曾说过，"地球所提供的足以满足每个人的需要，但不足以填满每个人的欲望"。在这个人类已生存数百万年的地球上，人类还能生存多长时间，很大程度上取决于人类自身的行为。人类只有一个地球，与自然的和谐相处是人类能够在地球上持续繁衍下去的唯一途径。

在我国近几十年的现代化建设进程中，国力得到了增强，社会财富得到大量的积累，人民的生活水平得到了极大的提高，但同时也出现了严重的生态问题，水土流失严重、土地荒漠化、草场退化、森林减少、水资源短缺、生物多样性减少、环境污染已成为影响健康和生活的重要因素等等。要让我国现代化建设走上可持续发展之路，必须建立现代意义上的自然观，建立人与自然和谐相处、协调发展的生态关系。党和政府已充分意识到这一点，在党的十七大上，第一次将生态文明建设作为一项战略任务明确地提了出来；在党的十八大报告中，首次对生态文明进行单篇论述，提出建设生态文明，是关系人民福祉、关乎民族未来的长远大计。必须树立尊重自然、顺应自然、保护自然的生态文明理念，把生态文明建设放在突出地位，以实现中华民族的永续发展。

国家出版基金支持的"自然生态保护"出版项目也顺应了这一时代潮流，充分体现了科学界和出版界高度的社会责任感和使命感。他们通过自己的努力献给广大读者这样一套优秀的科学作品,介绍了大量生态保护的成果和经验,展现了科学工作者常年在野外艰苦努力,与国内外各行业专家联合,在保护我国环境和生物多样性方面所做的大量卓有成效的工作。当这套饱含他们辛勤劳动成果的丛书即将面世之际,非常高兴能为此丛书作序,期望以这套丛书为起始,能引导社会各界更加关心环境问题,关心生物多样性的保护,关心生态文明的建设,也期望能有更多的生态保护的成果问世,并通过大家共同的努力,"给子孙后代留下天蓝、地绿、水净的美好家园。"

2013 年 8 月于燕园

序二

. . . .

  1985 年，因为一个偶然的机遇，我加入了自然保护的行列，和我的研究生导师潘文石老师一起到秦岭南坡（当时为长青林业局的辖区）进行熊猫自然历史的研究，探讨从历史到现在，秦岭的人类活动与大熊猫的生存之间的关系，以及人与熊猫共存的可能。在之后的 30 多年间，我国的社会和经济经历了突飞猛进的变化，其中最令人瞩目的是经济的持续高速增长和人民生活水平的迅速提高，中国已经成为世界第二大经济实体。然而，发展令自然和我们生存的环境付出了惨重的代价：空气、水、土遭受污染，野生生物因家园丧失而绝灭。对此，我亦有亲身的经历：进入 90 年代以后，木材市场的开放令采伐进入了无序状态，长青林区成片的森林被剃了光头，林下的竹林也被一并砍除，熊猫的生存环境遭到极度破坏。作为和熊猫共同生活了多年的研究者，我们无法对此视而不见。潘老师和研究团队四处呼吁，最终得到了国家领导人和政府部门的支持。长青的采伐停止了，林业局经过转产，于 1994 年建立了长青自然保护区，熊猫得到了保护。

  然而，拯救大熊猫，留住正在消失的自然，不可能都用这样的方式，我们必须要有更加系统的解决方案。令人欣慰的是，在过去的 30 年中，公众和政府环境问题的意识日益增强，关乎自然保护的研究、实践、政策和投资都在逐年增加，越来越多的对自然充满热忱、志同道合的人们陆续加入到保护的队伍中来，国内外的专家、学者和行动者开始协作，致力于中国的生物多样性的保护。

  我们的工作也从保护单一物种熊猫扩展到了保护雪豹、西藏棕熊、普氏原羚，以及西南山地和青藏高原的生态系统，从生态学研究，扩展到了科学与社会经济以及文化传统的交叉，及至对实践和有效保护模式的探索。而在长青，昔日的采伐迹地如今已经变得郁郁葱葱，山林恢复了生机，熊猫、朱鹮、金丝猴和羚牛自由徜徉，那里又变成了野性的天堂。

　　然而,局部的改善并没有扭转人类发展与自然保护之间的根本冲突。华南虎、白暨豚已经趋于灭绝;长江淡水生态系统、内蒙古草原、青藏高原冰川……一个又一个生态系统告急,生态危机直接威胁到了人们生存的安全,生存还是毁灭? 已不是妄言。

　　人类需要正视我们自己的行为后果,并且拿出有效的保护方案和行动,这不仅需要科学研究作为依据,而且需要在地的实践来验证。要做到这一点,不仅需要多学科学者的合作,以及科学家和实践者、政府与民间的共同努力,也需要借鉴其他国家的得失,这对后发展的中国尤为重要。我们急需成功而有效的保护经验。

　　这套"自然生态保护"系列图书就是基于这样的需求出炉的。在这套书中,我们邀请了身边在一线工作的研究者和实践者们展示过去 30 多年间各自在自然保护领域中值得介绍的实践案例和研究工作,从中窥见我国自然保护的成就和存在的问题,以为热爱自然和从事保护自然的各界人士借鉴。这套图书不仅得到国家出版基金的鼎力支持,而且还是"十二五"国家重点图书出版规划项目——"山水自然丛书"的重要组成部分。我们希望这套书所讲述的实例能反映出我们这些年所做出的努力,也希望它能激发更多人对自然保护的兴趣,鼓励他们投入到保护的事业中来。

　　我们仍然在探索的道路上行进。自然保护不仅仅是几个科学家和保护从业者的责任,保护目标的实现要靠全社会的努力参与,从最草根的乡村到城市青年和科技工作者,从社会精英阶层到拥有决策权的人,我们每个人的生存都须臾不可离开自然的给予,因而保护也就成为每个人的义务。

　　留住美好自然,让我们一起努力!

吕植

2013 年 8 月

目　　录

前　言

爱迪斯多(Edisto)河在南卡罗来纳州平原地区蜿蜒而过,泛着茶色斑迹的幽暗水面向两岸荡漾开来,漫到景色秀美的洼地,形成一片湿地。湿地上生长着高大挺拔的柏树、紫树和缀满铁兰的香枫等硬木品种,抚育了太阳鱼、苍鹭等物种,偶尔还能见到短吻鳄和噬鱼蝮蛇。

20世纪四五十年代,我在爱迪斯多河流域的一个小镇上长大。离我们家大约1英里(1英里=1609.344米)的地方有一个依河而建的游泳区,位于高崖的下方,每年夏天我们都要去那里游泳。从崖顶到水面设有草坪阶梯,女孩子们在上面铺好毯子,躺下尽情享受太阳浴(全身式)。河岸边长着高大的柏树林,林间长凳排列有致,妈妈们坐在上面看着她们的孩子在靠近河的浅水区玩耍嬉戏。山崖上有个亭子,供应RC可乐和热狗。那里还有弹球机,我们赢分后就在点唱机上点播《Sixty Minute Man》这首能激起少年幻想的歌曲(如果那真的称得上是幻想的话)。

随着年龄的增长,如此这般的童年记忆从脑海深处不断涌现,尤其在写这本书期间,我经常想起在爱迪斯多河游泳的经历。在起初许多年里,我下河后怎么也抵挡不住水流的力量,但当我长大变得强壮一些,就能轻松地逆流而上了。在近40年的环保工作中,我一直认为美国的环保界亦是如此——实力不断增强,不畏激流,勇往直前。可是,近几年的经历让我不得不认真考虑这种想法是否正确。最后我得出结论——不正确。环保界的实力和经验的确是加强了,但环境却在持续恶化。本书尝试解释"激流"形成的原因,并提出积极的顺势之策,而不是一味地"逆流"前行。

环境形势十分紧迫,因此急需制定并推行环保新方法。对包括我在内的很多人来说,美国是一个舒适的地方,但这种舒适迷惑了我们的双眼。下文谈及的环境威胁与日俱增,意味着前所未有的环境悲剧正在显现。我写本书,正是因为我深感忧虑。我们大家都应该为此感到担忧。

环境威胁有多么严重？可以这么说，在人口和世界经济不再增长的前提下，继续现在的所作所为，就足以破坏地球的气候和生物群，留给子孙一个荒芜的世界。如果按目前的速度继续排放温室气体，继续破坏生态系统，排放有毒化学品，那么到本世纪下半叶，地球将不再适合人类生存。然而，人类活动不会停滞不前，相反在急速扩张。1950 年，世界经济达到了历史性的 7 万亿美元，而今天实现这一数字仅仅需要 10 年的时间。按目前的增速计算，再过 14 年世界经济总量就会翻番。我们面临环境加速恶化的态势，而这恰恰与我们的目标背道而驰。

本书的出发点是我们面临的巨大环境挑战，但现今环境形势并不是独立存在的，而是与其他现实问题紧密相关，包括日益加重的社会不平等、漠视及民主管理和公众管控(popular control)的腐败三大方面。在书中我试着揭示这三个看似独立的公共问题是如何联系起来的，同时说明，作为公民的我们应该如何调动精神和政治资源对其进行转变。

在医学领域，"危机"是指病人的病情出现转折，要么康复，要么恶化。如今，美国也遇到了一个危机时刻，我希望本书能帮助人们找到通向康复的道路。本书的基础不是绝望，而是希望，是对美国人民——尤其是当我写下这些文字时正在返校读书的年轻人的信任。

当今的环保现状

为控制经济对自然界产生的影响而采取的主要手段可被理解为当今的环保主义。我在环保这一领域工作了一辈子，和其他许多人一样帮助建立环保组织，为争取加强联邦环保法的执行力度参与法庭诉讼，游说国会，参与国会听证。我领导了一个大型的环保智库，针对政府管理和其他行动提供源源不断的建议。我曾多次前往世界各地参加国际性峰会和条约谈判。除此之外，我还担任过吉米·卡特总统的白宫环境顾问和联合国规模最大的国际发展机构主任。《时代》杂志评论我写的另一本书《朝霞似火——美国与全球环境危机》(*Red Sky at Morning: America and the Crisis of the Global Environment*)时称我为"终极业内人"[1]。我猜业内可能是指当今的环保领域吧。

如今，在我的职业生涯快要结束时，我发现自己对这些结果并不满意。当然，这些年也取得了重大收获，我会回顾其中一些成绩，包括我们在空气污染、水污染等局部环境问题上取得的进展。但总而言之，当今的环保界并没有取得胜利。虽然我们打赢了几场战役，其中有些甚为关键，但我们正在输掉全局。

随着美国公众开始对气候变化高度关注，形势终于又出现了希望，令人欣喜。美国政坛对气候问题已经达成重要共识，从现在开始将难于或无法忽视气候问题。2006 年，美国举行中期选举，同时阿尔·戈尔（Al Gore）也推出轰动全球的纪录片《不能忽视的真相》(An Inconvenient Truth)。·从此之后，大量的应对气候变化的立法提案不断涌向国会，其中一些提案颇具雄心壮志之感。各州市都纷纷开始行动，处理气候和能源问题，态势空前。可再生能源行业加速发展；公民动员起来；企业也加入行列，起到了带头作用，起初在活动中提倡环保，最近又和环保人士联手呼吁加快国家气候立法[2]。美国工业和金融业也在走"绿色"道路，行动之迅速前所未有。

这一刻我期待了多年，乐见其成，不想削弱其重要性。但这一刻却很容易让人沉湎其中，安于现状。我们必须记住，还有多久美国才能建立起有效的国家气候计划及可持续能源框架，还有多久国际社会才能达成一致，建立一套有效的后京都气候体制。有效降低温室气体排放的举措大体上仍未推行。还需要考虑的是，达到目前的态势，我们都做了什么——历经三十多年的漠然，现在各国冒着摧毁地球的风险各行其是。除此之外，虽然气候灾难带来的风险似乎终于能够鼓励人们行动起来，但还有其他许多环境问题遭到大多数人忽视。

所以我不得不说，环保形势尚有问题存在。我们这些关心环保的人中绝大多数都在现有体制下工作，可这个体制并不完善。一直以来，主流环保社会作为一个整体都扮演着"终极业内人"的角色。然而，对于环保界来说——对于里面的每一分子来说，现在应该置身于体制之外，更深入地评判目前的情况。

我们每个人的生活都由一个复杂的体制所掌控，该体制既可变成灵丹妙药也可成为萧墙之患。我将在下文提到，这种体制在环境、社会及政治层面正引发不利的现实。我们想要转变体制，就应该跳出思维定势，成为变革的推动者。要实现这一目标，我们需要了解影响体制结构，确定必要的新方向，获得前进的动力。乔治·萧伯纳（George Bernard Shaw）曾说过一句名言，大概意思是说一切进展取决于非理性。而现在正是公民大量体现非理性的时候了。

指导思想

在切入正题之前，我先来谈谈指导我写本书的想法。首先，我明白自己在下文谈及的很多建议可能会引起争议，尤其引起极简政府支持者的争议。但美国

xiii

深陷多方面的困境，我们要想治愈这些顽疾，就必须下猛药，而这在很大程度上取决于有效的政府干预。扭转环境和社会不利后果，我们不应该剥夺自己使用民主手段的权利。聪明的政府并非劳师废财、臃肿不堪，可终究还是离不开政府二字。

同理，正因为当今的环保政策和政治过于薄弱，所以才必须以评判的眼光看待按部就班实行的环保措施，同时应该提出能够深化改革的建议。如果有人说我的这些建议不切实际，或者在政治上很幼稚，我会回敬说我们需要的就是不切实际的解决之道。这只是反映了我们所处的现状而已。即使有些办法目前听上去较为激进或牵强附会，那么我要告诉大家等一等。很快事态的发展就会清楚地揭示真正脱离现实的是按部就班的行事，而标新立异才是切合实际的必要手段[3]。

写书往往要求作者掌握丰富广泛的知识，而我认为自己不达标。我只是在寻找解决问题的办法，也希望读者能跟我一起探索。本书探讨的问题需要通过新概念和新思维方式来加以理解，甚至还涉及新的词汇，尤其适合年轻人阅读研究。

本书范围很广，涵盖领域之多，恐怕无人能完全精通。在广度和深度之间，我选择了前者，因为我找不到能够完全概括主题的其他办法。驾驭如此之广的领域，实属不易，至少对我来说如此，出错在所难免，还望读者谅解。我从罗伯特·勃朗宁(Robert Browning)的诗句中找到了慰藉："啊，人所达致的，该超越其所把握的；否则，天堂何价？"

我参阅了多人的著作，以其言表述其观点。有人或许要说，在学者及其他研究者的文字中寻找答案，是傻瓜做的事——在现实世界中找解决问题的办法才更靠谱。这样说有一定的道理，但忽视了一个重点。一般而言，现实世界无法真正感知正在发生的不利变化的程度和速度，因此除了小型实验性措施之外，无法在更大层面挖掘我们所需的解决办法。我们必须放远眼光，超越现实世界，从探索艰难而新颖的思想、提出转变建议的人那里寻找答案。

另外，一个人在任何情况下都不应该忘却思想的力量。约翰·梅纳德·凯恩斯(John Maynard Keynes)曾在《通论》(General Theory)一书中提到令人愉悦的观点："经济学家和政治哲学家的思想，正确也好，错误也罢，其力量之大，常人往往认识不足。事实上可以说统治这个世界的舍如此之思想几无他也。实干家们，自以为可在相当程度上免受任何学理之影响者，往往已沦为某位已故经济学家的思想奴隶。"[4]

米尔顿·弗里德曼(Milton Friedman)是一位伟大的经济学家，强烈主张自由放任资本主义。他的许多立场我并不认同，但我相信对于思想的重要性及危机可凸显其作用的论断，他言之有理："只有体察到的危机或者确实发生的危机，才能带来真正的改变。"[5]他这样写道："危机发生时，人们所采取的相应行动往往取决于身边的思想。因此，我相信，开发新政策，维护其活力和有效性，让政治不可能变成政治必然，这才是根本之举。"我最喜欢的莱普徽章上写着一句简单的话："逆来顺受者正在做准备。"虽然我不敢肯定地球将由逆来顺受者继承，但我确信这个世界将是当今年轻一代的天下。我希望本书能帮助他们做好准备。

　　一本书不可能面面俱到，本书以发达国家面临的问题为主，而不是针对发展中国家需要应对的挑战。我曾通过联合国等机构在国际发展和扶贫方面做过大量工作，现给予发达国家和发展中国家同样的关注。在《朝霞似火》一书中，我提到了发展中国家急需加快以人为本的可持续发展及减少贫困和人口问题带来的压力，同时探索了解决这些需求和有效应对环境挑战之间的关系。但本书则不同。例如消费，重点是指富人们的过度消费，而不是穷人们的消费不足。再比如我在下文问到凯恩斯预言的"经济问题"如今是否得以解决时，我针对的是富人，而不是穷人[6]。

　　本书重点关注美国这个非常富有的国家。美国国土广袤，颇具影响力，美国政府和企业引领国际贸易和经济全球化进程。美国与其他发达国家一起为全球多数国家制定国际规则，推广文化等方面的标准，推动国内国际经济发展。世界需要美国带头解决环境问题，可我们美国人目前还远不能够承担起这一领导角色。另外，对于书中探讨的许多问题而言，美国都是发达国家中的一个极端的例子。在个人主义、消费主义、市场力的接纳、资本主义和全球化、社会公共服务的缺乏等诸多因素的作用下，美国总是向着富裕的一端倾斜。解决问题的办法若能在美国找到，那么在其他地方或许也能找到。

　　《朝霞似火》以国际社会责任及美国作为其中一员应尽的责任为主，介绍全球环境威胁的问题，呼吁加强条约和国际环境机构（如世界环境组织）的建立。本书站在一个新的高度，更深层次地审视主要因素和所需的改革。尽管很多解决方案都取决于国际协议和合作的建立，但全球环境威胁的根源在国家或地方层面，许多方案可以依此寻找。

　　最后一点，人们不可避免地受其价值观所指引，尽管我往往达不到自己的价值观要求，但我还是应该详细地谈一谈。在社会交易中，改善黄金法则是件难事，从更广的意义上可将其作为环境伦理的基础，具体而言是你对现今生活及后代所承担的各项职责。这种观念包括社会对后代所担负的职责。地球并不是我们从父辈那里继承的，而是从子孙那里借来的。阿尔多·利奥波德（Aldo Leopold）是耶

xvi

世界边缘的桥梁

鲁林业与环境研究院（我任院长）最有名的毕业生，他在《沙箱年鉴》(*A sand County Almanac*)一书中写道："当一个事物有助于保护生物共同体的和谐、稳定和美丽的时候，它就是正确的；当它走向反面时，就是错误的。"[7] 这句话强有力地诠释了人类对其他物种应负的责任。把一个被毁的世界留给子孙，破坏其他物种的生存环境，违反了环境伦理的两项中心原则。我们的责任恰恰在相反的方向，要求我们奋力抵御当代中心主义和人类中心主义这两种主流思潮的侵蚀。

詹姆斯·古斯塔夫·斯佩思（James Gustave Speth）

致　谢

·····························

　　对那些曾经审阅本书并表达真知灼见的同事和朋友们，我由衷感激，并致以深深的谢意。以下名单着实不短，列出了对书稿提出过建设性意见和提供帮助的各位人士：Dean Abrahamson, Paul Anastas, William Baumol, Seth Binder, Jean Thomson Black, Jessica Boehland, Alan Brewster, Peter Brown, Benjamin Cashore, Roger Cohn, RobertDahl, Herman Daly, John Donatich, Laura Jones Dooley, William Ellis, Rhead Enion, Laura Frye-Levine, John Grim, Jacob Hacker, NoelHanf, Harry Haskell, Zeke Hausfather, Jack Hitt, Jed Holtzman, JonIsham, Stephen Kellert, Donald Kennedy, Nathaniel Keohane, PushkerKharecha, Jennifer Krencicki, Jonathan Lash, Kathrin Lassila, Anthony Leiserowitz; Kelly Levin, Paul Lussier, Victoria Manders, J. R. McNeill, Pilar Montalvo, John Nixon, William Nordhaus, RichardNorgaard, Sheila Olmstead, Robert Repetto, Laura Robb, JonathanRose, Heather Ross, Sherry Ryan, Cameron Speth, Fred Strebeigh, Lawrence Susskind, Betsy Taylor, Mary Evelyn Tucker, ImmanuelWallerstein, Dahvi Wilson。当然，还有一些人，我引用了他们的研究著作，希望引用得恰到好处。对于他们，我也要表达诚挚谢意。最后，我还要感谢曾与我合作撰写《全球环境治理》(2006)的彼得·哈斯(Peter Haas)，以及参加我在耶鲁林业与环境研究院举办的 2006 年秋季"现代资本主义与环境"研讨班的学生们。

詹姆斯·古斯塔夫·斯佩思(James Gustave Speth)

于纽黑文(New Haven)

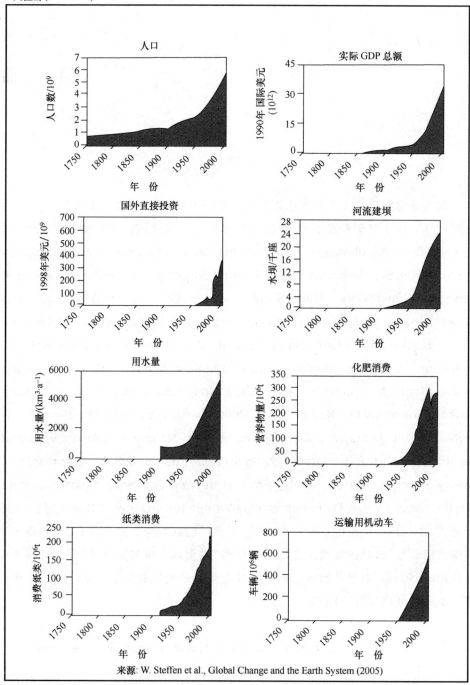

来源: W. Steffen et al., Global Change and the Earth System (2005)

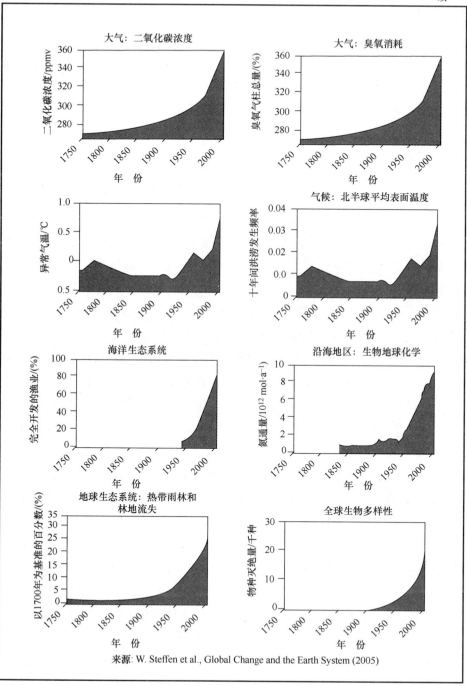

来源: W. Steffen et al., Global Change and the Earth System (2005)

引言——两个世界之间

1　　　本书开篇的图表显示了人类对自然界的巨大影响[1]，其规律显而易见。倘若我们能够让时间快进，就能看到全球经济的"大撞击"，如同行星撞击地球一般，给地球造成巨大的灾难。尽管经济繁荣带来物质享受，贫困和疾病的减缓，让世界沐浴着文明的光辉，但是经济发展对自然界带来的巨大代价令自然之光泯灭，则是悲剧性的空难。

　　　全球一半的热带森林和温带森林已经消失[2]。热带森林继续以每秒一英亩的速度遭砍伐[3]。约有一半的湿地和1/3的红树林不复存在[4]。根据估算，90%的大型掠食性鱼类已消亡，75%的海洋鱼类遭到过度捕捞或已达到捕捞限额[5]。20%的珊瑚已消失，另有20%受严重威胁[6]。物种消亡的速度比正常高千倍[7]，创下自恐龙灭绝后6500万年来的最高纪录[8]。较干旱地区的农业用地超半数都出现一定程度的
2　　退化和荒漠化现象[9]。如今，我们每一个人体内基本上都能查出有大量持久性有毒化学品[10]。

　　　目前来看，人类的影响超过了自然系统的承受能力。地球的平流臭氧层严重消退，之后才被人们发现。人类活动使大气二氧化碳含量升高超过30%，并且已开始导致全球温度升高，扰乱气候规律。地球上的冰原在融化[11]。工业过程的固氮作用使氮具有生物活性，其规模与自然界的速度相等，后果是导致海洋因富营养化而出现200多处死区[12]。人类活动每年要消耗或破坏自然界大约40%的光合产物，剩下的不足以供给其他生物[13]。1960年至2000年，全球淡水资源萎缩面积翻了一番，目前已占可利用径流量一半以上[14]。科罗拉多河、黄河、恒河、尼罗河等河流在旱季时出现断流，无法流入海洋[15]。

　　　人类社会在不断显现的灾难中前行，脚下的道路连接着两个世界：身后是我们已经失去的世界，而前方的世界正由我们创造。

　　我们很难感知失去世界中丰富的野生动植物资源，在美国可以追溯至 1491 年的前哥伦布时代，想起刘易斯（Lewis）与克拉克（Clark）的远征和约翰·詹姆斯·奥杜邦（John James Audubon）的作品。在那个世界里，自然面积广阔，人口稀少。壮观的原始森林从亚特兰大延伸至密西西比流域。海洋中生活着大量的鱼类，成群的鸟儿飞过蔚蓝的天空，数量之多皆可蔽日。根据麦克利什（William MacLeish）在《美国前传》（*The Day before America*）中的记录，1602 年一个英国人在日记里写自己在海上看到黑压压的一大群鱼，还以为是海底呢！野牛曾向东迁徙至佛罗里达，东南地区有美洲虎，中西部有灰熊，新英格兰地区生活着狼、麋鹿和美洲狮[16]。

　　旅鸽迁徙的壮观景象及被其他动物和人类捕杀的场景，奥杜邦是这样描写的："太阳落山前，见不到几只鸽子，但很多人都已备好马车，带上枪支弹药，安营扎寨……突然传出一声齐喊'它们来了！'鸟扇动翅膀的声音还很远，却让我联想到了海上刮起的狂风……鸟来了，嗖嗖地掠过我的头顶，让我一惊。很快上千只鸽子被挥杆子的人打下来，但鸟的阵容还在不断扩大……成千上万只的鸽子飞来，争先恐后地落到地面上，到处都是，挤满了周边每棵树……喧嚣持续下去……整整一夜……天明之前，鸽群较为安静……现在狼的叫声传进我们的耳朵，我们看见狐狸、猞猁、美洲豹、熊、浣熊、负鼠、臭猫偷袭鸽群。与此同时，一群秃鹰跟着不同种类的鹰和隼前来赶走那些动物，享受战利品。就在这时，发起这场浩劫的人们才开始进场，周围的鸽子要么已经死去，要么垂死挣扎，要么严重受伤。鸽子被人捡起，丢成一堆，直到那人再也拿不动为止。这时，人们放出公猪，让它们吃掉剩下的鸽子。"[17]

　　1914 年，世界上最后一只旅鸽在辛辛那提的一家动物园死亡。几十年后，林务官兼哲学家阿尔多·利奥波德（Aldo Leopold）在这只鸽子的纪念会上说道："我们之所以悲伤，是因为没有一个活着的人能再目睹胜利的鸟儿排成队向前冲去，在三月的天空中用翅膀为春天开辟道路，把冬天从林间和草原的各个角落赶走……尚且活着的人记得童年时看到的鸽子；尚且活着的树曾在幼年被风般的展翅惊扰……鸽子将永留纸间和博物馆里，但它们都是以塑像和图画的形式存在，对一切苦难、一切欢笑置若罔闻。书中的鸽子不会从云间俯冲下来，惊得小鹿赶忙躲避，也不会扇动翅膀，回应橡果林中那喝彩般的雷鸣。书中的鸽子不会将明尼苏达州新割的麦穗当早餐，也不会在加拿大吃蓝莓。它们不懂季节交替，感受不到阳光的亲吻和风雨的吹打。"[18]

　　人类社会正在这两个世界之间快速穿行，起初速度并不快，但现在我们正奔向正前方的世界。诚然,旧的世界——自然的世界——仍在延续,可我们却在不停地将其喊停、孤立。在艺术、文学和我们的想象中,它有着勃勃生机,而在现实中,它正在离我们而去。

根据经济历史学家安格斯·麦迪森(Angus Maddison)的研究,公元 1000 年全球人口仅有 2.7 亿,低于当今美国人口,而全球经济产量仅有 1200 亿美元。800 年之后,人类世界的规模仍较小。到 1820 年,全球人口升至 10 亿左右,而经济产量仅达 6900 亿美元。在这 800 多年间,人均收入每年仅以两百多美元的速度增长,但随后全球经济开始迅猛发展。到 2000 年,人口猛增了 50 亿,而经济产量也惊人地增长,超过了 40 万亿美元[19]。增速不减,自 1960 年以来世界经济总量翻了一番,然后又再度翻番。预计到本世纪中叶,全球经济活动将再度翻两番。

历史学家约翰·R·麦克尼尔(J. R. Mcneill)重点指出,20 世纪人类活动显著扩张。正是在 20 世纪——尤其在二战之后,人类社会才真正告别过去,以空前的力量发展自己。根据麦克尼尔的分析,这个飞速发展的世纪"打破了旧经济体制、人口体系及能源机制的束缚,同时也打破了其薄弱的稳定性。"麦克尼尔写道:"在环境历史学中,20 世纪被视为一个特殊的时期,因为有大量的改变生态环境的进程都以惊人的速度显现。"[20]我们现今生活的世界已满实满载,与 1900 年——甚至 1950 年的世界相比大相径庭。

物理学家对动量有精确的概念,即质量乘以速度,但后者不只是速度,还包括方向。当今世界经济规模大、增速快,已积累了巨大的动量,但方向何在? 5

在写下这些文字时,我坐在书房里,看着一摞书,它们大概有两英尺高,有着共同的主题,但细想起来却不容乐观。从下面的书名中不难看出这一点:[21]

《面对灾难:风险与应对》(*Catastrophe: Risk and Response*),保守派法学家理查德·A. 波斯纳(Richard A. Posner)著。

《我们最后的时刻:看人类未来如何受到恐怖、错误和环境灾难的威胁》(*Our Final Hour: How Terror, Error and Environmental Disaster Threaten Humankind's Future*),英国皇家学会主席马丁·里斯(Martin Rees)著。

《崩溃:社会如何抉择成败》(*Collapse: How Societies Choose to Fail or Succeed*),著名美国学者贾里德·戴蒙德(Jared Diamond)著。

《复仇的庆典:地球为何反击,我们如何拯救人类》(*The Revenge of Gala: Why the Earth Is Fighting Back and How We Can Still Save Humanity*),英国科学家詹姆斯·洛夫洛克(James Lovelock)著。

《长期的危机：石油耗竭、气候变化以及 21 世纪聚集的其他灾难》(*The Long Emergency: Surviving the End of Oil, Climate Change, and Other Converging Catastrophes of the Twenty-first Century*)，美国专家詹姆斯·霍华德·孔斯特勒(James Howard Kunstler)著。

《资源战争：全球冲突的新场景》(*Resource Wars: The New Landscape of Global Conflict*)，美国冲突专家迈克尔·T. 克莱尔(Michael T. Klare)著。

《2030：全球性灾难倒计时》(*The 2030 Spike: The Countdown to Global Catastrophe*)，澳大利亚外交官、历史学家柯林·梅森(Colin Mason)著。

以上只是列举了市场上众多"崩溃论"图书的一小部分。各位作者都认为世界正在走向某种崩溃、灾难或失效，将气候变化及其他环境危机看成是灾祸的主要诱因，灾祸还包括人口压力、石油峰值及其他能源供应问题、经济政治动荡、恐怖主义、核扩散、21 世纪科技风险等威胁。有些人认为，如果我们能及时做出改变，光明的未来还是有可能实现的。其他人则认为全球可能会迎来一段新的"黑暗时期"。马丁·里斯爵士推论："现有的人类文明世界坚持到本世纪末的概率不高于50%。"[22]虽然我个人觉得风险不会有如此之大，但里斯是深谋远虑之人。不论怎样，这些作者对可能发生的未来发出了响亮的警告，抛开他们于不顾不是明智之举。

尽管多年来一直有人在呼吁，在努力，可气候破坏、生物贫化及有毒物质排放的现象愈演愈烈，引发严重的恶果。究竟是何等恶果呢？如果我们想要扭转当今的破坏性趋势，避免更多更大的损失，把一个富饶的世界留给子孙，那么我们必须从基础做起，去了解破坏性趋势的主要驱动因素，了解滋生这些因素的政治经济体制，然后思考应该怎么做才能改变这种体制。

当今导致环境恶化的深层驱动力已然清晰，从人口巨幅增长、运用于经济的主导科技等直接因素到指引我们行为、确立人生重点的价值观等更深层次的因素。最基本的一点，我们知道环境恶化是由人类经济活动引发的。今天，全球约有一半的人口处于极度贫困或濒临极度贫困，人均收入每天不到两美元。贫困人口为了生存，会对环境造成多方面的影响，而环境恶化的主要受害者恰恰是这些穷人，比如人口不断增长的压力造成干旱或半干旱土地退化，影响了他们唯一的生计。

然而，更大、更具有威胁力的影响来自我们中间一部分人在当今日益繁荣的全球经济中的经济活动。这样的活动消耗了大量的环境资源，而回报环境的却是大量的废弃物。损失已相当惨重，未来将是毁灭性的。因此，人类社会面对的一个

7　(也许是唯一的)基本问题是,应该如何改变现代社会经济运行机制,使经济活动既能保护自然,又能恢复自然?

除逐渐消亡的少数其他体制之外,现代资本主义主导着世界经济。我这里用的"现代资本主义"意义较广,是指一种实际且现有的政治经济体制,而非一个理想化的模型。当今我们认识的资本主义包含一种核心经济概念,即私人雇主雇佣员工制造产品、提供服务,雇主对这些产品和服务具有所有权,将它们销售出去,追求利润。但资本主义也包括竞争市场、价格机制、以现代法人制为主要制度的企业、消费社会与支撑消费社会的物质主义价值观,以及出于各种不同原因积极提高经济实力和经济发展的行政国家。

资本主义内在的动力强劲驱使着人们赚取利润,用利润进行投资,鼓励人们创新,实现经济增长——通常以指数增长。资本主义时代的特点实际上就在于世界经济指数式的快速扩张。资本主义的运行体制虽存在缺点,却非常有利于经济发展。

由先进的资本主义特征所构筑经济和政治现实,对环境极具破坏力。全社会上上下下几乎不惜任何代价,毫不犹豫地努力保持经济增长;很少考虑环境影响的科学技术获得大量投资;企业以强有力的手段维护自身利益,首要目标是通过产生利润(包括逃避支付环境成本而产生的利润)实现发展;没有政府干预,市场无法系统性认识环境成本;政府屈从于企业利益及增长必要性;对新潮事物的崇拜和纷繁复杂的广告宣传导致消费主义横流;经济活动规模庞大,其产生的影响改变了地球
8　生物物理基础运行规律。所有的这些支撑全球经济持续增长的因素正在破坏地球持续支持生命的能力。

因此,基本问题就变成了有关转变我们所知晓的资本主义的问题,即资本主义能否转型? 如果能,该如何转? 如果不能,又该怎么办? 本书将针对这些问题展开讨论,主要提出一系列办法,解决经济与环境相互冲突的矛盾,其中有很多超出了传统环境议题范围。

本书第一部分的第一至第三章是基础部分,对上述基本挑战进行了详细阐述。部分重点归纳如下:

- 造成今天环境恶化最主要(但并非唯一)的原因是从 20 世纪至今经济活动的巨大扩张,然而,世界经济日趋一体化和全球化,势必将经历前所未有的增长,而经济增长的动力就在于现代资本主义——或者更好的说是多种资本主义。

- 当今资本主义互为强化的一系列因素使经济活动不利于环境的可持续发

展。这种结果的根源部分来自持续性政治错误所产生的后果,即失败的政治,不仅能长期导致大范围的市场失灵,所有的非市场环境成本无人埋单,而且还大量发放不利于环境的补贴,继而加剧市场失灵。结果就是,我们的市场经济靠谬之千里的市场信号运行,缺少其他纠正机制,因而在环境方面失去控制。

- 人类社会目前面临的环境威胁,范围之广,程度之深,史无前例,而且未来极有可能发生多种灾难、崩溃和瓦解,尤其是将环境问题与社会不平等、社会压力、资源短缺等问题联系起来时,更有可能。

- 当今主流环保主义的特点虽可被合理定义为以增量和实用的方式解决问题,但经实践证明不足以有效应对现有挑战,亦不能解决未来更大的挑战。然而,现今环保举措尽管有局限性,但目前仍保持着极为重要的作用,对很多棘手问题提供了应对办法。

- 2004 年,在现有体制下,全球经济产值达 55 万亿美元,表明增长迅猛,也预示着环境灾难离我们越来越近。如此这般强劲势头,只有对其施以强大的力量才能改变现行轨道。我们需要有力的措施深入到当今破坏性增长的根源,转变经济活动,使其有利于环境的保持和恢复。

总而言之,经过大量的调查,我很不情愿地得出结论,环境恶化绝大程度是由于当今资本主义体制缺陷所致,长期的解决办法必须转变这种现代资本主义体制的主要特征。在本书第二部分,我将谈到现代资本主义的这些主要特征,在各种情况下辨析必要的转变内容。

市场。第四章重点说明朝有利于环境的方向转变市场、扭转历史格局的必要性,提出从现在起就应该认真对待以实现环境诚信价格、纠正其他市场信号为重点的新古典环境经济学,同时分析了遏制"市场帝国主义"和过度商品化的必要性。

增长。第五章重点围绕所谓的"增长恋"展开,提出要认真对待生态经济学,包括批判无休止的经济增长,认为发达工业经济体可能已经超出最优规模或可持续性规模。本章从多方面探索"后增长社会"的特点(即经济增长不以自然或社会为代价的社会)。第六章阐述了当今富裕国家的经济增长其实并不能显著提升人们的幸福感和生活满足感,无法很好地解决紧迫的社会需求和问题。我呼吁采取其他办法直接应对这些急需得到关注的社会挑战。

消费。第七章重点讨论现今富裕社会中被称为富贵病的物质主义和消费主义,并提出建议,促进绿色消费,鼓励人们更简单地生活。

企业。第八章揭示了现代股份制企业的垄断和权力,包括通常所说的反全球化运动,同时提出一个能够转变企业动力的计划。

资本主义核心。第九章更具推测性。在资本主义和社会主义之外是否还存在其他体制?如果存在,这个超越当今资本主义、非社会主义的体制可能会由哪些方面构成?

第三部分介绍了两个潜在的改革驱动力:

新意识。第十章重点审视未来社会价值观、文化和世界观将发生怎样的深刻变化,探讨现今主导价值观如何导致社会与环境相背离,哪些因素的出现才有可能让人们产生新的意识,开始重点关注非物质化生活,关注人际关系及人与自然界的关系。

新政治。第十一章探索一种具有活力的新民主政治,主要解决美国越来越严重的政治不平等,并能够满足被忽视的环境和社会需求,支持必要但困难的行动。我仔细分析了这种有力的民主政治体制的重要长远目标以及推行这样一种新环境政治体制所需的步骤。这方面的一个重要问题是,社会是否正在广泛酝酿一个能够真正推进变革的运动?

总而言之,下面各章节中所述的建议若得以实施,将完全带领我们超越现今已知的资本主义。之后,我们建立起的是一套有别于资本主义的运行体制还是被重新塑造的资本主义,这一问题基本上是仁者见仁,智者见智。最终,答案是什么,或许不重要。我个人对社会主义、计划经济体制或其他旧制度并不感兴趣。正如美国政治学家罗伯特·达尔(Robert Alan Dahl)所说的:"取代市场资本主义的社会主义办法[已]成为历史。"[23] 从经济的角度出发,未来的问题在于我们如何驾驭经济力量去实现可持续性和充裕性?在充满活力的私营部门中,运营的公司企业的创造力、革新性及企业家精神是设计和建设未来的重要基础。缺少它们,我们就无法迎接环境和社会挑战。增长和投资必不可少,涉及的范围很广,现列举以下几个方面:发展中国家可持续的、以人为本的经济增长;美国贫困人口的收入;人类幸福感(在很多方面);以解决方案为导向的新兴产业、产品和工艺;有意义、待遇好的就业机会(包括绿领工作);自然资源、能源生产力及自然资产再生投资;社会和公共服务;公共基础设施投资;等等。这些领域都需要发展和提高,按常理肯定要通过驾驭市场力量来实现。如第五章所述,即使在"后增长社会",我们在很多方面仍然离不开增长。

我赞同保罗·霍肯(Paul Hawken)、艾默里·洛文斯(Amory Lovins)和亨特·洛文斯(Hunter Lovins)在《自然资本主义》(*Natural Capitalism*)一书中提出的新经济战略:

- 从根本上提高资源生产率,以便在价值链的一端减缓资源耗竭速度,在另一端减少污染。
- 重新设计工业体系,模拟生态系统,使得排污这一概念也能逐步消除。(这就是工业生态这一新领域的核心内容。)
- 经济重点在于提供服务,而不是购买商品。
- 通过对再生自然资本新增主要投资,扭转全球资源退化与生态系统服务减少的局面。[24]

好消息是,对于身边的问题,有人已经开始献计献策,身体力行。建议层出不穷(有很多极具价值),改革运动也开始出现,往往由年轻人推动[25]。这些发展给予我们希望,开始勾勒出一座通向未来的桥梁。具体来说,我们能做到的事情包括把市场转变成恢复环境的工具,降低人类生态足迹至环境能长久承受的水平;重新制定企业行为激励方案;将增长重点放在真正需要增长的方面,消费要适可而止;尊重后代及其他生物生存的权利;等等。

除环境挑战外,美国还面临巨大的社会问题和需求。但在社会层面,采用经济手段,一味追求增长,并不是解决问题的好办法,甚至有时还会适得其反。我们需要用慈悲慷慨的胸怀,以直接审慎的方式去应对这些问题。国家有必要建立一整套更加有力的新政策和措施,以巩固家庭和社区团结;应对社会连通性的丧失;确保社会提供待遇好的就业机会,尽量减少裁员和工作不稳定性;推行更多利于家庭的就业政策;增加娱乐休闲的时间;推行全民医疗,减少精神疾病带来的巨大影响;让每个人都接受良好的教育;消除美国的贫困;显著改善收入分配;解决日益加重的经济政治不平等问题。另外,全球有一半人依然生活在贫困中,我们要认识到对他们的责任。

你要是在主要环境机构的大会上反映这些社会问题,也许会有人告诉你,"这些问题和环境无关。"可事实并非如此。正如下文所述,它们能在很大程度上避免我们走向毁灭。我希望环保界能采取这些措施,树立起一个充满关爱的美好社会。

最后,虽然坏消息不绝于耳,但我们的结论是积极肯定的。我们可以借用华莱士·史蒂文斯(Wallace Stevens)的一句名言:"否极泰自来。"是的,我们能挽救残局;是的,我们能修修补补,弥补过失。我们也能重塑自然,挽救自我。在世界的边缘有一座桥,可面对众多挑战(如气候变化的威胁),但我们所剩的时间不多了。美国有位伟人曾经说过:"我们现在面临的事实是,明天即今日。现在已到万分紧迫的时刻。在渐渐揭开生活和历史难题的过程中,有一种东西叫做'为时晚矣'。办事拖拉仍是时间的盗贼。生活常常迫使我们停下脚步,全身赤裸地面对丧失机遇的无奈。'人生总有涨潮时',潮涨必有潮退。我们或许会大声疾呼,让时间停住脚步,但对于我们每一次的请求,时间总是充耳不闻,继续匆匆赶路。在无数人类文明的白骨和废墟之上可见令人悲哀的三个字:'太晚了'。"马丁·路德·金,于纽约市河滨教堂(The Riverside Church),1967 年 4 月 4 日。

现在就让我们面对"为时晚矣"的代价吧。

第一部分

失效的体制

第一章　俯瞰深渊

·····························

如果你诚实地看待今天环境破坏的趋势,不得不承认环境问题深深地威胁着
地球上人类的前途和生命。这就是我们前方的深渊。著名精神病学家与作家罗伯
特·杰伊·利夫顿(Robert Jay Lifton)曾说过:"如果人们不去俯视深渊,那么就
意味着他们生活在幻想之中,不愿面对事实的真相……另一方面,要切忌陷入深
渊。"[1] 因此,解决问题的第一步是要正视环境现状和发展趋势的真相。

我记得自己俯瞰深渊是 1961 年在耶鲁大学上二年级的时候。当时人们预测
将要爆发热核战争,而这倒是比较接近利夫顿的主要研究课题。我的指导教师是
布拉德·韦斯特菲尔德(Brad Westerfield),一位了不起的教授,当时执教耶鲁有
关冷战的主要课程。他处心积虑地告诫我们,要认真对待美国与苏联爆发核战争
的可能性。这个想法我也试着吸纳过,但在某种程度上是我无法想象的。后来,
1962 年的一天,肯尼迪总统在电视上宣布古巴导弹危机的事。在那一刻,想象核
战争就变得易如反掌了。

我现在的感受有点像韦斯特菲尔德教授当年的那样。1980 年我效力于卡特 18
总统,在白宫工作期间发布了《全球 2000 环境报告》[2]。从那年开始,我就一直在像
"毁灭博士"那样大力宣传气候变化及其他大规模环境威胁带来的风险。现在,我
怀着沉重的心情告诉大家,报告中的预测正在变成现实。那些预测是警告,但和其
他许许多多的警告一样,它们大体未能引起人们重视。

情况也曾一度出现过转机。在卡特执政后期和接下来的那些年里,我们中
有很多人从事政策分析,也许就能够为应对全球环境挑战提供契机。举个例子,
罗伯特·雷佩托(Robert Repetto)撰写的《全球的可能性》(1985)(The Global
Possible)一书反映了那个时代的希望。在给那本书的序言里,我这样写道:"就
世界各地的政府、企业和公民该如何直面迎接一系列艰难的环境挑战,本书用信

息数据给出了乐观的理由……［书中提及的建议］向前迈出了重要的一步，指导公共部门和私营部门实施行动计划，从而减少了存在于我们现处的世界和我们期望的世界之间的浮躁悲观情绪。"[3] 然而，20 多年过后，我们并没有选择通向可持续性发展的道路。《全球 2000 环境报告》所述的不利趋势仍在发展，于是便出现了当今的困境。

现今世界

为了评估当前的环境状况，我们需要先分清两大类环境挑战。一类是本地性和地区性的重大环境问题，促使美国在 1970 年建立首个"地球日"。当时，环境问题十分严重和明显，包括空气污染，水污染，露天采矿，森林皆伐，水坝建造及河道渠化，核电开发，湿地、耕地及自然土地的减少，大规模公路建设项目，城市扩张，破坏性采矿及放牧作业，有毒物品排放及农药滥用等问题。对于其中一部分问题，治理取得了成效。有些人关注好的一面，但包括美国主要环保团体在内的其他各方则认为那些问题还在持续，70 年代不切实际的立法承诺仍无望实现，新的严重威胁正在出现。美国环境恶化情况依然十分严峻（见第三章）。

10 年后，1980 年版的《全球 2000 环境报告》及其他文件提出了不同的行动计划，涉及的问题更加全球化，更隐蔽，也更具威胁性（见表 1）。

在这些有时被称为"全球变化"的问题上，美国收效甚微。正如我在《朝霞似火》中讲到的，我们这一代人喜欢动嘴皮子，对会议情有独钟。我们对这些全球问题不停地进行分析、辩论、探讨、谈判。但在行动上，我们差得太远。

结果，尽管在保护平流臭氧层方面国际力量发挥了较显著的作用，美国国内在减少酸雨方面也取得了一定的成果，但 25 年前就已重点确定的全球威胁性趋势至今仍在持续，而且变得更加严重，更加难以驾驭。现在再拿"时间不多了"说事，实际上已低估了事态的严重性。对于气候变化、森林砍伐、生物多样性丧失等严峻的问题，我们在很久之前就应该采取合理的行动，而如今已为时太晚。

现在来回顾一下我们目前面临的严重缺乏有效治理措施的八大全球挑战[4]。下文对这些方面的情况和趋势做详细介绍，虽然其中不免有晦涩难懂之处，但了解地球现状是关注和行动的基础。

表 1　全球环境威胁

趋　　势	可再生资源的过度使用	污　　染		
趋势影响	生物贫乏与资源匮乏	有毒物质及公共健康威胁	大气变化	生态系统中化学物质的失衡
问题	海洋资源的丧失 荒漠化 乱砍滥伐 淡水系统衰退 生物多样性丧失	持续有毒的化学物质	臭氧层的损耗 气候变化	酸雨 氮过剩

来源：摘自詹姆斯·古斯塔夫·史伯斯和彼得·M.哈斯,《全球环境治理》(2006),19.

气候破坏

在所有的环境问题中,全球变暖的威胁性最大。可能引发的后果十分令人担 21
忧,英国政府首席科学家大卫·金爵士(Sir David King)等人认为气候变化无疑是
全球面临的最严重的问题,无一例外[5]。

科学家知道"温室效应"是真实存在的。假若地球大气中没有自然产生的截热
气体,那么地球平均气温大概会比现在低 30℃,地球会变成一个冰球,无法抚育生
命。然而,人类活动导致大气中的温室气体水平大幅上升,阻碍了地球红外辐射进
入太空,因此问题便出现了。总体而言,温室气体积累越多,大气就会截获越多的
热量。

二氧化碳是大气中人为增加的主要温室气体,与工业前水平相比上升幅度超
过 1/3,主要由于使用化石燃料(煤炭、石油、天然气)和大量砍伐树木所致。现在大
气中二氧化碳含量已达 65 万年来的最高水平。另一种温室气体是甲烷,其含量约
为工业前水平的 150%,主要来源包括化石燃料的使用、养牛、水稻种植及垃圾掩
埋。除此之外,大气中还含有一种截获红外线的气体,叫做一氧化二氮,其含量上
升与化肥使用、肉牛育肥及化工业等因素有关。其他温室气体还包括因消耗臭氧
而臭名昭著的氟氯烃(CFCs)等卤烃类的特殊化学物质。

建立政府间气候变化专门委员会(IPCC)是全球科技领域在了解气候变化及应
对办法方面采取的主要举措。2007 年,该委员会发布第 4 期定期报告,指出人类
活动改变地球已成事实,主要方面如下:

"经观测,全球空气和海洋平均温度上升,冰雪大范围融化,全球平均海平面升
高,这些现象都证实了气候系统变暖是毋庸置疑的。"

22　　　"自有仪器记录以来(自 1850 年),全球表面温度最高年份共计 12 个,包括近 12 年(1995—2006)中的 11 个年份。"

　　　"20 世纪中叶以来测得的全球平均气温升高总体很有可能与观测到的温室气体含量上升有直接联系。可辨别的人类影响正扩展到气候其他方面,如海洋温度上升、大陆平均气温、极端气温及风的走向(wind pattern)。"

　　　"两个半球的山地冰川和积雪平均都已减少。冰川和冰盖的大范围消融已促使海平面升高。当前新的数据显示,1993 年至 2003 年间的海平面上升很有可能是格陵兰岛和南极洲冰原消融所致。"

　　　"经观测,自 20 世纪 70 年代以来,干旱的力度更强,持续时间更长,范围更广,尤其在热带和亚热带地区更是如此。气温升高,降雨量减少,水分流失加快,因而促使干旱形态出现变化。"

　　　"在多数内陆地区,强降雨天气越发频现,与全球变暖和观测到的大气水雾含量增加成正比。"[6]

　　　IPCC 第 4 次评估报告还指出在未来不同环境下气候变化可能会产生的影响。温室气体含量越高,这些影响就会越严重。以下是 IPCC 做出的部分预测[7]:

　　　可用淡水资源的分布将发生变化。有些地区的降雨会增多,而有些地区则会减少。干旱和洪涝现象可能会同时加剧。贮存在冰川和积水中的淡水资源会减少,影响 10 亿多人的水供应。

23　　　气候变化和用地变化、污染、资源过度开发等导致全球变化的诱因同时发生,史无前例,将破坏生态系统的健康。迄今为止,经研究的动植物种群中约有 20% 至 30% 将面临更大的灭绝风险。海洋从大气中吸收更多的二氧化碳,将损害贝类动物和珊瑚的生长。排放的二氧化碳有很大一部分被海洋吸收,导致海水碳酸量上升,过多的酸性损害了海洋生物形成介壳的能力。这些影响最终可能是毁灭性的。除此之外,海洋变暖将导致珊瑚白化和死亡率上升。

　　　沿海地区和低洼地区预计将遭受重创。海平面上升将增加海岸侵蚀、洪涝、湿地减少等事件的发生。IPCC 报告做出以下结论:"到 20 世纪 80 年代,海平面上升预计每年将导致千万人遭受洪涝灾害,而人口密度大的地区和适应能力较差、同时面临热带风暴或局部海岸下沉等其他挑战的低洼地区尤其危险。亚洲和非洲百万人居住的三角洲地区将成为受灾人口最多的地区,而小型岛屿尤为脆弱。"[8] IPCC 指出:"上次两极地区气温显著高于目前水平时(约 12.5 万年前),极地冰量的减少导致海平面上升 4 至 6 米。"[9]

　　　人类健康也会在多方面受到伤害。正如 IPCC 所给出的结论:"预计与气候变

化有关的风险很可能会通过以下方式影响千百万人的健康状况,特别是那些适应
能力低的人:

- 营养不良及其相关疾病患病率增加,影响儿童发育和成长;
- 热浪、洪涝、风暴、火灾和干旱使伤亡及疾病增加;
- 腹泻患病率增加;
- 气候变化使地面臭氧浓度上升,进而增加心肺系统疾病的患病率;
- 有些疾病传染媒介的空间分布出现改变。"[10]

　　除了 IPCC 报告之外,其他报告对具体风险给予了特别关注。目前,北极变暖 24
速度比全球其他地区快近两倍。预测认为,北极冰盖继续消融,也许最晚到 2020
年,在每年夏季就会完全消失[11]。冰雪消融开辟了新的航道,环北极地区的各国政
府已开始战略性定位,声称对这些新航道的主权控制。具有讽刺意味的是,这些国
家都在准备开采该地区蕴藏的大量化石燃料资源。在 20 世纪最后 10 年里,格陵
兰岛上消融的冰量翻了一番以上,并可能在 2005 年再次翻番[12]。

　　在人类健康方面,世界卫生组织于 2004 年做出评估,指出每年因气候变化导
致 15 万人死亡。其最新报告预测,到 2030 年,因气候变化而造成的生命损失可能
会增加 1 倍,主要原因包括和腹泻有关的疾病、疟疾和营养不良。发展中国家将是
重灾区[13]。

　　北美西部是受气候变化持续影响的一个地区,那里百万英亩森林正遭受树皮
甲虫及其他病虫害的毁灭性侵扰。在通常情况下,美国西部地区、阿拉斯加及加拿
大不列颠哥伦比亚省的冬季气温很低,攻击当地松树、杉树及云杉的害虫无法存
活。而如今这些地区的冬季气温升高,提高了害虫的繁殖率和存活率,同时扩大了
其地理活动范围[14]。

　　美国的自然地区可能会受到巨大的影响。假设在本世纪内温室气体排放量和
现在一样缺乏严格控制,新英格兰地区的枫木-榉木-桦木林可能就会消失,而东南
大部分地区的气候可能会变得过于炎热干燥,不适合树木生长,因此变成一片巨大
的无树草原[15]。与此同时,据其他一些研究预测,人类引发的气候变化可能会导致
整个西南地区极度干旱,这种趋势很快就会开始[16]。由于气候变化的影响,北美五
大湖也似乎在经受破坏性的变化。目前的情况不仅仅是湖水变暖,而且水位也正
在下降,鱼类疾病正在增加[17]。

　　人们关注的主要问题之一是海平面上升,最大的担心是格陵兰岛和南极洲的
陆冰移动进入海洋,导致灾难性的海平面上升。在这两个地方发生过的冰运动令
人担忧且难以预测。一万年前,大陆冰原融化,海平面在 500 年间升高了 20 多码。 25

虽然 IPCC 预测本世纪的海平面上升不会超过 3 英尺（1 英尺＝0.3048 米），但有些科学家则认为温室气体排放量的持续增长可导致每个世纪海平面上升以码计算[10]。

即使海平面"温和"上升，我们或许也会看到有大批居民迁移出小岛国和埃及、孟加拉国、美国路易斯安那州等国家和地区的低洼三角洲地带。目前，随着阿拉斯加永久冻土融化，因纽特村民正迁往内陆。美国及其他国家的海滩、海岸沼泽和近海岸发展也可受到严重的影响。除此之外，越来越多的证据表明，海洋温度升高及海水蒸发加快促使飓风的力度不断加强[19]。

气候变化产生的诸多后果都可迫使大量居民背井离乡，移居它地，而海平面上升只是其中之一。冰川水源减少，雨季规律出现变化，干旱范围不断扩大，这些因素加在一起，可产生大批气候变化难民。一项研究预计，在本世纪之内由于这些因素而被迫迁移的人数可达 8.5 亿之多[20]。这样的预测提醒我们，气候变化不仅仅是环境和经济问题，而且还是发人深省的道德和人文问题，可对社会公正、国际和平安全产生重大影响[21]。

虽然有许多人认为气候变化的影响是逐步显现的，但事实上，随着地球气温缓慢上升，长期积累的温室气体可能会引发急剧的而非平缓的变化。2002 年美国国家科学院发布一份报告总结道，全球气候变化带来的影响可能会迅速发展："近期科学证据显示，重大且广泛的气候变化事件已经以惊人的速度发生……温室效应等人为改变地球系统的事实可能会增加突然发生地区性或全球性大规模气候灾难的可能性。"[22]

急剧气候变化的可能性与"正向"反馈效应相关，即初步变暖效应会加剧气候变暖，而这个问题可能最为棘手。其中几项反馈是有可能出现的。第一，土地储碳的能力可能会减退。土壤和森林的水分丧失或燃烧可释放碳；植物生长能力可减退，因而降低自然界从空气中移除碳的能力。第二，海洋变暖及其他因素也可导致进入海洋中的碳的减少。第三，随着地球变暖和其他新情况的出现，泥炭沼、湿地、融化的冻土甚至海洋的甲烷水合物都可释放强效温室气体甲烷。最后一点，全球目前被冰雪覆盖的面积要么在缩减，要么被融水覆盖，因此，预计地球表面的反射率将减少。所有的这些效应往往会使变暖过程自我强化，并可能大幅加强温室效应。

这些正反馈增强效应的确可能存在，美国一些顶尖科学家对此深表担忧。美国宇航局（NASA）气候学家詹姆斯·汉森（James Hansen）不畏困难，经过调查研究，得出越发引人担忧的结论，他因此变得越来越直言不讳。2007 年，他在评估报告中提到："我们的地球目前已经临近危险的'临界点'。人类制造的温室气体到达一定程度后，重要的气候变化总体只需依靠气候系统内在的动能就有可能发生，而目前我们离这个程度已经很近了。其影响包括地球上大量物种灭绝；因水文循环加剧而导致气候带移动，影响淡水供应和人类健康；全球沿海地区屡次遭受风暴袭击及海平面持续上升带来的灾难……"

"人类文明始于全新世时期，该时期一直延续至今，已近 12 000 年。在此期间，气候相对平静，地球冷热适宜，北美和欧洲的冰原消失，而格陵兰岛和南极洲的冰原则保持稳定。然而，在过去 30 年里，全球气温迅速升高了 0.6℃，达到全新世最高水平。"

"如今，气候变暖已经把我们推到了一个重大'临界点'的跟前。跨过临界点，就会来到一个'不同的星球'，那时的环境远远超出人类所经历的范围。不论经历多少代人，都再也无法回到过去的环境，大量生物将遭受灭顶之灾。"

"这个逐渐成形的科学事实揭示了拯救地球的紧迫性。我们正处在一个全球临界点上。在未来 10 年，我们必须把握好新的能源方向，才有可能避免气候变化加剧产生不可逆转的后果。"

"我们生活在一个民主的体制下，政策反映了我们集体的意愿。我们不能怨天尤人。倘若我们坐以待毙，让地球越过一个又一个临界点……那么将来很难向孩子们解释我们都做了什么。我们总不能斩钉截铁地说'不知道'吧。"[23]

总之，可以肯定地说，人类引发的全球变暖进程已开始大规模显现，后果已经很严重，而且如果温室气体继续上升的话，后果可能是灾难性的[24]。目前来看，温室气体含量的增长几乎未受抑制。1980 年至 2000 年间，全球二氧化碳排放量上升了 22%。自 2000 年以来，排放量的增长率为 1990—1999 年平均水平的 3 倍[25]。国际能源机构预测，如果人类社会在 2004 年至 2030 年间继续走"老路子"，全球的二氧化碳排放量将增加 55%。即使在最乐观的情况下，及时采取环保行动，全球温室气体排放量仍会上升 31%[26]。国会终于开始觉醒，但已经太迟了。

迄今为止，工业国家推动温室气体增长的力度远远大于发展中国家。发达国家的人口占世界人口的 20%，但是其二氧化碳累积排放量占总量的 75% 以上，当前排放量约占总量的 60%。美国温室气体排放量大约等同于 150 个发展中国家的 26 亿人的排放总量。富裕国家在这一过程中获得了巨大的经济利益。另外，发展中国家的温室气体排放量正在迅速增加——尤其是中国和印度。2004 年，二氧化碳排放量的增长多半来源于发展中国家。发达国家应该提供有力的激励措施、技术支持及其他援助措施，身体力行做好示范，否则发展中国家很难采取行动，遏制碳排放。

与此同时，发展中国家更容易受到气候变化的影响，国民更直接依赖自然资源基础,对极端天气事件防御能力更差,同时在经济技术方面更加缺乏必要的适应力。供水和农业受到破坏、在春季和夏季冰川融水消失、海平面上升、生态系统服务功能减退等影响可促使社会紧张,发生暴力冲突,引发人道主义危机,产生生态难民。这些南北分歧若得不到谨慎解决,将愈演愈烈,成为国际紧张局势的诱因。

形势紧急,刻不容缓,各国政府现在必须联合制定一套主要的国际应对方案,并确保其具有一致性、有效性、公平性和经济有效性的特点,美国宇航局的詹姆斯·汉森等多位气候学家认为,全球平均气温相对于工业前水平上升 2℃ 或更高,就会带来我们无法承受的巨大风险[27]。欧盟已经制定目标,将气候变暖幅度控制在 2℃ 以下。但根据当前的评估数据,由于之前的累计排放量,全球气温上升 1.5℃ 已成定局(如果排除传统污染物,这一数值还会更高)[28]。目前将温室气体增长率控制在当前水平看似不可能,有鉴于此,这些评估结果反映出全球变暖趋势很有可能发展到危险的境地。简言之,这一发现更加证实了目前情况万分紧迫。

根据斯特恩的综述《气候变化经济学》(*The Economics of Climate Change*)的结论,如果能够将大气中温室气体的水平稳定在 450~550ppm[①] 二氧化碳当量之间(CO_{2e},即大气中现存温室气体的总量),气候变化的风险可大大减少[29]。斯特恩报告指出,目前的排放水平是 430ppm 二氧化碳当量,并且每年以超过 2ppm 的速度增加。许多科学家倾向于斯特恩范围的低值,因此他们认为全球温室气体排放量将在短期内达到峰值,之后开始下降。

总之,现在规避气候变化所带来的非常严重的影响可能已为时过晚。尽管如此,最糟糕的影响仍然可以避免,但要求我们必须坚决迅速地采取行动,不然的话,根据目前我们所掌握的最好的科学手段进行预测,最终可能发生的结果是地球毁灭。然而,目前来看,大气温室气体含量欲超工业前水平两倍以上,导致全球平均气温灾难性升高 4~5℃。

为了将排放总量增长控制在可承受的范围内,我们需要制定何等减排目标?斯特恩报告的结论是:"稳定排放总量……要求年度排放量低于目前水平的 80% 以上。……即使发达国家承担起责任,到 2050 年将绝对排放量削减 60%~80%,发展中国家也必须采取功效显著的行动。"[30]中国温室气体排放量近期超过了美国,要实现这个难以达到的目标,中国应起到带头作用。

值得注意的是,2050 年前将温室气体排放量削减 80% 的这一目标是加利福尼亚州和新泽西州联合制定的。许多分析报告已经确立了实现如此宏大的目标所需

---

① ppm,百万分率(10^{-6}),即 parts per million;ppm 不在 SI 单位之列。

的措施,尤其是对美国能源体系进行改革的措施。简而言之,美国通过采取以下一系列的措施,就可以在 2050 年前降低 80% 的排放量:(1) 提高发电、用电及交通领域的能源效率,包括使用节油性能更强的汽车;(2) 开发可再生能源,尤其是风能和太阳能;(3) 提高其他能源的效率,包括改善民用和商用建筑;(4) 向低碳燃料转变;(5) 采用二氧化碳地质处置(封存)技术;(6) 减少除二氧化碳以外的其他温室气体排放;(7) 加强森林和土壤管理。最后,如果出现了更加严重的问题,也许就有必要探索直接清除大气二氧化碳的方法。目前有几种这样的办法,通过加强植物生长、应用人体工程学或采用两种技术相结合的途径来实现,但其中有些方法本身可引发严重的不利后果[31]。

森林消失

地球上大约一半的温带森林和热带森林已消失,大多被清理成了农业用地。乱砍滥伐导致了物种消失、气候变化、经济价值降低、山体滑坡、洪涝灾害和水土流失。在热带地区生长着约占地球 2/3 的动植物种群,而这里的森林消失情况尤为严重。近几十年,热带森林大约以每秒一英亩的速度在消失,而这种势头在 2000 年到 2005 年间丝毫不减[32]。与此同时,根据以行业为主的国际热带木材组织(International Tropical Timber Organization)报告,虽然热带森林有 2/3 被纳入某种管理制度,但实际上只有 3% 的热带森林实现了可持续性管理[33]。

在发展中国家,乱砍滥伐的原因有很多,包括生产热带木材,采集薪材,以出口为目的扩大种植,开发农业,以及矿产开发等其他压力。另外,热带森林的消失也和长期腐败、朋党营私及非法砍伐有关。

乱砍滥伐是一个普遍的现象,在巴西、印度尼西亚及刚果河流域,这种情况尤其严重。在过去的 50 年里,印度尼西亚丧失了 40% 的森林,每年遭砍伐的热带雨林面积约有 9000 平方英里(1 平方英里 = 2.59×10^6 平方米),以目前的速度,几乎所有在苏门答腊和婆罗洲低地的森林将会在短短几年内消失[34]。由于乱砍滥伐、森林火灾以及泥炭地的退化,印度尼西亚在温室气体排放方面位居全球第三,仅次于美国和中国[35]。刚果的情况与之类似,如果按目前砍伐和开矿速度计算,预计不出 50 年,刚果河流域 2/3 的森林将会消失[36]。在亚马孙地区,森林消失的速度是世界之最,然而根据最新的研究结果,森林择伐面积相当于专门纳入统计范围的皆伐面积,因此,亚马孙雨林消失情况有可能被严重低估[37]。总的来说,在 2000 到 2005 年间,全球消失的森林面积抵得上一个德国的面积。[38]

土地流失

荒漠化并不仅仅意味着荒漠面积不断扩大,而且还指破坏土地生产力、最终使之变为荒地的各个方面,包括土壤侵蚀、盐渍化、植被退化及土壤板结等。荒漠化进程在干旱和半干旱地区最为严重,而这些地区占地球陆地面积的 40% 左右,粮食产量占全球总产量的 1/5 左右。在这些干旱地区及其他脆弱的土地上生活着大约 13 亿人,占发展中国家总人口的 1/4 左右。

根据联合国估算,目前遭受一定程度荒漠化的土地面积大于加拿大或中国的国土面积,而且每年新增 5000 万英亩土地或严重退化,不再适宜作物生长,或因城市的扩建而流失,面积相当于一个内布拉斯加州[39]。非洲的荒漠化问题尤为严峻,同时荒漠化也严重影响亚洲和西半球的广大地区,包括美国的西南部和墨西哥的北部地区。荒漠化可产生许多不利后果,如粮食大幅减产,地区更容易受到旱灾和饥荒的困扰,生物多样性降低,产生生态难民,引发社会动荡。

32　　荒漠化通常是由过度开垦、过度放牧或者不良灌溉行为引起的。然而,在这些直接影响的背后还有更深层次的原因,如人口增长、贫困、其他生计手段的缺乏以及发展中地区的土地集体所有制模式。

淡水流失

人们都说世上有替代能源,而水却是什么东西都替代不了的。"世界水危机"这个说法言之有理,体现在以下几个方面[40]。

首先,自然水系及其附属湿地出现危机。人类活动导致诸多自然领域发生退化现象,其中淡水系统最为严重。大坝、防护堤、河流改道和人工水渠建造、湿地填埋等改造工程,加之污染,大范围影响了自然水系及生活于其中的丰富的动植物种群。全球五大流域中有 60% 已遭水坝或其他工程建筑分割,程度从中度到重度不等。自 1950 年以来,世界范围内大型水坝的数量从 5700 座增加到了 41 000 座以上。建造大坝主要是出于确保供水的考虑,但同时也为了发电、治洪、航运和开荒种地等重要原因。淡水是自然界的一个组成部分,截流淡水会严重影响依赖于此的生态系统,包括水生生物系统、湿地和森林。迄今为止,全球一半左右的湿地已经消失,而超过 1/5 的已知淡水生物因受到此类影响而灭绝[41]。

其次,淡水供应出现危机。20 世纪,人类对水的需求增长了 6 倍,这种态势持续至今。人类目前取水量略超可利用淡水的 50%,而到 2025 年,这一数字可升至 70%[42]。现实表明,满足世界淡水需求困难重重。全球约有 40% 的人居住在被定为"水源紧张"的国家,这意味着已有 20%～40% 的可利用淡水被人类社会使用。预计到 2025 年,生活在水源紧张国家的总人数可升至 65%[43]。 33

农业用水占人类取水量很大一部分,约 70%。自 1960 年以来,受灌溉的土地面积翻了一番以上。在印度、中国以及亚洲其他地方,成百上千万的管井深入地下,抽取号称"化石"的地下水源,这是一个特殊的问题。《新科学家》报道说,"上亿的印度人可能会眼睁睁地看着他们的土地变成荒漠。"[44]总体来看,根据全球顶级水问题专家的研究,在 2050 年前,世界水需求将会翻番[45]。《纽约时报》评论道:"最糟糕的情况是,日益加深的水危机会加剧暴力冲突,导致河流干枯,增加地下水污染……还会迫使贫困村民不断开垦草地和林地来生产粮食,这样做的同时会让更多的人挨饿。"[46]

最后一点是水污染问题。在全球范围内,各种数量庞大的污染物被排放到水域当中,降低了水体对动植物的承载力以及对人类社会的供给能力。由于污染问题,全球人口中有很大一部分用不上干净的水。全球约 10 亿人缺乏干净的饮用水供应,占世界总人口的 1/5;其中有 40% 的人缺乏卫生服务。据世界卫生组织计算,每年约有 160 万儿童死于不安全饮用水及缺乏卫生和清洁用水所引发的疾病[47]。

在美国,淡水供应问题将愈发显著。从整体上讲,美国地表水和地下水人均淡水获取量是经济合作与发展组织(OECD)成员国人均的两倍。根据环保局的评估,以目前平均每人每天使用 100 加仑(1 加仑 = 3.78543 升)的水计算,到 2013 年,美国将有 36 个州面临用水短缺问题,继而导致被称为人类"首要需求"的水资源很快被私有化。投资者正在进驻与水有关的市场,预计 2010 年该市场总价值至少达到 1500 亿美元。2006 年,一位高盛水分析师在接受《纽约时报》采访时说:"无论从时间或空间上看,水资源将一直是重要的经济增长动力。"[48] 34

海洋渔业损失

人类社会对海洋渔业、世界大洋及入海口产生的负面影响之大,总体上无论怎么说也不为过。1960 年,仅有 5% 的海洋鱼类资源遭满负荷捕捞或过度捕捞,而如今这一数字达到了 75%。自 1988 年以来,全球渔获量一直呈稳步下降态势(鱼粉的主要原料——秘鲁鳀的捕获量因变动幅度较大,未计算在内)[49]。2003 年,根据科学家报告,包括剑鱼、大马林鱼、金枪鱼等市场常见鱼类在内的大型肉食性鱼类种群规模比原始数量减少九成,现存只剩 10%[50]。而在 2006 年渔业专家预计,如果目前的情况持续下去,到 2050 年,海洋经济渔业基本上将全面崩溃。虽然这个预测备受争议,但至少说明了问题的严重性[51]。

过度捕捞是核心问题,受强大的渔业利益及其获得的丰厚政府补贴所驱动。非但如此,红树林和沿海湿地遭污染及径流泥沙等其他因素也对海洋环境产生影响。约 80% 的海洋污染源自陆地。另外,污水、农业废水以及其他排放物导致海洋环境的污染程度日益加深,对珊瑚礁的影响尤为严重[52]。全球大约有 20% 的珊瑚礁已经消失,另有 20% 正在遭受严重威胁[53]。

就像森林的消失一样,渔民的非法作业、浪费或破坏性的行为加重了过度捕捞现象(大量捕捞上船的海洋生物中有很多都不是捕捞者想要的,它们会被扔回大海,但通常已经死亡或者濒临死亡;另外,深海拖网还会毁坏水下栖息地),而相关管理制度要么缺失,要么薄弱,更加剧了问题的严重性。20 世纪 90 年代中期,美国确定了 67 类数量日益减少、需要特别保护的鱼类,如今有 64 类数量依然稀少,而且也许有 50% 还在遭受过度捕捞[54]。水产养殖业虽然在飞速发展,但在很大程度上严重依赖用捕获的野生海鱼制成的鱼粉饲料[55]。

有毒污染物

当今环境中有许多严重威胁人类健康的因素,其中包括大量不易消除的有机污染物(POP)。某些农药及其他有机污染物不仅可以导致癌症及出生缺陷,而且还可干扰人体内分泌和免疫系统功能。纽约西奈山医学院的儿童健康专家报告称,现今地球上每个人的体内都能检测出几十种有机污染物或其他有毒物质[56]。针对加拿大人的抽样试验显示,在检测的 88 种有害化学物质中,平均每个人检出 44 种,其中有位来自多伦多的母亲,在其血样和尿样中发现了 38 种影响生育和呼吸的有毒物质、19 种干扰激素的化学物质以及 27 种致癌物。还有一位受试志愿者是加拿大第一民族原住民,住在偏远的哈德逊湾(Hudson Bay),在其体内查出的有害化学物质高达 51 种[57]。研究者不清楚这种"化学物质大杂烩"究竟会对人的健康有哪些长期的影响,但实验研究表明,邻苯二甲酸盐类化合物、双酚 A、多溴二苯醚、甲醛、克百威、莠去津、多环芳烃等许多化学物质具有危害性,尤其对胎儿和新生儿不利[58]。

这些化学物质有一个重要的亚类,那就是内分泌干扰物(EDS),俗称性征紊乱素,这类物质中有很多会干扰人类自然的激素的功能,导致女性化,精子数量下降,甚至雌雄同体。虽然西奈山医学院的研究者称我们对内分泌干扰物知之甚少,但他们表示"已积累了足够证据证实,我们应该大力采取措施,限制内分泌干扰物在环境中的扩散。"[59]

以汞等重金属物质为代表的无机化合物也会导致严重的问题。汞是一种毒性很强的神经毒素,其中很大一部分来自火电厂。除汞之外,对环境构成威胁的还有多种有毒物质,包括有害废料或放射性废料、铅、砷等其他重金属。在 20 世纪 90 年代,每年产生的危险废料达 3 亿吨到 5 亿吨左右,而美国的排放量在当时列居首位[60]。

生物多样性丧失

生物多样性包含以下三大方面:某一物种的遗传多样性;为数众多的动植物和微生物物种的多样性;不同种类的生态系统的多样性,如高山苔原、南部硬木河谷林或热带雨林等等。在这三个层面,全球均出现了生物多样性的均质化与单纯化问题,值得警惕。麻省理工学院教授斯蒂芬·梅耶(Stephen Meyer)曾做过非常悲观的评估:"在未来 100 年左右的时间里,地球上多达一半的物种即使不会完全灭绝,也将功能性灭绝,而它们的基因占地球上基因总量的 1/4。陆地和海洋仍然会有大量的生命存在,但那将是一种奇怪的、被同质化的生物组合形式,生物由非自然条件而选择,为的是适应一种最基本的影响力,即我们人类。当前的形势是任何力量都无法扭转的——国家法律、国际法律、全球性生物保护区、地方可持续发展规划,甚至'荒野之地'这一幻想,统统不行。如今,这条覆盖面宽广的生物进化之路已成定局,将持续数百万年的时间。从这个意义上讲,物种灭绝危机已告终结,不必再抢时间拯救现存生物多样性的组成、结构和组织了,因为我们已经失败了。"[61]

不幸的是,某些趋势正朝着梅耶总结的方向发展。联合国针对现有信息开展过一项大规模调查,结论如下:"1970 年至 2000 年间,大约 3000 个野生种群的平均物种丰度出现持续下滑,下滑幅度达 40%;内陆水生物种下滑达 50%,而海洋和陆地物种各减少了 30% 左右。对全球两栖动物、非洲哺乳动物、农业地区的鸟类、英国蝴蝶、加勒比海和印度洋的珊瑚礁以及普通经济鱼类的相关研究显示,多数经评估的物种数量均出现下滑。"

"越来越多的物种正在面临灭绝的威胁。在过去 20 年里,所有生物区系的鸟类物种状况持续恶化,而对两栖类和哺乳类等其他主要种群的初步调查表明,情况可能比鸟类更糟。在经充分研究的高级分类单元中,12%～52%的物种有灭绝的危险。"[62]

目前,问题主要根源在于土地转化及其他人类活动导致的栖息地丧失。热带雨林养育了地球上大部分的物种,而根据科学家的估算,全球大约有一半的热带雨林消失,这也许让我们失去了生活在这些雨林中的15%的物种[63]。湿地和水生栖息地的破坏也促使生物多样性锐减。外来物种入侵对生物多样性构成巨大威胁,其程度仅次于栖息地的破坏。美国濒危物种或受威胁物种的名录上约有40%的物种之所以榜上有名,就是因为受到了入侵物种的威胁。除此之外,对动植物资源的过度开采也是生物多样性丧失的重要原因之一,鳕鱼、红木、热带鸟类等物种就是例证。有毒化学物质、臭氧层稀薄导致的紫外线辐射增加以及酸雨引发的酸化也可促使生态系统恶化。目前气候变化还不是导致生物多样性减少的一个主要因素,但许多科学家相信,不久以后它也许就能赛过栖息地丧失这个因素,成为生物多样性减少的罪魁祸首[64]。

在所有因素积少成多的作用下,根据估算,现今物种消失速度比自然或正常速度高上千倍[65]。许多科学家认为,现在地球正处在第六次物种大灭绝的边缘,而这一次大灭绝是由人类造成的。负责记录保存物种信息的世界自然保护联盟(The World Union for Conservation of Nature, IUCN——译者注)估计,全球每5个人类已知的物种中就有2个面临灭绝的风险,包括1/8的鸟类,1/4的哺乳动物以及1/3的两栖类物种[66]。生活在太平洋中将近95%的棱皮龟在过去20年中消失了[67];自1980年以来,至少有9种——但也许多达122种的两栖类生物已经灭绝[68];野生老虎濒临灭绝[69];全球接近1/2的水鸟物种的种群规模下降;另外,美洲鹑和野云雀等20种美国常见的草甸鸟类,其种群数量在40年中减少了一半以上[70]。

氮肥过量

地球大气主要由不具有生物活性的氮气构成。根瘤菌等相关细菌可以固氮,使之具有生物活性,从而被植物利用。然而,我们人类也开始固氮。如今,人造氮主要有两个来源,75%来自肥料,25%来自化石燃料的燃烧。现在人类固氮量已经与大自然旗鼓相当了。氮一经转化,就会落入生物圈,在相当长的时间里保持活性。

活性氮进入水体,可以导致过养化,程度严重时还可导致富营养化和藻类水华,水生生物会由于缺氧而死亡。目前海洋中的"死区"超过200个,其中绝大多数是由于养分过量所致。有些死区面积巨大,如密西西比河口的死区。然而,过量的氮产生的并不都是负面影响:氮供应量的增加有助于森林的生长,也有利于碳的固存[71]。

启示

上述八大全球环境问题以及酸沉降和臭氧层稀薄,并不是孤立存在的,而是在不断地相互影响,使情况恶化。比如说,森林的消失加剧了生物多样性减少、气候变化和荒漠化的问题。气候变化、酸雨、臭氧层稀薄以及水资源的流失又反过来对森林产生了不利影响。气候变化的影响无处不在,可能会加深荒漠化程度,导致洪涝、干旱频发,破坏淡水供应,对生物多样性和森林产生不利影响,进一步削弱水生生态系统等。

这一切我们该如何理解呢?多位著名科学家已经开始着手解释这些变化趋势的意义。1998年,生态学家简·卢布琴科(Jane Lubchenco)担任美国科学促进会(American Association for the Advancement of Science)主席时,发表过一次讲话,其结论如下:"结论……是不可回避的。在过去几十年中,人类已成为自然界的新兴力量。我们正以新的方式改变自然界的物理、化学及生物系统,速度更快,影响面更广,前所未有。人类已在不知不觉中开始对地球实施一项宏伟的实验。这项实验的结果如何,并不为人所知,但它必定对地球上所有生物产生深刻的影响。"[72]

1994年,1500位世界顶级科学家,包括多数在世的诺贝尔奖获得者,联名发出倡议,呼吁人们更多地关注环境问题。他们在倡议中写道:"地球资源是有限的,地球吸收废料和有害废水的能力是有限的,地球提供的食物和能源是有限的。人口不断增长,而地球供养人口的能力也是有限的。此外,我们正在快速逼近地球的许多极限。不论发达国家也好,贫困国家也罢,当前破坏环境的经济活动不能再持续下去,否则势必会严重破坏全球重要自然系统,使其无法修复。"[73]

"千年生态系统评估"(The Millennium Ecosystem Assessment)历时四年完成,规模庞大,全世界1360位科学家和专家参与其中,对地球生态系统的现状和发展趋势进行评估。这一史无前例的项目于2005年完成,管理评估工作的理事会在当时做出了如下说明:"在世界范围内,自然界向人类提供的服务中有将近2/3呈现下降态势。事实上,我们通过改造地球所得到的收益,其本质是通过消耗自然资本来获取的。"

"在许多情况下,我们的时间实际上是借来的。举例来说,地表淡水资源被我们消耗得太快,得不到补给,这就等于在消耗子孙后代的资源……"

"除非我们承认欠下的这些'债',不再让其滋长,否则我们就会置全世界人的梦想于危难之中——他们梦想着让世界摆脱饥馑,消灭极度贫困,不再爆发原本可控的疾病。除此之外,我们还会增加地球生命承载系统出现突变的风险,而这些突然的变化就连世界上最富有的人也逃脱不掉。"

"同时我们也进入了一个生命形式愈发匮乏的世界。人类活动让地貌变得更加简单,更加单一,而这导致数以千计的物种面临灭绝的风险,对生态系统服务的适应力及更加虚化的精神文化价值都有影响。"[74]

2007年,《原子科学家公报》宣布将末日时钟指针向凌晨12点的位置拨动一格,代表地球面临环境威胁[75]。末日时钟提醒我们,当前令人震惊的环境发展趋势产生的后果将远远超出环境本身,导致人类因争夺水源、食物、土地及能源而发生冲突;促使生态难民的产生及人道主义危机;导致政府垮台;以及激化因形势恶化而发动的武装运动。这些后果将严重践踏世界基本和平与公正,无钱无势的人没有办法抵御这些冲击,而后代也不能穿越时空向我们传达他们的声音。上述后果的发生对于这两大群体来说是不公平的。不仅如此,它们还会带来巨大的经济损失。根据《斯特恩报告》的估算,对气候变化采取的"按部就班"办法,其总成本可相当于"目前人均消费减少了20%左右,而且这种下滑趋势将来也会持续下去。"而这还仅仅是气候变化的一个后果[76]。

一个有趣且重要的问题是,我们能否制定措施来"归纳"人类对地球环境的各种影响。在这个方面持续时间最久的项目要数环球足迹网络(Global Footprint Network)为世界各国开发的"生态足迹"了。该项目依据能够持续提供资源或消纳废物的、具有生物生产力的陆地海洋面积,衡量各国对生物圈的索取情况。一个国家的生态足迹涵盖其所有的农田、牧场、森林和渔场,而这些地域空间的作用是生产国民消费的粮食、纺织品及木材,吸收能源生产过程中排放的废料,以及为基础设施提供空间。自19世纪80年代后期以来,全球生态足迹已超过地球的生物承载力,截至2003年超出25%左右,这一程度表明我们动用的已不再是大自然的"利息",而是其"本金"。项目管理人员问:"这样下去还能坚持多久?联合国预计经济人口缓慢稳定增长,在据此提出的温和派情境下,一切按部就班,到21世纪中叶,人类对自然界的索求将超过生物圈生产承载力的两倍。生态亏空达到这样的水平,就意味着生态资本耗竭及大范围生态系统崩溃的可能性将大大增加。"[77]

通过分析生态足迹,还可评估各地区对地球巨大环境压力所承担的责任。生活在高收入国家的 10 亿人约占世界总人口的 15%,却产生了全球 45% 的生态足迹,而美国几乎占了其中的一半之多[78]。

分析国际资源消费模式是另一个评价地球环境压力责任的办法。《1998 年人类发展报告》分析结果显示,全球 20% 生活在收入最高国家的人,其私人消费支出占总额的 86%,肉、鱼消费占 45%,能源消费占 58%,纸张消耗占 84%,汽车保有量占 87%[79]。后面还可以列出很多,这里不再赘述。

我们该如何应对?

挑战异常严峻,让人望而却步,反映出的现实情况令人发指。人们是如何应对的? 对待此事,人们有不同的态度。

我见过的有以下几种:

听之任之型:事已至此,已无回天之术。

听从天意型:这是上帝的安排。

拒绝接受型:有什么问题吗?

轻易放弃型:这也太难了吧。

敷衍了事型:不管怎样,一切都会好的。

踢皮球型:这个问题和我无关。

积极应对型:我们能够并且必须找到解决问题的办法。

我们当中大多数人都属于积极应对型,而这当然也符合本书主旨。我们不否认问题的存在,也不假定仅仅因为解决了其他问题,我们就能解决这些问题。我们不因问题太难而放弃,不会被它们吓倒,也没有把问题留给上帝或其他什么人。

积极应对型的人有时也会寻求最后的庇护,即一种存在主义倾向。阿尔伯特·加缪(Albert Camus)在《西绪弗斯神话》(*The Myth of Sisyphus*)里讲到:"向着顶峰努力奋斗足以使男人的内心得到满足。人们尽可以想象西绪弗斯是幸福的。"从这个角度讲,努力奋斗本身才是最重要的,才是富有意义的。正如天使将浮士德带入天堂时所说:"我们受命拯救拼尽全力之人。"

积极应对型的思想是最有希望的,但也是千差万别。并不是每一种解决办法都相同,也不是每一种都能同样奏效。在《大转变》(*Great Transition*)等著作中,保罗·拉斯金(Paul Raskin)及其合著者勾画出一系列关于未来的情景[80],与之对应的是各种不同的解决方法。它们体现了不同的世界观,从瓦解冰消的结局到切

42

43

实可行的办法,对各种选择进行诠释,力求涵盖应对现今这些挑战的可行途径。

(1) 壁垒型世界观。这虽然可以解决问题,但是一个下下策。随着社会崩溃和瓦解,有钱人避居受保护的飞地,与全球下层阶级划清界限,于是壁垒型世界观便渐渐形成了。这种情形见诸无数科幻小说,形式多种多样,但不幸的是,在现实生活中也不乏壁垒型世界观的真实写照,如封闭管理的小区、武装平民、私人保安和雇佣军军队、大量的在押犯、富人与广大穷人之间出现的巨大差距、只有富人能负担起的自然及其他便利设施等等。这也许会慢慢滋生独裁专制。如果条件恶化,公众的恐惧感日益增强,德拉古式的严厉措施就有可能显得越发易于接受。

(2) 市场型世界观。这种解决方法是"普罗米修斯主义"的(Promethean)和"丰饶论"的(cornucopian)方法。市场丰饶论者坚信问题可以通过自由市场与竞争得以解决。他们倾向于认为自然界无边无际,因此不大可能严重限制人类活动。他们对经济持乐观态度,认为其能够创造研发出效率不断提高、更加洁净的技术,继而使环境问题得到长久控制。在他们看来,经济增长是完全积极正面的,促进技术创新,帮助人们解决自然资源匮乏问题。

(3) 政策改革型世界观。改革派或制度化派相信问题可以通过完善政策来解决。他们强调,良好的政策指导依赖于政府、科学家、非政府组织(NGO)和当地社区之间的密切联系,能够使人们认识到日益显现的自然短缺和环境威胁问题,并制定对策。这可以通过国内国际有实力和效力的机构、法律、政策来实现。经济增长必须在规章制度、市场修正以及其他措施的合理引导下,方可与环境保护并驾齐驱。

(4) 可持续发展型世界观。这个新生的世界观旨在保护和恢复自然群落和人类社会,并以此为目标构想价值观、生活方式及人类行为的重大变化,深入社会价值观,使之从不断膨胀的物质消费向紧密的社会个人关系、社会团结以及与自然界建立的强壮纽带转变。这种新观念形成后,对解决当今环境和社会困境至关重要。在该世界观的引导下,人们认为自然环境的"承载能力"有限,因此必须限制资源消耗,控制污染。同时还承认,采集速度大于自然再生速度,或者污染程度超过自净能力所承受的范围,会致使生态系统及其服务不断消失。人们不再把经济增长看作首要目标。虽然市场力量被认为是有用的,但除此之外也有其他许多可供社会利用的工具,市场力量只是其中一种而已。

(5) 绿色社会型世界观。绿色社会派认为,真正的问题与社会内在的权力有关,同时也与不公平的资源获取与分配有关。他们关注社会和政策环境。在这些环境下,有关资源的决策得以制定,重点在于包括权力重新分配在内的重新分配政策,以应对环境问题。许多人支持权力完全分散,赞同对地方经济体和社会加以强有力的保护。同时,他们对专家的政治中立性及引导合理行为的政府能力发出质疑。

在近几十年中,市场型世界观的支持者已在很大程度上掌握了权力和决策制定的实际控制权。必要时,他们向改革者做出让步,当今的法律和制度就是其结果。在国内国际环境事务中,这种模式继续占据主导地位[81]。正如我在第三章中要讨论的,当今环保界主要依靠的是政策改革型世界观,制定了应对全球、国家及地方环境挑战的大量改革提议。然而,选择实施行动建议的体系不但影响了建议的有效性,而且无法鼓励人们提出更多的创新性改革想法。

因为这种模式没有产生预期的效果,所以我们就需要对其注入新的元素。"可持续发展型世界观"以及"绿色社会世界观"超越了现状,积极指向我们所需要的新视野、新世界观。文化历史学家托马斯·贝瑞(Thomas Berry)曾写道:"在那些掌控历史极其重要的时刻,人类的旦夕祸福与宇宙的更高命运联系起来,给予生命形式和意义。造就如此这般的运动或许可以被称为一个民族的大业。"接下来,贝瑞描述了希腊文明及其他欧洲和亚洲国家的民族大业。他这样写道:"现在的大业是行动起来,从人类破坏地球的时期过渡到人类与地球建立互惠互利关系的时期……也许我们能够留给后代最宝贵的遗产就是这样的大业:把人类活动从破坏性开发转变为良性的存在。"[82]

是认真开始这项大业的时候了。

第二章　失控的现代资本主义

46
在我们的社会里,还有什么比经济增长更让人顶礼膜拜的呢?经济走势受到不间断的监控,计算数值精确到小数点后几位;时而遭到抱怨,时而赢得赞扬;时而被称为疲软无力,时而又被评价为稳健有力。报纸、杂志、电视对其品头论足,永无休止。人们在全球、国家和企业等各个层面对经济增长进行研究分析。以下从2006年夏季商业报道摘录只字片语,作为几个小小的例子:

《金融时报》:"全球经济形势喜人,有望于明年第五次刷新纪录。"

《商业周刊》:"如果石油保持源源不断,[美国]经济也会保持增长态势。"

《华尔街日报》头条:"谷歌将内容交易视为长期发展的关键。"[1]

诚然,处于21世纪头五年的世界一直在发展,全球经济以每年5%左右的速度增长,美国约为3.5%,经合组织整体约为3%。按照5%的速度计算,世界经济规模将在14年后翻一番。

经济增长,大势所趋

47
促进经济持续增长,不断提高经济财富和经济繁荣的水平,这也许要数当今世界投入最广、力度最强的事业了。一直以来,人们把经济增长称为"工业社会发展的世俗信仰"[2]。顶尖宏观经济学家宣称经济增长就是他们在事业中所追求的"至善"。

消费刺激增长,而为了刺激消费,全球广告类支出增长速度甚至超过了世界经济的增速。2006年,《经济学人》发表社论,"赞扬美国大胆购买新点子、新产品的消费者。"[3]当美国消费热情减退时,有人就会恳求消费者购物,甚至连总统都会用这一招,就像9·11事件发生后和2006年圣诞节前乔治·W·布什两次做的那样。《商业周刊》展望 2007 年时向其读者保证,称他们可以"指望[美国]消费者继续消费。"[4] 事实证明,这个预测是正确的。到 2007 年 6 月,《金融时报》就能撰文称"消费者支出突然大幅增长,带动美国经济强劲反弹。"[5]

若想反对政府行动的提议,最行之有效的办法是说这个提议有损经济发展。布什总统在上任早期反对《京都议定书》时,发表的正是如此言论。

只顾经济增长还不够,还要看经济增长的速度。读一读商业期刊上那些犀利的批评,就会以为日本最近经历了一场旷日持久的经济萧条,或者至少说也得是经济衰退吧。事实上,在 1990 年至 2005 年间,日本经济每年以 1.3% 的速度增长,虽然低于美国和欧洲预计的 2.5%~3.5%,但仍算不上是经济下滑。日本实际上是经济长期慢速增长的一个很有意思的案例,说明经济增速是可以放缓的。[6]

了解经济增长及保增长的办法是现代宏观经济学的核心内容。对此,经济学家保罗·萨缪尔森(Paul Samuelson)和威廉·诺德豪斯(William Nordhaus)在著名的《宏观经济学》(*Macroeconomics*)教科书中明确指出:"经济增长是宏观经济学关注的重点……实现产量高水平快速增长、保持低失业率和稳定物价是主要宏观经济目标……自创立之日起,宏观经济学一直围绕两个问题,第一,降低市场经济的不稳定性……第二,加快国民产量和消费的增长。"[7]

历史学家约翰·R·麦克尼尔(J. R. McNeill)写过一本有关 20 世纪环境历史的书,名为《阳光下的新事物》(*Something New under the Sun*),其中有一段精彩的文字,说明"增长恋"遏制了 20 世纪的想象和制度:"社会主义曾力图成为 20 世纪的通用教条,终未成功,取而代之的是一种更加灵活、更具诱惑力的信仰,即追求经济增长。经济增长这一圣坛掩盖了许多罪恶,故引得资本主义者、民族主义者等等几乎所有人——甚至包括社会主义者在内——纷纷前来敬拜。对于印尼人和日本人来说,只要经济保持增长,忍受腐败也无妨;而俄罗斯人和东欧人则耐着性子在他们那笨拙的监视型国度(surveillance state)里生活。美国人和巴西人接受了巨大的社会不公平待遇。在社会、道德和生态层面出现的种种诟病以保持经济增长为由延续下来。信仰的拥护者认为,只有经济规模达到更高的水平,才有可能解决这些顽疾。几乎在世界各地,经济增长都成了治国必不可少的意识形态。"

"假如世界拥有丰富的土地资源、不受惊扰的鱼群、广袤的森林及完好的臭氧层,增长恋控制得好,则可发挥一定的作用,但事实上却让世界变得更加拥挤,承受更大的压力。尽管生态缓冲带在消失,实际成本在增加,但意识形态的枷锁却笼罩在资本主义和社会主义两大阵营之上。……无疑,经济增长压倒一切是 20 世纪最重要的思想。"[8]

相比美国,经济增长的相对优先性在欧洲引发了更多的争论。在欧洲,工作日更短,假期更长,再加上政府相关的工作保障和社会福利政策,常常引来支持经济增长的改革者们的批评。而这场"改革"斗争在法国和其他国家正如火如荼地展开。据《纽约时报》报道,"大批欧洲民众已经准备好,当看到[这些政策]有变动时,就会爆发强烈抗议。"[9]

在美国,追求经济增长是不惜代价的。萨缪尔森和诺德豪斯在《宏观经济学》中写道:"我们的经济是无情的经济。个人评价标准越来越侧重于目前的生产力,而不是过去的贡献。过去那种对公司或社会的忠心如今几乎已经变得一文不值了。假设一家公司想从自身利益出发裁员 1000 人,或从新英格兰迁往美国南部和西南地区,或从美国南部和西南地区迁往墨西哥,它这样做很有可能就是为了无休无止地追求利润……并作为保护手段,防止另一家公司获得竞争优势。以市场为重的经济学家们会对你说,不平等是我们必然要经受的代价,就好比做鸡蛋饼必须要先打破蛋壳一样。这种固执己见的看法着重于效率,而完全忽略了失业工人的生计、倒闭公司的收益、没落城市的利益以及那些失去相对优势的国家和地区的收入。

"进一步来看,在残酷市场的背后也有好的一面。国外竞争加剧,许多行业放松管制,工会处于大萧条以来最薄弱的时期,劳动力市场和产品市场的竞争随之变得愈发激烈。随着竞争力度加大,美国宏观经济表现有了明显的改善。"[10]

关于增长的最后一点是地理分布问题。亚洲的经济增长率最高,近期对世界经济增长的贡献很大,这当然是事实,但经合组织的发达经济体仍然在世界经济中占有一席之地。1980 年至 2005 年间,经合组织成员国的经济占到了世界经济增量的 70%。

经济增长与环境问题

根据麦克尼尔的观点,经济效益和环境损失之间有着密切的关系。经济消耗自然资源(包括可再生资源和不可再生资源),侵占土地,排放污染物。随着经济的增长,资源使用量和种类繁多的污染物排放量也在增长。正如保罗·伊金斯(Paul Ekins)在《经济增长和环境可持续性》(*Economic Growth and Environmental Sustainability*)一书中所述:"牺牲环境以换取经济增长……至少从工业化诞生开始,这无疑是经济发展的一个特点。"[11] 在第一章中,我们详细地了解到这种牺牲一直以来都是巨大的。

　　按照传统,经济增长是以国内生产总值(GDP)的升幅来体现的,本书所指的经济增长就是 GDP 增长。经济增长带给世界显著的物质进步,用经济体生产的、花钱可以买到的物品来衡量,但这种繁荣一直以来都是以巨大的环境代价换来的。麦克尼尔记录了 19 世纪 90 年代至 20 世纪 90 年代 100 年里各类增长的幅度,如下所列[12]:

世界经济	14 倍(增长幅度)
全球人口	4 倍
水使用量	9 倍
二氧化硫排放量	13 倍
能源使用量	16 倍
二氧化碳排放量	17 倍
海鱼捕捞量	35 倍

　　这样的增长趋势一直延续至今。在过去的 25 年里(从 1980 年到 2005 年),很多国家的重大环境项目相继设立并实施,以下列出了该时期全球平均每 10 年实现的各类增长比例[13]:

世界生产总值	46%(增长比例)
纸及纸制品	41%
渔获量	41%
肉类消费量	37%
乘用车	30%
能源使用量	23%
化石燃料使用量	20%
世界人口	18%
谷物产量	18%
氮氧化物排放量	18%
取水量	16%
二氧化碳排放量	16%
化肥用量	10%
二氧化硫排放量	9%

51

　　上述各项指标在一定程度上量化了环境影响,表明影响在增强,而不是在减弱。资源消耗量和污染排放量的增长率低于世界经济的增长率,这一点意义重大,反映了经济的生态效率正通过"非物质化"过程(即资源投入生产力的增加和单位产量污染物排放的减少)得以改善。然而,生态效率改善的速度还不够快,无法遏制环境影响的发生。德内拉·梅多斯(Donella Meadows)对此做了精辟的总结:"情况正在缓慢恶化。"[14]

更进一步来讲,和环境息息相关的不是经济增速,而是总承载量。这些承载量(如渔获量)在1980年就已相当巨大了,因此哪怕每10年的小幅增长也会导致环境影响剧增,而这些影响本来就已经过大了。截止2004年,全世界年均消费3.69亿吨纸制品,2.75亿吨肉类,9万亿吨化石燃料(石油当量)。人类每年从自然界取用淡水量约为1000立方英里(1立方英里 = 4.1682×10^9 立方米)。

这些数字的背后是指数式扩张现象。指数式增长是现代经济活动的一大特点。线性增长是指在一段特定的时间内某物以相同数量增长,例如,大学学费每年涨3000美元,我们就称之为线性增长。而指数式增长指的是某事按存量的一定比例增长,如大学学费每年在原有的基础上增长5%,这种增长是指数式的。现代经济之所以显现出指数式增长趋势,是因为年产量的一部分被用来投资再生产。再投资的数量和当前的经济总量有关,而粮食产量、资源消费量和废料产生量取决于人口数量和产量增长,因此也就随之增长。

过去和现在大抵如此,未来又将怎样?世界经济正处在爆炸性指数增长的通道中,很可能在短短15年到20年就翻一番。这样一来,环境影响有可能不减反增,幅度可能是巨大的——甚至是灾难性的。

人们有充分理由担心未来的经济增长极有可能会继续走破坏环境的路子。首先,要说经济活动及其强大的前进动量在环境方面是"失控的",一点都不为过,即使对建立现代环保项目的现代先进工业经济体而言,亦是如此。基本上,在保护环境资源方面,经济体系起不到作用;而对于修正经济体系,政治体制也无能为力。

"市场失灵"是导致市场无法有效保护环境的原因之一,经济学家华莱士·奥茨(Wallace Oates)对此做出了清晰的阐述:"资源价值(或成本)通过一系列价格信号反映给潜在用户,而价格由市场生成并利用。因消耗社会稀缺资源而对社会产生成本的一切活动都不是免费的,其价格等于社会成本。对于大多数产品和服务(经济学家们称之为'私人物品')而言,市场供需力量产生一个市场价,引导资源的使用,使其最具价值。"

"然而,在有些情形下也许不会出现指导个人决定的市场价格,不同形式的环境破坏活动往往缺乏市场定价……有些稀缺资源(如洁净的空气和水)缺乏合理的价格,因此导致这些资源被过度利用,产生所谓的'市场失灵'现象。这个基本道理直截了当,令人信服。"

"市场失灵的根源被经济学家称为外部效应。在此引用一个经典的案例。生产者的工厂排烟,飘到邻近的居民区。生产者引发了一项实际成本,即污浊的空气,但该成本对于企业而言是'外部的'。和生产所需的人力、资本和原材料不同,生产者无需承担污染成本。人力及材料价格促使企业对其进行有效利用,而对于控制烟尘排放、保持空气清洁则缺乏这样的激励因素。问题的关键是,只要稀缺资源是免费的(我们有限的洁净空气和水资源就是典型的例子),它们就一定会被过度使用。"

"合理的价格会限制稀缺资源的使用,但很多环境资源并不受合理价格的保护。从这个角度来说,看到环境遭到过度开发、滥用,也不足为奇了。市场体制无法合理分配这些资源的使用。"[15]

政治上的失败延长——甚至放大了市场失灵。政府的政策本来可以纠正市场失灵,让市场为环境服务,而不是与之对立,但这通常会影响强大的经济和政治利益,因而无法得以完全或部分实施。如果水资源完全按其成本定价,包括滥用水资源所带来的环境成本,那么水资源就会得到很好的保护,也会被更有效地利用。然而,让水维持低价,对政治家和农户们都更有利。政策本应要求污染者支付其行为所引发的全部成本,包括污染对环境的损害和后续的清洁工作,但事情通常并非如此。自然生态系统服务为社会创造了巨大的经济价值,开发商的行为可削减这些服务,却很少有开发商对此进行完全赔偿。

政府不仅仅想要逃避纠正市场失灵的责任,而且还通过增设补贴等措施加重了事态的严重性。根据诺曼·迈尔斯(Norman Myers)和珍妮弗·肯特(Jennifer Kent)在《不合理补贴》(*Perverse Subsidies*)一书中做出的估算,各国政府每年设立的破坏环境的补贴总额高达 8500 亿美元。两位作者总结说,这些补贴对环境的影响是"广泛且深远的"。他们写道:"农业补贴可促使耕地过载,导致地表土侵蚀、板结,合成肥料和农药污染,土壤肥力下降,温室气体释放等等不利影响。化石燃料补贴会加剧污染效应,如酸雨、城市雾霾、全球变暖等;核能补贴促使具有超长半衰期的剧毒废料的产生。道路交通补贴造成路网超载,而更多的相关补贴促使人们过度使用汽车,此时,新建公路既可缓解路网超载这一问题,也可使之加重;与此同时,交通业还产生多种严重污染。水的补贴纵容人们滥用和过度使用越发稀缺的水资源。渔业补贴促使几近枯竭的鱼类资源遭到过度捕捞。林业补贴鼓励过度开发森林资源的行为,而当前许多地方的森林已经由于过度采伐、酸雨和毁林开荒而遭到破坏。"[16]

在现今的市场经济中,价格是引导经济活动的主要信号。当价格像现在这样不能合理地反映其环境价值时,市场经济体制的运行就缺乏基本的控制。在下文我还会介绍其他一些问题。当今市场确实令人匪夷所思。处于经济中心地位的机制居然意识不到最基本的部分,那就是经济运行所依存的生生不息、不断演变、持续发展的自然界。在没有外力积极干预的情况下,市场缺乏使其了解并适应自然界的感应机制。目前来看,市场正在盲目地向前冲。

在国际竞争的全球化时代,政治失败问题更加严重。全球化领衔分析家托马斯·弗里德曼(Thomas Friedman)首次提出"金色紧身衣"这一说法。对此,他是这样描述的:"当你的国家……认识到当今全球经济自由市场规则,并决定遵循它们的时候,国家就穿上了我所说的'金色紧身衣'……一旦穿上了'金色紧身衣',就会出现两种倾向:第一,经济增长;第二,政治萎缩。也就是说,在经济层面,'金色紧身衣'通常会在全球竞争的压力下通过发展贸易、外资、私有化,提高资源使用效率,来加快经济增长,提高人均收入水平。但在政治层面,'金色紧身衣'使政治和经济政策选择的回旋余地更窄。"[17] 2006 年,《商业周刊》在一期题为"谁能引航经济大船?"的封面报道中表达了相似的观点。这篇文章得出的结论是什么呢?"全球力量控制了经济。无论何党执政,政府的影响力都将减弱至历史最低水平……全球化已使美国政府难以掌控经济。"[18]对于像增加就业机会和提高工资之类的经济目标,美国政府都难以控制,可想而知,驾驭经济,使其向有利于环境的方向发展会有多难。

自我修正?

担心增长问题的另一个原因是经济缺乏内在有效的自我修正力量。在这个方面,科技是具有希望的一个领域。科技处于不断变化之中,所以未来的经济将不同于过去。新科技正在创造机会,减少实现单位产量所消耗的材料和产生的污染。新科技正在开启新的领域,带来更轻、更小、更高效的产品。这些当然都是正在发生的事实。资源生产力也在提高。

大量文献介绍了这些趋势。欧美 5 家大型研究中心于 2000 年联合发布报告,其结论反映了主要研究调查成果:"工业经济体使用材料的效率正在提高,但与此同时也在产生更多的废弃物……即使分离按人均 GDP 和单位 GDP 计算的经济增量和资源流量,得出的结果也显示总资源用量和流入环境的废料量继续增加。我们没有找到证据证明资源流量出现绝对减少。一年之中,工业经济体的年均资源投入有 1/2 到 3/4 以废弃物的形式被返回到环境中。"[19]

许多国家曾接受过一项调查，其内容颇具说服力："除有一例较为特殊之外，工业经济体在增长的过程中，其直接物质投入没有出现绝对减量……工业国家的物资使用趋势相对稳定。"调查还发现，随着经济体的发展，资源需求向发展中经济体转移，因此降低了国内压力[20]。资源密集型产品进口量在增长。

另一份关于"非物质化"的研究综述称："目前在宏观经济方面没有令人信服的证据证明美国经济已'脱离'物质投入，而对于物资使用的许多变化会对环境产生哪些基本影响，我们更是知之甚少。对于物资使用的宽泛化分析，我们小心谨慎，至于凭'直觉'认为技术革新、替代手段的运用及信息时代转变使物资密集度降低，环境影响减少，我们尤为谨慎。"[21]

技术专家阿尔努尔夫·格鲁贝勒（Arnulf Grubler）表示："非物质化进程至少使绝对物资使用达到较高的稳定性……物资的改进和环境生产力的提高大幅减弱了产量增长对环境的影响——即使到目前为止，这样的改善在总体上不抵产量的增长。"[22]

一种被称为"环境库兹涅茨曲线"的理论一直引发人们的思考，该理论假设环境污染在经济发展的初期不断增加，但随后在人均收入提高到一定水平时逐渐减少。一直以来，该观点反复被经济增长支持派提出，而且从直觉上也的确看似可行。公众对环境舒适度的需求确实会随收入的增加而提高。

有研究显示，一些局部空气污染物的确呈现环境库兹涅茨曲线的倒"U"型规律，因而鼓励了经济增长是改善环境的良方这一看法。然而，这些数据容易产生误导。比方说，我们知道预防环境恶化往往比根治环境恶化花费更少，而且有些环境和人身损失是用金钱也无法挽回的。直到现在，被发现符合环境库兹涅茨曲线运行规律的示例寥寥无几。在有些例证中，污染物呈现的是先上升、再下降、而后又反弹的走势。二氧化碳等其他污染物则一直保持上升态势。许多环境不利趋势和收入高水平增长是呈正相关的。对环境库兹涅茨曲线理论开展的一项细致调查发现，该理论"得不到任何环境指标的明确支持，而且在总体上还被环境质量研究所驳斥……总体影响……在各个相关收入水平都呈上升态势。"[23]

问题根源

总而言之，经济增长通常被认为是有益且必要的——多多益善。过去的增长已让环境处于岌岌可危的境地。经济有望以空前的态势继续增长，错误的市场信号与之相随，作为市场信号之一的价格既不包括环境成本，又无法反映后代的需求。失败的政治体制未能有效纠正市场对环境需求的忽视。各国仍在循规蹈矩，使用在缺乏环境意识的时期开发的技术。破坏环境的趋势因缺乏有效的内在机制而得不到修正。鉴于此，我们目前只能得出这样的结论，即经济增长是环境的敌人。经济和环境相互冲突。

58　　在上述情形下，我们有必要更深入地了解造成这些后果的根本因素。只有通过这样的方式，我们才能够改变现状。

那么目前运行的体系是什么呢？是一个集政治部署、经济安排、社会活动于一体的复杂系统，而这些也可被准确地称为现代资本主义的特点。现今世界存在不同形式的资本主义统治。除非政府和消费者建立起健全的规则，制定有力的激励手段和严格的惩罚措施，否则，任何形式的经济都无法自主有效地保护环境。

这个运行体系是由哪些元素构成的呢？其中有几种元素包含在资本主义作为经济体制的定义中。在《理解资本主义》(Understanding Capitalism)一书中，塞缪尔·鲍尔斯(Samuel Bowles)及其同事将资本主义定义为"一种经济体制，雇主聘用工人制造产品，提供服务，以期通过市场交易获得利润"[24]。对于生产资料，雇主拥有所有权，而雇员拥有使用权，除此之外，对上市销售的产成品和服务，雇主也拥有所有权。市场或多或少是自由的，具有竞争性的，产品和服务的价格通常由市场决定。市场还包括决定雇员工资的劳动力市场。

鲍尔斯分析的核心是剩余产品的概念，这一概念源于经济学家亚当·斯密(Adam Smith)。剩余产品是指减去生产所需的人工、物资及其他投入后仍有盈余的一部分经济产量。剩余产品在资本主义中的表现形式是利润。利润为资本家提供了收入基础，包括各种形式的收入，如利息、分红、租金和资本利得。用利润购买

59　工厂的新机器或其他物品和服务，以期提高未来的生产力，这种花费就是投资。

鲍尔斯及其同事指出："赚取利润是企业生存的唯一途径，于是便出现了利润的竞争。为了不让自己落后，各商家除了加入这场永无休止的角逐外别无选择。保持领先地位最可靠的办法是以更低的成本提供更优质的产品和服务。为了保持目标，企业不但必须更换在生产过程中消耗殆尽的生产资料和物料，而且还要扩张并改进生产线，抢占新市场，引进新技术，寻找以更低的成本完成必要作业的方法。"

"就这样，竞争压力迫使各行业的商家将大部分的利润用于投资(而不是消费)。……这个作为利润竞争一部分的投资过程被称为积累……"

"因此，一家没有盈利的公司也就无法成长：零利润意味着零增长，没有发展的公司将很快落后于其他得以成长的公司。在资本主义经济中，生存离不开增长，

而增长需要利润。这就是资本主义的适者生存法则,和查尔斯·达尔文(Charles Darwin)的物竞天择的物种进化论类似。从资本主义角度来看,达尔文关于适者生存、繁衍后代的概念转变为追求利润的成功。

"资本主义区别于其他经济体制的特点在于其推动积累的力量、追求变革的本质以及内在的扩张倾向。"[25]

鲍尔斯的分析很好地解释了经济和环境为何总是相互冲突的原因。首先,在实现增长的前提下,资本主义经济本质上是指数增长式经济。著名经济学家威廉·鲍莫尔(William Baumol)对这种相互冲突的关系做出精辟的总结:"在其他类型的经济体制中,创新行为具有偶然性和可选性,但在资本主义下却具有强制性,攸关企业存亡。在其他经济体中,新技术普及缓慢而稳重,往往需要花上几十年甚至上百年的时间;而在资本主义体制下,新技术传播速度得以大幅提升,原因显而易见,时间就是金钱。简言之,这就是……为什么自由市场经济体的增长率高得惊人的原因。资本主义经济可以被视为一架机器,其主要产品就是经济增长。就这个功能而言,其效率无与伦比。"[26]

其次,追求利润的动机极大地影响了资本家的行为。剩余产品,也就是利润,可以通过维持和延长奥茨所说的市场失灵来增加。剩余产品的增加还可通过有关环境方面的不正当补贴及其他有利条件实现。当今企业被称作"外部化机器",执著于将其活动的实际成本"外部化",即销账。它们也可被称为"寻租"机器,执著于寻找来自政府的各种补贴、减税政策和法规空子。结果当然是环境受到破坏。

第三,正如卡尔·波拉尼(Karl Polanyi)很久之前在《大转型》(The Great Transformation)中所写的,向新领域扩张的市场以效率和不断扩大的商品化为重,可产生高昂的环境社会成本。阅读波拉尼的书是件乐事。早在1944年,他就看清了脱缰的资本主义所引发的代价,他把资本主义称作"19世纪体制",相信该体制正在瓦解。他认为,自我调整的市场是"完全的乌托邦"。"这样的体制不破坏社会的人文和自然基础,是一刻也存在不下去的;它将会毁灭人类,并将人类周遭的一切变成荒野……"

"不要说让市场机制单独掌控人类及其环境的命运了,哪怕让其引导购买力的水平和方向,也会导致社会瓦解……大自然将支离破碎;居民小区和景观污浊不堪,河流被污染;军事安全受到威胁,粮食和原材料生产力遭破坏……"

"将土地和民众的命运交给市场就等于将它们毁灭,而商品神话却无视这样的事实。"[27]

诚然,波拉尼所担心的不断扩张、自我调整的市场没有瓦解。在第二次世界大战之后,市场再度繁荣,变得更加可怕,更具扩张性,波拉尼的警告变成了现实。景观污浊不堪,河流被污染。我想假如波拉尼能看到英美残酷的资本主义占据支配地位,看到欧洲的社会民主遭侵蚀,他一定感到既惊讶又胆寒。

现今金融市场的活力加大了公司经理们实现高利润增长的压力。对于投资者来说,衡量公司是否成功,首先要看其市场资本总值和股票价格是否增长。影响市场价格的因素有多种,但最有影响力的一个因素要数利润的预期增长率。当利润的增长低于预期时,哪怕只有降低 1/4,股价也可急转直下。每股收益差几美分,都可让金融分析师决定是否提出买进或卖出的建议。市场向管理者发出的信息是明确的,即扩大市场,抑制成本,提高盈利能力。归纳起来就两个字:增长。

最后一点,资本主义有两个基本的倾向,轻未来重现在,轻公共领域重私人领域。当下资本主义的市场,未来的后代自然无法参与。从环境的角度来看,这是一个巨大的弊端,因为可持续发展的精髓就在让后代享有权益。至于轻公共领域重私人领域的倾向(私人支出和公共支出、私人财产和公共财产等等),经济学家甚至需要开发政府支出和公共物品的专门理论来证明公共部门的存在。越重视公共领域,就越有利于我们的环境。以美国为例,对于土地保护、环境教育、研究和开发以及激励研发生态高新技术,大量公共投资迟迟不予落实。

62　　　除上述各种因素外,推动当今不可持续发展的体制还包括其他一些因素。其一,现代企业制的变迁。企业制是现代资本主义最重要的体制和载体,规模和实力都实现了剧增。如今,跨国企业超过 6.3 万家,而在 1990 年,跨国企业的数量还不到这个数字的一半。全世界前一百个经济体中,有 53 个是企业。埃克森美孚公司(Exxon Mobil)的规模超过了 180 个国家的总和[28]。企业受法律要求和自身利益推动创造货币价值,迎合其所有者和股东的利益,而快速实现这一目标的压力也在稳步攀升。企业掌握了巨大的政治势力和经济实力,并经常将其用于限制政府推行良性改革[29]。作为经济全球化的基础,企业还推动了流动资本的增加。投资、采购和销售的国际体系正在转变为单一的全球经济体。不幸的是,我们当今面临的是市场失灵的全球化。

其二,社会的变迁。当今的价值观具有浓重的物质主义、人类中心主义和当代中心主义的色彩。如今的消费观非常注重于通过不断加强购买物品和服务来满足人类需求。我们也许会说:"生命中最美好的事物都是免费的",但我们当中的大多数人并不这样做。人类中心论的观点认为自然从属于我们,反之不然,这种观点纵容了开发利用自然界的行为。另一方面,专注于眼前、不重视未来的习惯使我们无法对长期后果进行深入评估,也无法仔细审视我们正在创造的世界[30]。

其三,政府和政治变迁。经济增长提振民众支持率,将社会公正等疑难问题束之高阁,无需增加税收就能提高财政收入,而这些都符合政府的利益。有些资本主义政府拥有规模不小的国家产业,即便如此,整体经济也不属于政府所有。因此,为了满足自身对经济增长的渴求,政府不得不向企业提供发展壮大所需的条件。如今在美国,金钱让政府步履蹒跚,贪污腐败;为了更好地服务于经济利益,政府将注意力放在短短几年的选举周期上,缺乏长远眼光,加之环境政策薄弱无力,公众信息传达不畅,公众环境话语权极度缺乏,更让政府走不对路。最后一点,现今国家受到经济民族主义不同程度的鼓动,希望部分依赖经济实力和经济增长,使自身软实力和硬实力得到提高和运用[31]。

上文如实介绍了资本主义的特点,毫无渲染和限制性条件,充分反映了当今运行体制的主要方面。它们都是当代资本主义的特点,相互联系,相互支持,相互强化,一起造就了规模庞大的经济现实,从环境角度来看,该现实总体是失控的,因此具有强大的破坏力。我们目前所知的资本主义无力维护环境的可持续性。

有些人已经认识到了这个由强有力的体制和思潮构成的复杂背景及其对我们和地球所做的一切,同时也提出了核心的问题。全球化研究学者简·斯科尔特(Jan Scholte)这样表示:"我们应该小修小补还是大刀阔斧地改革?这是当代全球化研究所面临的关键问题。选择前者,就不需要那么劳神费工,但自由主义改革派的承诺我们已经听过了。维持现代(如今称为全球化)世界秩序的基本结构——资本主义、政府、工业化、民族性、理性主义以及支撑它们的正统话语权——在重要方面可能会具有不可挽回的破坏性,对此,研究全球化的学生们必须认真对待。"[32]

政治学家约翰·戴泽克(John Dryzek)更加直截了当:"在此,我将重点关注目前在西方世界占主导地位的各项组织形式以及由什么来替代的问题。这些组织的特点可以归纳为资本主义、自由民主和行政政府之间的紧密联系。首要问题是,这些制度孤立也好,联合也罢,在多大程度上能应对生态挑战?"接下来,戴泽克解释说他提到的"自由民主"是指由经济利益主导、痴迷于经济增长、具有代表性的利益集团政治。他总结说这三种制度"对生态而言都起不到任何积极作用;其任何组合形式只会加深错误,而且只有当它们具备转变的可能性时,才会出现弥补性特点。"[33]

在《时间边缘的探索》(Explorations at the Edge of Time)一书中,政治哲学

家理查德·福尔克(Richard Falk)对当今"现代主义"政治和后现代政治加以区分，后者反映了"人类超越现代世界的暴力、贫困、生态退化、压迫、不公平和世俗主义的能力"。他认为向后现代政治的转变首先要求对未来持有信心。"这种信心要求人们想象美好事物，并且愿意承担巨大风险去实现它。没有牺牲、恒心和冒险，就不可能成功对抗由观念、制度和惯例组成的根深蒂固的体制。在这个方面，政府作为政治忠诚的重点，民族主义作为具有动员力的意识形态，市场作为资源分配的基础，[以及]战争潜力作为国际稳定的支点，其适应力和持续的成功应该得到重视，这点很重要。上述现代主义主要支柱的本质不转变，我们就无法实现后现代主义。"[34]

　　根据福尔克的定义，现代主义的初期挑战特点"大体上为一种仅活跃于现代主义边缘的对立意象表达，一种批判性的反思，差不多等于跟着现代主义后面找茬，即反对新项目的暴力、官僚主义、技术集中化、等级制度、父权制度和对生态的漠视，但与此同时也开始滋养一些新的行动模式，如非暴力的举措、参与式组织、软能源道路和善待环境的技术、民主化政治、女性领导力和策略、精神化自然和绿色意识。这些核心要素混合在一起，体现为多种多样的社会创新行动形式，激发灵感的同时标志着核心时刻可能就要到来了。"[35]

　　如此这般的分析虽具有挑战性，但同时也开启了一扇门，鼓励大家探索新办法。这也是本书其余章节力求实现的。在探索过程中，有一点会变得清晰起来，那就是解决问题的许多办法来自环境部门之外，关系到和环境并无直接联系的社会团体。这会引发一个问题：上文所述的运行体系是否关系到这些社会团体的利益？倘若现今的经济增长和资本主义给广大民众带来高水准的生活享受、实实在在的福利和真正的幸福，那么实现改革的概率也许就微乎其微了。然而，如果我们现在本质上面临的是"物质富裕中的精神饥荒"，那么未来将大有希望[36]。不能造福于人类和自然的体制是深陷困境的体制，因此鼓励人们推行改革的理念和行动。

　　不论何时，只要一想到超前思想在美国历史的地位，我总会回忆起理查德·霍夫施塔特(Richard Hofstadter)在其精彩著作《美国政治传统及其缔造者》(*The American Political Tradition and the Men Who Made It*)中的一段话："自美国独立以来，由自帮自助、自由企业、竞争和良性占有欲构筑的意识形态一直是美国民众教育的基础，我们需要一个新的世界观来将其取而代之。尽管这一说法已经重复多次，但力度相当的新观念仍未扎下根，也没有一位大众支持的政治家挺身而出宣传新观念……"

　　"当今宪法见证的美国历史时期几乎都伴随着现代工业资本主义的发展和扩

张。美国在物质实力和生产力方面蓬勃发展。运行井然有序的美国社会以有机的
方式悄无声息地达成某种一致，对严重抵触其基本运行规律的思想一律不予推广。
此类思想即使出现，也会慢慢不断地被隔离开来，就如同牡蛎将泥沙覆盖在珍珠母
周围一样。这些思想仅存在于少数反对者或游离于主流之外的知识分子中间，除
非在革命年代，否则无法在务实的政治人士中传播。"[37]

66

　　如今在美国——当然也包括其他地方，霍夫施塔特所指的物质实力和生产力
已经不足以支持"蓬勃发展"，我们的社会也不再"井然有序"。社会需要改变其基
本运行规律的建议。

67　　　　绿色可分成上百个色调，环保亦是如此。在华盛顿，业内人士为环保事业展开游说和诉讼，在社区，基层组织者为维护环境正义而奋力斗争。既有企业绿色行动，也有反全球化活动者；有名利场式的绿色产品，也有拒绝消费的"从简党"；有"生脆保守派"（crunchy cons），也有生态社会主义者（至少欧洲有）。在环保人士中有为政府工作的，也有根本不愿在政府谋职的。

　　　　难以想象，要是没有这样的"环保界"，没有他们近几十年来不懈的努力和来之不易的胜利，这个世界会变成什么样子。现今环境问题十分严重，可假如没有这些人在方方面面坚守立场，情况会变得更加严峻。比起以往任何时候，各界环保支持者都更加为社会所需。

　　　　在本章，我将重点讨论应该如何看待美国环保理念和行动的主体。这种环保
68　主义体现在美国政府内外许多顶级环境专家的工作中，体现在许多（但不是全部）美国国内环保组织的活动中，体现在主要的联邦法律和项目中，包括近期将这些举措推向世界的计划[1]。

一贯做法

　　　　当今的环保界将成为许多人熟知的领域。在这个领域里有多种环境影响报告和环保法规共存；有国会实行的良性补贴（风能）取代不利于环境的补贴（如化石燃料补贴）；有成本效益分析和风险分析；有满足环境信息披露要求的项目（如有毒物排放查询系统）；有法院受理公民诉讼和政府执行力诉讼；有国际间合作、国际公约和议定书；有公园、保护地区和保护物种；有生态标识体系和产品认证；有那些影响大型银行政策的绿色消费者运动；有企业开展绿色活动，承担社会责任；有可持续

发展及经济、社会、环境三重基本原则。在这个领域里,市场激励手段为环境目的服务。对于许多美国人来说,这样的领域并不陌生,也不遥远,就像到门口取报纸那样近。

在这个领域里,好建议纷至沓来,为合理的环保行动提供指引。将近20年前的1989年,我们在世界资源研究所(World Resources Institute,WRI)向即将上任的老布什领导班子及新组建的国会递呈报告("关键的十年:上世纪90年代与全球环境挑战"——译者注),确定了气候变化、能源安全、酸雨、生物多样性丧失的应对计划。我们敦促总统和国会将保护全球大气层定为国家首要目标,同时我们呼吁制定新的国家能源政策,"对足量低价能源供应、国家安全及环境保护的问题给予相等的重视,包括二氧化碳和其他温室气体减排问题"。我们建议增设碳税,呼吁政府在国际层面促进气候条约的达成[2]。1991年,我们又呼吁开展全球合作国谈判,以拯救热带雨林[3]。两年后的1993年,克林顿政府组建,我们向其提交了十项倡议,其中呼吁将联合国环境项目(UNEP)转变为一家类似于世界环境机构的组织[4]。最令人印象深刻的是,世界资源研究所(WRI)于1996年创立并领导了可持续发展委员会(the President's Council on Sustainable Development),邀请许多商业大鳄、高级政府官员和环保领导者参与进来,旨在推出一套政府和私人部门议定的主要行动建议,融合环境与社会创新性思想[5]。

这些事实强调业界中不成体系的行动建议虽有价值,但遭政府的严重忽视,不仅如此,它们还意味着当今的环保界相信自身意识到的问题可以在体制内解决,办法通常是通过新政策及近期企业参与的方式。环保界相信政府行动具有效力,相信立法和监管能够发挥作用,相信现有体制内环保组织和环保倡议是有效的。环保界认为以诚信的态度遵守法律将成为标准作风,相信企业不但能够按要求改正自身行为,而且还正在不断地将环境目标整合进商业战略。对于所有的这一切,当今的环保界总是充满希望,坚定不移,顽强不屈,百折不挠。

当今环保主义的第二个显著特点是具有务实性和积累性的倾向,采取行动的目的是一步步解决问题;和传递鼓舞人心的信息相比,更喜欢制定创新性政策解决方案。而这些特点密切关系到环保主义的第三大特点,即倾向于治标不治本。举例来说,现有绝大多数的环保法律和环保条约都是应对已经发生的环境疾患,而不是解决根本症结,最终只好委曲求全,不越雷池。

第四,当今环保主义相信,解决问题所需的经济成本是能够被接受的,非但如此,解决问题的过程中往往还会产生纯经济收益,而无需对生活方式作出重大改变,也不会威胁到经济增长。发现破坏环境的设施或开发项目,环保界会毫不犹豫地主动出击,但总体上仍把自身看作促进经济发展的积极力量。

第五,当今环保主义认为解决环境问题的办法基本上来自环保部门。例如,环保人士也许会担心政治中的漏洞和腐败,但这并不属于他们的专业范畴,而是共同事业组织(Common Cause)或其他团体关心的事。

第六,当今环保主义不够重视政治活动或组织草根运动。游说、诉讼、与政府机构和企业联手最重要,而选举政治、绿色政治运动动员退居其二。在过去,民权运动发动公民上街游行,女权运动则是瞄准了《公平权利修正案》这一政治诉求。环保运动在政治上从始至今都较为薄弱。

最后一点,当今环保主义将主要行动责任托付给专业机构和人士,包括美国国家环境保护局(EPA)的管理者、内政部土地管理部门的领导、联合国环境规划署(UNEP)的专家。环保界普遍相信这些机构能够恪守职责,即使它们有不良的动机,也可以通过大众曝光、公众参与其诉讼、公民提请诉讼等办法加以处置,而这些办法反过来依靠司法是公平公正的这一假设[6]。

简言之,环保主义的一个中心思想就是体制可以按要求为环境服务。确定问题之所在;主要通过媒体(现在越来越多地通过行动主义者网络)调动力量支持行动;制定合理负责任的整改措施;支持这些措施;最后希望通过努力大多能得以实现。

71　诚然,并不是所有的情况都符合上述规律,总会有例外,新近出现的趋势就折射出举措范围不断扩大。在体制外运作的当属绿色和平组织。美国自然保护选民联合会(League of Conservation Voters)和山峦协会(Sierra Club)具有长久的政界影响力。自然资源保护协会(Natural Resources Defense Council)和美国环保协会(Environmental Defense)等组织在全国范围内建立起了有效的行动主义者网络,并且正在开展更多的基层工作。世界资源研究所(WRI)通过实地可持续发展项目加强了自身的政策工作。除此之外,环境正义问题以及日益显现的气候危机也推动了草根项目和学生团体的迅猛发展。

有因必有果

在过去将近 40 年的时间里,主流环保界跟随起起伏伏、风云莫测的美国政治潮流不断发展前进。环境怎么样了呢? 在此,我要讲两件大事,其中一件事我在《朝霞似火》中提到过,探讨国际社会应对最严重环境问题(全球范围的环境问题)的历史表现以及美国在这一过程中所扮演的角色[7]。

虽然我们在臭氧层保护方面取得了扎实的成绩,对酸雨的治理也有所成效,但30多年前凸显的环境威胁大多出现加重态势。我们在第一章中已经了解到,全球范围的环境问题比以往任何时候都更加严重和紧迫。迄今为止,国际条约和行动计划是努力的重点,要是能带来我们所需的政策和项目,让我们终于能够行动起来,那该多好啊。然而,事实并非如此。国际社会虽然开展过多次会议和磋商,但还是没有建立起迅速有效的行动基础。

20年来国际环境谈判的结果令人大失所望。问题的关键是现行条约及其相关协议书和议定书无法推动我们所需的变革。总体而言,问题不在于主要条约执行力度弱,也不在于条约得不到良好的遵守,而是条约自身薄弱。通常情况下,条约制定的目标虽然远大,但缺乏约束力,没有设定清晰的要求、目标和时间表,因此容易遭政府轻视慢待。即使设定了目标和时间表,目标往往制定得也不充分,而且缺乏强制手段。这就导致气候公约保护不了气候,生物多样性公约保护不了生物多样性,防治荒漠化公约没能防治荒漠化,甚至连颁布时间较久、力度更强的《海洋法公约》也保护不了渔业。针对全球森林开展的广泛国际协商也是如此。从来没有达成过一项公约。

总而言之,全球环境问题每况愈下,而政府仍未准备好对策,目前有很多政府缺乏做好准备的领导力——包括一些最为重要的政府。

这种国际层面上的环境治理失败原因何在? 环境恶化受有力基础因素推动,包括第二章所述的那些推动力。要应对这种局面,就需要采取复杂且广泛的多方参与的行动,而作为国际行动政治基础的选民群体本身薄弱无力,容易被经济反对声音和主权主张所左右,而现实情况常常也是如此。美国妨碍了应对气候问题的有效行动;依赖热带林木的国家妨碍了保护森林的行动;而渔业大国则妨碍了渔业保护行动。不仅如此,还有其他许多例子证明了政府代表国家商业利益的效率要远远高于代表国民环境利益的效率。政治分析家大卫·利维(David Levy)和彼得·纽厄尔(Peter Newell)的研究成果恰当地将这一问题推而广之:"在欧洲和美国,政府谈判立场一直以来倾向于关注主要行业在关键问题上的态度,如果重要经济产业联合反对,那么就不可能对环境问题达成全球一致的意见。"[8]

国际社会对此做出的努力有很多不足。环境恶化根源一直没有被认真对待;建立的多边机构故作软弱,无一能和世贸组织的势力抗衡;建立就绪的谈判程序要求达成共识,因此消减了执行力度;制定和执行必要条约所需的经济政治背景总体遭忽视。在将近两百多个主权国家之间高效建立国际法律困难重重,但这一状况至今几乎没有得到任何改善。

世界边缘的桥梁

上述结果不尽如人意,究其原因,可部分归咎为失算,但正如我在《朝霞似火》中所讲的,大部分责任必须由富有的工业国家——尤其是堪称第一"拖拉"的美国——来承担。美国和其他主要国家的政府若真心实意,是可以建立起一个强而有效的国际化进程的,也能够促成各国达成强有力的条约,但是他们并没有这样做。到目前为止,全球环境一直缺乏更为严厉的保护措施,这反映了美国和其他国家实际上是有意坚持采用软弱无效的手段,主要目的是为了迎合经济利益。毋庸置疑,意识形态上的对立面也一直存在,有些人想要将国家政府规模缩减到"浴缸能容得下"的程度,他们更加反对国际环保行动。不过,强大的世贸组织及美国对其的支持就足以证明,一切还是由经济利益所驱动。

全球形势照此发展,实属不幸,那我们对于国内的问题又该说些什么呢?首先,我们必须承认,20世纪70年代初期,美国严厉的空气和水污染法律影响重大。空气更加清新,水也更干净了。自80年代以来,美国的一氧化碳排放量下降了74%,氮氧化物排放量下降了41%,二氧化硫排放量下降了66%[9]。这些成就是伴随着经济迅猛发展实现的,规避了巨大的健康恶果[10]。

然而,令人忧虑的是,虽然美国有些污染治理的法律是全球最严格的,但空气和水的质量存在严重问题,至今未解决。1972年,美国开始施行《清洁水法》,目标是在1983年前将国内水质恢复至可捕鱼、可游泳的水平。但到了2002年,历经30年的努力,美国环保局却宣布,在所有调查过的河流和湖泊中,超过1/3的河流和一半的湖泊污染严重,达不到上述水质标准[11]。2007年,美国环保局再次开展调查,发现国内37%的江河口水质"不好"(以现存污染物、受污染的鱼类组织及其他因素为衡量指标);仅有32%的江河口"健康状况良好"[12]。2007年,自然资源保护协会在分析环保局的数据后发布报告称,自有记录以来,2006年海滩关闭的数量创17年之最[13]。五大湖曾经被当做生态恢复的案例,但研究湖区的专家们于2006年上报国会,称五大湖部分水域正接近一个临界点,越过这个临界点,湖区生态系统将进入一个新的退化阶段,届时就算能够恢复,也会非常困难[14]。

在空气质量方面,环保局于2007年报告称,全国居民有1/3生活的郡,其空气质量都达不到环保局设定的标准[15]。2006年,美国肺脏协会(American Lung Association)分析环保局数据后发布了一份全面的报告,指出空气质量虽有所改善,但在一些地区,最危险污染物之一的可吸入颗粒物污染全年达有害健康的程度,而那些地方居住着将近1/5的美国人。环保局通常控制的空气污染物以及多环芳烃等其他污染物可导致哮喘、慢性支气管炎、心血管病及胎儿发育失调。报告总结道,雾霾和可吸入颗粒物"长期威胁着美国大部的居民"[16]。

2004 年的另一项研究表明，"尽管北美的主要污染物排放量总体呈下降趋势，但区域性差异仍然存在，往往被全国平均值所掩盖。可吸入微粒物和地面臭氧水平(雾霾)尚无显著下降，长期以来，在加州和东北海岸的许多郡，上述污染物程度经常超过环保局制定的标准。"[17]

近年来，酸雨已不再是新闻，但跟踪研究酸雨的科学家对此仍感到担忧。最近的研究表明，在美国，酸雨对森林的破坏程度也许比之前认为的更加严重。另外，虽然产生酸雨的二氧化硫和氮氧化物排放量有所减少，但成千上万受酸雨破坏的湖泊几乎没有得到实际的恢复。科学家正在呼吁进一步降低这些污染物的排放量[18]。

特里·戴维斯(Terry Davies)和未来资源研究所(Resources for the Future)的同事们对美国污染防治法律开展了综合评估，主要结论如下："首先，体制缺乏完整性，严重失效，处理当前问题是否得力，颇受质疑。效率低，对环境侵扰程度过高，是根本问题。"

"其次，这些问题无法通过行政救济、试点项目及其他在体制边缘小修小补的办法加以解决。30 年以来由国会建立的法律和制度构成了现有体制，而这些问题被固化于其中。我们意识到实现美国政府根本性、跨越式的变革是极为困难的，但要解决我们已经确立的问题，除这样的变革之外别无他法。"[19]

20 世纪 70 年代早期，美国推出严格的法律，着手治理空气污染和水污染，开局很好。但那时制定的目标迄今也没有实现。在环保的其他很多方面，美国的所作所为更是失败。从 1970 年至今，伴随着二氧化碳排放的大幅增加，美国能耗上升了 50%。2007 年，美国日耗原油约 2100 万桶，差不多相当于日本、德国、俄罗斯、中国和印度的油耗总合。美国未能走上绿色能源发展之路，这是一个重大的失误。

失败的另一重要方面归咎于美国土地流失状况，其中包括珍贵的湿地。在近几十年中，美国保护的自然土地面积相当于加州，称其为"永久的荒野"，这是非凡的成就，但从 1982 年至今，共有 3500 万公顷(公顷，1 公顷 = 10^4 平方米)的乡村土地被用于铺路、建设和其他形式的开发，面积相当于纽约州。每年，全国失去约 200 万公顷空地(即每天失去 6000 公顷)和 120 万公顷农业用地，其中优质农业用地消失速度比平均值快 30%。美国林地总面积较为稳定，甚至还略有增长，但数据掩盖了一部分质量最好、可及度最高的森林已经消失这个事实。位于或紧邻 35 个大城市的野生动植物栖息地预计将在未来 25 年因城市开发而消失，面积相当于西弗吉尼亚[20]。尽管联邦政府制定了一项防止湿地净流失的政策，可潮沼、沼泽及其他种类的湿地还是继续以每年约 10 万公顷的速度消失[21]。

美国有丰富的野生动植物遗产,尽管保护工作进行了几十年,但目前其中很大一部分还是在遭受威胁。根据目前的估计,美国约有 40％的鱼类、35％的两栖类动物和开花植物及 15％～20％的鸟类、爬行类动物和哺乳动物处于易灭绝或危险的境地[22]。

1970 年至 2003 年间,美国建成公路里程数上升了 53％;机动车行驶里程数上升了 177％,新建独栋住宅平均面积增大了 50％左右,城市人均固体废弃物总量上升了 33％[23]。如今,大量的垃圾堆积如山,包围着我们的城市。

像上文那样的数字可以反映美国土地遭破坏的情况,但却无法讲述人类丧失家园的故事。梅利莎·霍尔布鲁克·皮尔森(Melissa Holbrook Pierson)的《你爱的地方已不存在》(*The Place You Love Is Gone*)、贝蒂娜·德鲁(Bettina Drew)的《穿越可消耗的地域》(*Crossing the Expendable Landscape*)和詹姆斯·霍华德·孔斯特勒(James Howard Kunstler)的《海市蜃楼地理学》(*Geography of Nowhere*)等作品真实记录了这种人间悲剧。

《有毒物质控制法》颁布实施之后的 30 年里,本书第一章介绍的"化学物质大杂烩"问题依然严峻[24]。作为现代化学工业主要产品之一的农药之所以被排放到环境中,正是因为其具有毒性。对于农药问题的广度,政治学家约翰·沃戈(John Wargo)是这样描述的:"当我们进入 21 世纪,全球每年向环境排放的杀虫剂、除草剂、杀菌剂、灭鼠剂和其他生物杀灭剂达 50～60 亿吨,其中约有 1/4 在美国使用或销售。"[25]据估计,此类产品能真正接触到害虫的比例远远不到 1％[26]。除此之外,工厂有害化学物质排放量也居高不下。根据环保局有毒物排放数据库报告,2005年,重达 43.4 亿磅(1 磅 = 453.592 克)的约 650 种化学物质(依法要求通报)排到环境中,而不是被无害处理或回收利用。这些数量巨大的化学物中有 40％被排入周遭空气或河道中[27]。

在众多有毒物质中,有一类污染物叫做内分泌干扰物(环境激素),即扰乱性征的污染物。国会似乎终于意识到其危害性。怎么回事呢?答案就在近期一篇新闻报道:"美国地质勘探局官员本周指出,在波托马克河及其途经马里兰和弗吉尼亚地区的支流中发现具有雌雄双重特性的小口黑鲈和大口黑鲈。2003 年,在西弗吉尼亚的溪流中首次发现雄鱼能够在其性器官中孵化未发育成熟的卵,这让人们更加担心有些水体已被内分泌干扰物污染,而科学家在水质复检中未发现这一问题……美国地质勘探局鱼类病理学家维基·布莱泽(Vicki Blazer)表示,她所在的机构对弗吉尼亚州谢南多厄河和马里兰州蒙诺卡西河(均流入波托马克河)的小口黑鲈进行了检测,结果显示,超过 80% 的雄鱼体内都有卵发育。"自从读到这份报道,国会议员就开始敦促环保局采取行动了[28]。

在环境层面还有一项工作没做到位,那就是美国人口增长问题。美国是继印度和中国之后全球第三人口大国,目前有 3 亿人,预计到 2050 年人口将大幅增至 4.2 亿,其中自然人口增长将占六成,移民人口增长占四成。问题是每个美国人都给环境带来了巨大的影响,居全球之最[29]。以任何客观的标准来说,美国人口增长是一个既合法又严重的环境问题,但这一问题几乎没有提上环境保护的议事日程,而且即使在改革派的圈子内,国家也没有找到讨论这一问题的办法。19 世纪 70 年代,"两胎政策"的说法热过一阵子。当时,我也参与进来,直到我们有了第三个孩子。如何再次行动起来力争解决人口问题,而不能表现得过分积极,义务去美国南部边境巡视,抓偷渡者,这是环保主义者和其他人士应该学习的。

政治学家理查德·安德鲁斯(Richard Andrews)曾对美国环境项目给予了总体评价:"现代'环境纪元'已经过去了三十多年,可即便如此,[美国环境政策]也仅仅是有选择性地用温和而临时的手段抵挡人口增长、地貌改造、自然资源使用及废弃物产生所带来的国内国际压力……[这些政策]的设计也没有扩大管理范围,涵盖人类行为规律和经济活动中更多的具有渗透性和决定性的因素,这些因素包括地貌及其生态系统的持续城市化改造、人均能源物料使用量不断增长等等。因此,总体政策失败不足为奇。"[30]

美国环保界当然有人已经付诸了几十年的辛勤努力,想从国内和国际两个层面应对上述这些问题。但从方方面面来看,我们的努力都付之东流了。很不幸,目前的情形证明了当今环保界做得还不够好。我们进行了一项巨大的试验,结果怎样呢?现行的手段已试行了近 40 年。然而,看看都发生了什么吧。虽然我们取得了不少胜利,但我们正在失掉整个地球。问问为什么吧,这很重要。

妨碍成功的因素

首先,究其失败原因,有些答案与美国近代史的具体情况有关。例如,记者罗斯·格林斯潘(Ross Gelbspan)及其他一些人指出媒体的不足,认为媒体没有把关键问题放在首位[31]。20 世纪 70 年代,环境问题是新鲜事,记者经常找我们这些环保人士采访,形成一股热潮,吸引了像格林斯潘这样的一流记者及《纽约时报》记者耐德·肯沃西(Ned Kenworthy)、戴维·伯纳姆(David Burnham)和菲尔·沙别科夫(Phil Shabecoff)的关注。除此之外,美国哥伦比亚广播公司开办了名为《我们能拯救世界吗?》的新闻系列节目,由沃尔特·克朗凯特(Walter Cronkite)主持,持续不断地对环境问题做深度剖析。然而,新鲜感渐渐消失,编辑的兴趣也随之淡去。这股热潮并不总能吸引大记者的关注。幸运的是,现在情况出现转机,起码在气候问题上是这样。当有关气候问题的封面报道、电视专题片和影视作品接连不断进入我们的视野时,我们确实能感到媒体巨大的影响力。我们很容易看清缺失了什么。

格林斯潘还提到了另外两种相关的现象。一是美国记者渴望通过表现事物的两面性来追求一种"平衡",甚至对单方面问题也是如此,而这实际上反而可招致偏颇。格林斯潘认为,"在开始采取行动应对气候危机方面,刻板地运用新闻平衡手法让美国落后其他国家数年时间。"[32]

格林斯潘所说的另一现象根源在于多数新闻媒体被少数大型商业集团收购。格林斯潘相信,随着这种转变,"媒体的方向被华尔街利益驱动的需求所左右,导致两个结果:一是市场策略正在取代新闻评判标准;二是多数报社裁员,致使记者没有足够的时间对复杂事件做全面报道。与此同时,他们牺牲了报道真正的新闻机会,多刊登名人报道、自助类文章以及琐碎的医疗资讯,以扩大读者群,增加广告收入。"[33]

第二个怪罪对象是环保组织自身。马克·道伊(Mark Dowie)在其著作《失去立场》(Losing Ground)中指出,全国的环保组织依据联邦政府的威信制订行动计划,实施战略。作者认为,"这导致了环保运动内在具有薄弱性和脆弱性。在环境方面,事实已证明联邦政府的威信是空中楼阁。"另外,道伊还认为全国的环保组织"曲解并低估了反对者愤怒的情绪。"[34]

2004年,一本题为《环保主义之死》(Death of Environmentalism)的书(现已成名)再次抨击了主流环保组织。在书中,作者迈克尔·谢伦伯格(Michael Shellenberger)和特德·诺德豪斯(Ted Nordhaus)写道,美国主流环保人士并没有"完全结合现今危机程度来明确表达对未来的愿景,而是提倡技术性的政策改革手段,如设定污染控制指标、提高机动车里程标准,这些办法既不能鼓舞民心,又无法建立社会应对问题所需的政治同盟关系……"

"整个政局在过去30年里发生了巨变,可环保运动搞得就好像仅凭'科学'的建议就足以克服意识形态及工业的反向作用似的。不论我们意下如何,环保主义者都身处一场文化战争中,一面是我们作为美国人的核心价值观,另一面是我们对未来的愿景,仅仅通过呼吁理性思考我们的集体利己主义是打不赢这场战争的。"[35]

我所担心的是,批评的声音集中到环保人士身上,认为是他们导致了部分问题,这实际上和"怪罪受害者"差不多。我认为此类批评在某些地方是特别有道理的,指明了一些本应实现的事情。但是,要组织一场草根运动,建立选举政治势力,或通过组织社会营销活动调动公众的积极性,仅靠那些旨在为环保事业进行诉讼游说或从事复杂政策研究的机构是不够的。上述事情需要实现,而实现的途径也许要求我们建立在这些方面具有特殊实力的新组织、新项目。

同时,我们还要问,国内环保组织是否真的不应该"相信联邦政府",不应该在现行体制下行事? 事实上,这个办法收效颇丰。当今环保方法和形式并不是错误的,仅仅是作为一个整体方略受到过多限制而已[36]。一直以来,问题在于对其他改革办法(如前段及下几章所述)没有进行大量的、具有互补性的时间和精力投入。不过,具有领导地位的环保组织没有加大力度确保这些投入得以实现,这确实不应该。

最近几年在美国政坛萌生了现代右翼倾向,而这比媒体和主流环保组织存在的问题更为重要. 当今的环保主义起源于 20 世纪 60 年代至 70 年代早期的运动,旨在寻求干预经济的主要政治手段,有时甚至还会宣传经济增长的局限性。正当环保主义开始起步时,欧林基金会(Olin Foundation)和其他强烈反对上述做法的"新右翼"基金会也随之成立。此后,环保组织渐渐立住脚,而与此同时美国企业研究所(American Enterprise Institute)、美国传统基金会(Heritage Foundation)、卡托研究所(Cato Institute)、太平洋法律基金会(Pacific Legal Foundation)等右倾组织也获得了一席之地[37]。市场基要主义与当今环保主义在实力上并驾齐驱。

弗雷德里克·布尔(Frederick Buell)撰写的《从天启到生活方式》(*From Apocalypse to Way of Life*)一书(该书很有价值,但未能引起重视)详细记录了这段历史:"情况出现变化,剥夺了环保[事业]在 20 世纪 70 年代看似显而易见的必然性,反对环保的人也借此机会指责昔日的环境监管者,称他们发出的警示和预言杞人忧天,毫不可信,对于其预警,说得好听点是歇斯底里,说得糟糕些是精心编造的谎言;有些人甚至(摆出有理的样子)质疑环保人士是环境最好的监管者这一看似合情合理的说法。"

"我们不难发现导致这些事情发生最重要的原因是什么。经历了 10 年的环境危机,一个反对环保的虚假信息产业应运而生,实力雄厚,并取得了巨大的成功。这个产业是如此的成功,竟然推动美国环境政治史进入了一个新的时期,反对环保的声音几乎要压过了同样声势浩大的环保关注热潮。到 80 年代,企业和保守派的反对势力愈发具有组织性和精密度,公众对环保的推动力被'中和',受到该势力的阻碍。"

"一直以来,在少数领域,右翼分子对环保大加凌辱,程度和反环保派不相上下。右翼分子是怎样痛斥环保主义者的呢?让我们来看一看……作为主要保守派智库之一的美国传统基金会在其《政策评论》期刊中将环保运动称为'对美国经济的一个最大的威胁'"。

布尔还提到另一种情况的发生:"第一轮环境改善计划一经实施,伴随经济增长的同时控制环境退化就意味着要加大力度,引发更多阵痛……随着时间的流逝,人们忘记了他们享受到的条件是早期环境运动所创造的成果,因此极易受到反面不实信息的鼓动。"[38]

根本制约因素

上述情况是可以改变的。右翼团体可以放松要求,他们现在也许正在这样做。媒体可以觉悟过来,就像现在对待气候变化那样。环保组织可以加大批评和政治参与力度,他们现在已经开始行动起来了。然而,对当今环保界来说还有其他更长久、更严重的制约,下面介绍其中主要的几项。

首先,现今资本主义世界产生了越来越多的环境问题,这是其本质使然,诞生于由实力雄厚的企业所控制的强大科技,而企业严重缺乏透明度,监管不力,不顾一切追求利润和增长。结果,旧疮未愈又添新伤,例如,基因工程和纳米技术[39]。当全球在为"地球日"行动起来的时候,美国才开始将"地球日"提上当地和国家议事日程。有些问题死灰复燃,如原子能和现在被称作"削山采矿"的露天采矿作业,还有在原生态地区进行的矿业开发。目前的问题多得令人担忧。与此同时,资本主义世界也引发了一系列持续不断的争夺战——此类威胁最近当属恐怖主义战争和伊拉克战争。这些威胁看起来更为紧迫,可占用政治空间,蒙蔽了环境和其他许多问题,而现实情况往往也是如此。

经济利润和经济增长的驱使让环境问题不断涌现。马克·赫兹加德(Mark Hertsgaard)在《地球奥赛德》(Earth Odyssey)一书中很好地诠释了这个问题:"谋利动机是资本主义发展的原动力,但对于体制的运行原理而言太过基础,致使其凌驾于其他社会目标之上……从理论上讲,政府应该对企业的贪婪进行监管,并加以引导,避免因其横冲直撞而危及公众健康和安全。然而,监管之路前途未卜。对于环境监管,企业正在不断地给政府施压,要求即使不完全撤除,也应放松管制。这种施压往往伴随贿赂,最为普遍的合法贿赂是竞选活动捐款,这已经让许许多多的美国政客变成不愿'恩将仇报'、任听企业摆布的软骨头,……资本主义需要并推动无限扩张,而我们身边随处都有证据显示,人类活动已经对地球的生态系统产生过大的压力。"[40] 不仅如此,环保应对能力也在面临巨大压力。

其次,环境问题变得越来越复杂,在科学方面很难处理,时间跨度越来越长,显现过程缓慢,也往往难以捉摸。与 20 世纪 70 年代更加明显的问题相比,公众更难应对这些相对较新的状况。除此之外,还有其他因素增加了形势的复杂性。这些年来环保事业的发展孕育出一套规模庞大且难以理解的监管体系。如今的环保规定实在令人费解。对于保护西部地貌的"严重退化预防"规定、《清洁水法》"最大日负荷总量(TMDL)"规定、发电站"新排放源审核",或是最高法院执行湿地保护裁决,我们当中有谁了解具体情况? 所有的这些都是关注度较高的重要问题,但不易跟进,甚至连环境专家们在离开专业领域之后都难跟得上。在国际层面,《京都议定书》条款之复杂,没有玩命的技术和毅力是读不懂的。当一国按自我需要登上国际舞台,技术复杂性的问题才配得上政治复杂性。在国际舞台,约有 200 个国家纷纷声称主权,力排众议,追求各自的国家利益。要想在这样的环境下达成一致意见,就必须考虑南北分化、发展与环境、北半球消费增长与南半球人口增长以及不让公民团体承担有意义的角色等问题。这种不断增加的复杂性弱化了原本就已薄弱的环境政治。

第三,当今政治改革内部存在监管不到位,也就是"功亏一篑"的问题。倘若一项规定覆盖了 80% 的问题,80% 被监管的对象试着去遵照,而真正做到的又有 80%,那会是什么样子? 哎呀,结果是 $0.8 \times 0.8 \times 0.8$! 环保局错过了 50% 的问题,而且正如我们所看到的那样,在经济发展的推动下,问题不断加重。如果一项规定只能控制 50% 的污水,但与此同时污染源增加了 1 倍,那么污染状况丝毫不会得到任何改善。问题不断增加。对于为何会有那么多的疏漏,2003 年,史蒂夫·帕卡拉(Steve Pacala)及其同事在《科学》杂志撰文指出了另一个原因,"侦测警示信号和克服既得利益的问题不可避免地导致监管滞后,由此引发的破坏原本可以得到预防,而这需要提高环境警报的敏感度。"[41]

第四,现代环保主义注重实际,容易妥协,关注表象,这就造成了一些局限,往往导致相关部门采取快速解决问题的办法,追求唾手可得的结果。快速解决问题的办法治标不治本,无法彻底解决问题,因此掩盖了真正需要实现的事情[42]。制定建筑规范可以提高房屋能效,但如果消费者和建筑商总嫌房子不够大,该怎么办呢? 汽车效率标准可以加强,但如果缺乏良好的快速通行选择,因而增加了消费者的行车里程,又该怎么办呢?

追求唾手可得的成绩在政治层面简单易行,在经济领域具有吸引力,但当情况看起来有所改善,变得像美国当今环境一样更加可以忍受,当进一步改善的成本与日俱增,环保扶持可能就会渐渐消失,环保领导者们可能发现自己陷入困境,无法前进,半途而废。考虑到环保人士及其他几乎所有的利益团体都倾向于各行其是,如果此时陷入困境,几乎没有朋友会伸出援手。

现代环保界致力于让体制服务于环境,但是许多观察者对此深表怀疑,《华盛顿邮报》的资深记者威廉·格雷德(William Greider)就是其中之一。他在《资本主义灵魂》(*The Soul of Capitalism*)一书中写道:"监管体系已经变得漏洞百出,一片混乱。许多执法机构被其监管对象稳稳地控制了,其余的执法机构则被行业无休止的诉讼和政治回击束缚住手脚,无法采取有效行动。更有力的法律一是极难建立,二是无一幸免地被故意设置漏洞,以推迟有效执行数年,甚至数十年之久。"[43]

综上所述,不论在政府内还是在政府外行事,环保界既承担了管理日益增多的环境威胁的重任,又要面对助长这些威胁的现代资本主义的强大力量。不过,这种压力太大了。当今运行的现代资本主义体制将产生更大的环境恶果,程度超出环保措施所能及的范围。可以肯定的是,这种体制将试图削弱环保措施,对其设置重重障碍。环境行动的主体在目前设计的体制内实施,这样就无法开展主要工作(包括下文讨论的多数改革方法)来纠正环境破坏的根本诱因。我们需要的是体制的转变,局限于体制内部最终是行不通的。

86

第二部分

大 转 变

第四章　为环境服务的市场

　　我们生活在一个市场化的世界,里面有超市、股市、劳动力市场、房产市场等
等。市场竞争是资本主义的核心。市场为买卖双方提供有偿交换商品和服务的平
台,而价格取决于供需关系。在制造业、零售业等领域中,市场和价格机制运作良
好,为许许多多的目的服务。到目前为止尚未出现比市场更好的机制来分配稀缺
资源,或许在可预见的将来也不会出现。

　　从开始到现在,民主政府一直都是制衡市场的主要力量。除了极端自由主义
的支持者之外,社会各界都认为政府出于种种目的有必要在众多领域出手干预。
在当今的美国,商业和金融业受美国证券交易委员会(SEC)和司法部保护;消费者
受食品和药物监督管理局(FDA)和消费品安全委员会(CPSC)的保护;环境受环境
保护局(EPA)和内政部的保护。凡此种种的机构汇集成资本的"字母汤"(代指许
多以缩写字母为名的政府机构——译者注)。

　　如今,市场力量极其强大,价格成为有力的信号,各行各业不断拓展市场,向新
产品和新地域延伸。如果市场不能服务于环境,就注定会对环境产生极为严重的
破坏,世界对此已经有目共睹。了解这一切发生的原因和可行的对策至关重要。
在这个方面,目标应该实现两件事。第一,将市场转变成保护和恢复环境的有力工
具;第二,限制被罗伯特·库特纳(Robert Kuttner)称为市场帝国主义的发展。库
特纳在《一切有售》(*Everything for Sale*)一书中提醒我们:"即使在资本主义经济
中,社会在进行决策、确定价值、分配资源、维持社会结构、引导人际关系时可采用
多种手段,而市场只是其中一种手段。"[1]正如经济学家亚瑟·奥肯(Arthur Okun)
所述:"市场需要立足之地,但我们也应对其画地为牢。"[2]保罗·霍肯(Paul
Hawken)、艾默里·洛文斯(Amory Lovins)及亨特·洛文斯(Hunter Lovins)在
《自然资本主义》(*Natural Capitalism*)一书中说得好:"市场只是工具,当仆人很

出色,当主人就不行,当做信仰就更差了。"[3]

对于市场不能保护环境的问题,现代经济学家给出了环境经济学这一答案。从根本上讲,这门学科是当今应用于环境的新古典微观经济学,具有强大的学术根基。在本书探讨的所有解决问题的途径中,环境经济学传授面最广,并且具有最严格的理论基础,同时也最符合我们的市场经济。

华莱士·奥茨(Wallace Oates)和其他环境经济学家认为环境经济学有三大贡献[4]。第一,在公众介入自由市场纠正市场失灵方面,环境经济学提供了颇具说服力的例证。

第二,在制定环境目标和标准方面,它为政府干预程度提供了指引。通常情况下,从松散管理到严格控制,最初的成本是最低的;随着控制手段越来越严格,合规成本会逐渐增加。与此同时,例如当污染减少到更可承受的水平后,干预措施愈发严格,收到的社会效益就会越少。环境经济学告诉我们,政府应该合理控制环保投入,使合规成本(上升线)与社会效益(下降线)相等。如果再加大投入,边际成本就会超过边际效益,造成浪费。

第三,奥茨等人还指出,无论通过何种途径,一旦设定了目标或标准,在环境经济学的指导下,我们都能以成本最低、效率最高的方式实现目标。

现在让我们来仔细探讨环境经济学的这三大贡献。

公众干预的例证

经济学家提供令人信服的证据,支持政府采取恰当的干预手段。我之所以这样讲是因为政府往往采取不恰当的干预方式,建立不合理的补贴制度,使原本不利于环境的价格更加扭曲。这些价格具有误导性,是因为它们未能反映真实、完整的生产成本,也就是说,环境成本对公司来说是外部的,即所谓的负外部效应。政府设立的相应补贴只能让情况更糟。

经济学家西奥多·帕纳优投(Theodore Panayotou)对由此产生的后果做出了精辟总结:"制度、市场和政策三方面的错误结合导致稀有自然资源和环境资产的价格被低估,继而造成资源依赖性、环境密集型的产品和服务定价偏低。缺乏担保物权之类的制度失效、环境外部效应之类的市场失灵以及发放不合理补贴之类的政策失误,使生产与消费的私人成本和社会成本出现分化,直接导致生产者和消费者无法通过价格信号准确得知所用资源的稀缺性或造成的环境破坏代价。对社会而言,经济不良结构由此形成,一方面过度生产和消费资源消耗型商品和环境污染型商品,另一方面,对资源节约型和环境友好型商品生产消费不足。因此,经济增长和经济结构呈现出破坏资源基础的格局,又因稀缺资源得不到重视,所以该格局终究不可持续。"[5]

环境经济学家纳撒尼尔·基奥恩(Nathaniel Keohane)和希拉·奥姆斯特德(Sheila Olmstead)在《市场与环境》(*Markets and the Environment*)一书中指出与环境问题相关的市场失灵有三种不同类型。一是前面提到的负外部效应,如排污者对下游地区和广大公众产生的环境破坏非直接成本,而缺乏合理引导的市场不要求排污者埋单。另外两类市场失灵是公有物和公地悲剧:"生物多样性等环境适宜条件由很多人共同享受,不管他们是否支付费用。经济学家将这些物品定义为公有物。市场失灵出现,正是因为有些个人自己不提供公有物,而是坐享其成,享受免费的午餐。"

"第三类环境问题被称为公地悲剧。渔业或地下水等自然资源供所有人使用时,往往就会被人过度利用,原因在于个人利益与公共利益出现分歧。我们称之为悲剧,是因为如果人人不那么自私,大家会获得更多的利益。个人理性行为累加起来,带来的却是有损社会的结果。"[6]

诚然,环境经济学家有力证明了政府应该采取干预措施,纠正市场失灵和不合理补贴。但不幸的是,这并不意味着环境经济学家具有强大的影响力。大量的市场失灵现象和商业补贴依然存在,难以消除。

市场激励手段

下面,我将探讨环境经济学家的第二大贡献,即研究制定标准的方法,然后引入第三大贡献——不论环保标准如何制定,都采用市场激励手段和市场机制来实现高效率低成本的结果。至此,环境经济学才真正发扬光大、自成体系。

环境经济学的发展今非昔比。写到这里,我瞅着30年前朋友弗德里克·安德森(Frederick Anderson)和来自联邦政府智库——未来资源研究所(Resource For the Future)的几位经济学家写的一本薄薄的书,题为《改善环境的经济激励手段》(*Environmental Improvement Through Economic Incentives*)[7]。这本书是安德森题赠给我的,但说实话,对书中提倡的环保方法,我和其他绝大多数的环保人士当时并不认同。在20世纪70年代国家制定主要反污染法律法规之时,一场智力战争正在拉开序幕,占上风的一方是我们这些律师和科学界的盟友。我们推崇所谓的"指挥与控制"规定,而如今这一说法多少带点贬义色彩。这些规定的制定往往依据当时最好的污染防治技术,主要是想通过设定污染物和废水排放强制标准,也就是所谓的"执行标准",来迫使企业根据自己的能力选用当时最好的污染控制技术。新污染源更具灵活性,举例来说,污染源的产生过程可轻易自行出现变化,因此有关部门对它们实行了更高的技术标准。环保局根据当时的技术,为各行业细化了排放和排污限制标准,这些标准被写入限额要求,针对个体排污者实行。在个别情况下,依据《清洁空气法》的主要规定,标准制定并非以技术为主,而是以健康和环境保护要求为准。

这场小规模论战的另一方则是经济学家,他们主张采用市场机制和经济激励手段。在那个年代,他们所提出的观点如同荒野之声无人问津。我方认为像收取排污费这样的手段反而会给企业污染环境的权利,十分担心如果不认真实行限排标准,未来形势将难以预料,因此对于反方的观点,我们没有给予足够关注。

现在回想起来,我认为当时应该听取经济学家的意见。虽然执行限排标准的做法功效卓著,但我真心希望要是能早点采用市场机制就好了。那样的话,环保目标就会更早、更好地与商业规划相结合,同时,环保人士也就能和经济学家更紧密地合作了。

20 世纪 80 年代,人们开始转变观念,渐渐重视起以市场为导向的环保措施。到如今,各种市场机制已普及,受到环保人士和行业欢迎。比如说美国环保协会(Environmental Defense)和世界资源研究所(WRI)就一直在前线宣传这些措施。经济学家保罗·波特尼(Paul Portney)表示,如今环保政策以市场手段为主[8]。2001 年,经合组织指出,"在过去 10 年中,经济手段在经合组织成员国的环境政策中发挥了越来越大的作用。在这个背景下,一个突出的特征是与环境有关的税收作用日益增强。各国都在不同程度上开征了环境税……与环境有关的税收平均占成员国 GDP 的 2% 左右。"[9] 其中德国和其他欧洲国家的税收改革理念是最有希望的发展方向之一。从 1999 年开始,德国计划分四个阶段将课税宗旨从激励(促进就业、提高收入)转向打击(降低能耗、减少污染)。

在欧洲,排污费和其他环境收费已得到进一步发展。在美国,"总量限制与交易"方案已开始执行。此类方案设置排放总量限额,比方说在某一具体区域限定硫的排放量,允许当地排污者对排放权或限量进行互相交易,总体上以最低的成本应对总量限制。总量限制是可排放污染物的量化限制。

1990 年,为应对酸雨威胁,美国对《清洁空气法》进行修订,设定了发电厂排硫总量的限值,总量限制和交易这项大型实验也随之拉开序幕。根据记录,包括美国酸雨治理项目在内的总量限制和交易措施节省下来的经济效益是真实客观的,根本原因在于各公司合规成本差别较大，能够通过经济手段加以优化。在总量控制成本越低的地区，控排水平就越高。2007年国会收到的气候保护法案中无一例外都提出要通过"总量限制与交易"的手段控制二氧化碳排放。由此看来，在应对环境问题方面，可交易限量及其他市场机制有可能会继续大行其道。所以又得给经济学家记一功。

引入经济刺激手段和市场机制，其主要目的是为了提高环境项目的效率和成效。一直以来，环境经济学家发挥极大的创造力，寻找各种市场手段实现上述目标，包括通过建立财产权消除公地悲剧，创建污染物和废水排放量交易市场，收取污染税费，建立环境行为奖惩分明的"综合税制"（feebate）和退税系统，把因破坏环境收缴上来的钱用于奖励表现好的对象等等措施。举个具体的例子，综合税制方案可根据污染量对排污者收取一定的费用，然后根据整改效果按比例将这笔钱退给排污者。表现得好，就能拿到退款并获得其他收益。

正确定价

在理论方面，环境经济学家为政府干预提供了很好的例证，而在经济干预实践方面，他们的论证也卓有成效。但是，对于奥茨框架内环境经济学的第二大贡献，即制定能使边际成本和边际效益相等的环境标准，进展就没有那么大了。还记得第二大贡献的主旨吗？是要过渡到一种新体制，使边际环境成本纳入产品价格中。目前，这些环境成本通常属于公司外部因素，未由公司承担，因此未纳入价格。解决这种市场失灵的一个方法是对破坏环境的活动征收税费，金额与损失的价值相等。例如，对空气污染物而言，每额外增加一个单位的排放量，所产生的损失金额等于收取的税费。经济学家称之为"纠正价格"，通过设定排放最优限量，让排放量交易机制定价，也可实现和征税同样的效果[10]。

对于环境标准制定办法这一环境经济学要素，美国似乎不怎么大力支持，我们应该问问为什么。原因之一，当然要数美国缺乏一支消息灵通的政治选民团体。但政治上的困难并不是唯一的症结所在。更大、更根本的原因是所谓的定价问题。"纠正价格"是以货币价值确定环境损失，这一步就存在着许多问题。

首当其冲的是实行正确定价办法所面临的技术和分析难题。汤姆·太滕伯格（Tom Tietenberg）在他的环境经济学名著中首先解释了怎样设置污染税才能使边际成本和边际效益均衡化，然后他表示："虽然这些政策手段的效率水平在原则上很容易界定，但很难将其付诸实践。为了实施[它们]，就必须了解各排污者边际成

96

97　本和边际效益曲线相交时的污染水平。这是一大难题,会给污染治理部门造成巨大的信息压力,不切实际。在通常情况下,管理部门掌握的[污染者]控污成本信息非常有限,而获得的[环境]损耗函数信息几乎都不可靠。"

　　"面对看似如此庞大的信息压力,环保部门怎样才能合理划分污染治理责任呢?目前有几个国家(包括美国在内)选用了一个办法,那就是确立具体的法定污染水平,判定基础依据的是其他一些标准,如为人类健康或生态健康留出充足的安全空间。不论采取何种方式,这些限制标准一经建立,一半问题就解决了。问题的另一半关系到决定如何划分众多排污者的责任,以便将污染控制在先前确定的水平。"[11]

　　简言之,"纠正价格"需要我们了解各污染者每次新增污染所造成的额外环境损失。想象一下,计算硫和氮的排放对健康造成复杂的影响,以及酸雨对土壤和水体产生的影响,其难度可想而知。

　　在环境经济学的其他概述中可以找到与太滕伯格观点相似的结论。然而,大卫·皮尔斯(David Pearce)和爱德华·巴比尔(Edward Barbier)这两名坚定捍卫"纠正价格"理念的环境经济学家,在《可持续经济蓝图》(*Blueprint for a Sustainable Economy*)一书中提到:"[我们以前写的书]强调对环境资产和环境服务进行定价的重要性。事实证明,就媒体和公共论坛对书的普遍讨论而言,这也许要算最具争议的问题了。[我们以前写的书]还清楚地提出,不论是否进行定价,都可证明采用市场方略解决环境问题是正确的,而上述最具争议的问题或许转移了人们对

98　这一事实的关注。"[12]总之,甚至连环境经济学家都认为,环境目标或环境标准应该出于充分保护环境的考虑,或者依据政坛能承受的水平而定,而不是将难以用货币价值衡量的各项污染边际成本内部化。当然了,这样说相当于是在摒弃环境经济学的"第二大贡献"。

　　在不断发展的成本效益分析领域中,经济学家更加坚定不移,更富创新力,同时也更受争议,其中可以看出环境资产和人类生命健康定价存在一些困难。成本效益分析可用于评估像新建水坝这样的项目,也可评估如《清洁空气法》等政策和立法项目。这种分析要求成本和效益具有可比的体现形式,即货币。也就是说,成本效益分析需要估值。

　　在《无价》(*Priceless*)一书中,弗兰克·阿克曼(Frank Ackerman)和丽萨·海因策林(Lisa Heinzerling)严厉抨击了成本效益分析法:"对健康和环境保护进行狭隘的经济分析,其根本问题在于大自然和人类的生命健康是无价的,不能以货币价值来衡量。当出现是否允许一人伤害另一人或破坏自然资源的问题时;当生命

或地貌不能被替代时；当危害的影响延续几十年甚至几代人时；当前途未卜时；当人人共担风险、共享资源时；当'购买'危害行为的人与实际受到危害的人没有任何关系时，我们就来到了无价的疆域，此时市场价值几乎无法反映相关社会价值。"

"将人的生命健康和自然界本身赋以货币价值，然后再推翻那些数字，我们没有理由认为在这种奇怪的过程中会显现出有章可循的答案。事实上，正规的成本效益分析法在实践的过程中弊大于利……"

"从本质上讲，经济学家认为世间万物均有价……但是对大多数人来说，权利和原则问题超出了经济计算范围。设立市场界限有助于确定我们是谁，我们想怎样生活，我们相信什么。有很多事情无论出价多少都不能做……" 99

"将我们所关心的一切赋予货币价值，不能作为切实可行的管控计划。[这]会把我们卷入假设估值的漩涡，让我们的集体首要目标模糊起来，而不是变得清晰。对人们意见不统一的事物以数字的形式进行'估值'，也会引发无法解决的问题。堕胎诊所的"存在价值"是正数还是负数？这要看你问谁。也许没有人会乐意根据堕胎选择权的社会均价做决定。"[13]

定价引发道德和政治问题，难以解决，而阿克曼和海因策林的批判超越了这一问题。孕期胎儿发育障碍、安第让达克（Adirondack）湖的消失、某个物种的灭绝、美国西南地区或亚马孙地区降雨减少——对这些事物定价来判断失去它们能否被接受，很容易看出为何许多人认为这样做是有悖道德的。即便如此，环境经济学家毫不犹豫地指出，就连已经充满各种数字的生活，环保规定也赋予了一个价值，前提是我们愿意计算出环保规定产生多少成本，能挽救多少生命。

在具有统治地位的新古典经济学范式与环境现状和需求相结合的过程中有几种争议，估值争议仅仅是其中之一[14]。对于制定环境决策而言，一个围绕利己主义、人类中心论、理性主义的计算模式是不是真的恰如其分？用于成本和效益评估的贴现率，该如何设定才能从长计议？经济学家眼中"纠正价格"的办法真的能确保自然遗产完完整整地传给子孙后代吗？这些都是重要的问题，但我在此的目的不是要罗列环境经济学面临的挑战，而是要向大家介绍一些核心概念，这些概念若能推行，则可转变市场，使之有利于环境的保持和恢复。 100

一个新的市场

这些核心的概念是什么？首先，我们生活在市场经济体制中，价格指导决策，环境资产愈发稀少，愈发受到威胁。消耗殆尽的不仅仅是与经济有关的自然资源，而且还有整个环境。在这样的情况下,破坏环境应该付出高昂的代价,做出无害于环境或有利于环境恢复的行为,成本应该相对较低。有人指出,前苏联的计划经济之所以失败,就是因为价格未能反映经济现状。如今,我们身处的市场经济存在失败的风险,是因为价格没有反映环境现状。要转变方向,最初需要采取两个步骤。一是政府必须消除不利于环境的补贴所产生的破坏;二是政府必须对经济采取干预手段,落实经广泛研究的"污染者偿付"原则。

作为向可持续发展转变的基础,有关部门必须严厉控制补贴这一大目标。诺曼·迈尔斯(Norman Myers)和珍妮弗·肯特(Jennifer Kent)在 2001 年出版了《不合理补贴》(*Perverse Subsidies*)一书,在书中他们剖析了上百项补贴量化研究,涉及农业、能源、交通、水业、渔业和林业。那些补贴对环境和经济都造成了破坏性的不利影响,因此被作者定为"不合理"补贴。他们总结道,在强大利益的驱使下,世界各国政府干预市场,设立不合理补贴,目前年度总额达 8500 亿美元。粗略估计,这些补贴约占全球经济总量的 2.5%,产生了巨大的破坏环境的经济刺激因素[15]。根据美国国会研究服务中心估算,2003 年,仅美国能源补贴一项就达到了 370 亿至 640 亿美元,自 2005 年颁布《能源政策法》以来,每年增长 20 亿至 30 亿美元[16]。

101　　　显而易见,根据污染者偿付原则,应该要求环境消费者或掠夺者承担对人类或自然造成的环境破坏、清理和整治的各项成本以及将影响减少到可持续发展水平所需的所有开支。环境监管基本上有三种理念,它们各有用武之地,推动污染者偿付原则向前发展。

纠正技术。监管标准可依据现有技术或管理措施所能取得的成果。在这里,"黄金准则"是指采用现有最好技术所能实现的水平。

纠正价格。标准能够以要求掠夺者支付环境赔偿金为基础。办法之一是实施受害者补偿方案,也可执行环境清理和环境恢复要求。此类标准还包括运用税费收缴或余量交易的手段来要求掠夺者将其外部成本内部化。在这里,黄金准则是指通过内部化所有环境成本达到"纠正价格"的目的。

恢复环境。标准也可以围绕实现周遭环境规定质量所需的内容来制定。在这里,黄金准则是指全面保护人类健康,资源获取量不超过长期可持续产出范围,废旧产品丢弃量不超过相应同化能力,并且全面保护生态系统结构和功能。

经济刺激手段和市场机制可应用在上述三大举措中,提高其成本效益比。各项举措都能提高破坏环境的货品和服务的价格。在各种情况下,黄金准则的内容可指零排放,也可指不产生影响或不丢弃产品,举例来说,就是通过某种卓有成效的技术问世或某种特别有害的产品逐步被淘汰（如汽油中的铅、氟氯化碳、滴滴涕等）来实现这一目标。

目前在大多数情况下最好应该采用上述三大监管措施中的最后一个，即"纠正公共健康和生态数量"。在推动价格朝良性方向发展方面，该措施或许是最有成效的，同时会最大限度发挥科学家和经济学家才能，更好地促进科技创新，最大限度保护环境，也最能被公众所理解。

截至目前，环境经济学家已建立起一套广泛的专业文献资料，针对问题探讨正确"选择手段"，以实现既有效又有力的结果[17]。举个例子，在"总量限制和交易"的制度下，污染物的总量是确定不变的，这一点有时很重要，但排放地点存在不确定性。污染排放地点和污染物关系不大时（二氧化硫、氯氟碳化合物、二氧化碳），总量限制和交易办法可以是一个好的选择。但如遇排放量难以测量、周遭环境状态发生快速变化（如气流减弱或大气逆温）、涉及特别危险物质或活动、实行总量限制和交易或征收排放税导致污染物集中排放，形成"排放热点地区"等情况，收缴污染费及其他经济刺激手段是不可取的，最好的办法是直接监管[18]。

无论使用何种理念来制定标准，也无论选择何种经济手段或其他措施，在任何情况下目标都必须是确保为各类环境破坏行为制定高价，减少和防止环境破坏行为的发生。要开始实施这个工程，办法之一就是要确认那些对环境影响最大的中间或最终产品和服务。在这一点上，欧洲的工业生态学家已经营造了一个良好的开端[19]。然后再回到生产链上，针对破坏最严重的活动征收污染物和污水排放税、使用者费和推行其他要求。收费力度可逐步加大，以缩小私营和公共生产成本之间的差距。

在《自然资本论》(Natural Capitalism)一书中，保罗·霍肯(Paul Hawken)、艾默里·洛文斯(Amory Lovins)和亨特·洛文斯(Hunter Lovins)提出了市场转型的第二组核心概念。正如我在引言中所介绍的，作者主张建立一个由企业和政府推动的国家投资战略，重点是从根本上提高资源生产率和自然资本的大规模再生。在这些方面，修改联邦税法、收取原材料开采费、政府和私人研发项目推行以及政府对环境恢复项目的主要支持等措施都可激发实际行动。

市场转变的第三个方面源自经济学家理查德·诺尔噶德(Richard Norgaard)和理查德·豪沃思(Richard Howarth)的研究[20]。他们证明，在当代人中间实行"纠正价格"的办法不会确保可持续性。可持续性是代际权益的问题，要求每一代人都自觉选择将充足的资源重新分配给后代，这个过程类似于在同代人之间进行的资源再分配。为此，作者敦促相关部门考虑实行资源使用税、建立期货市场、将矿产

102

103

资源和其他资源的未来使用交由公益信托管理、通过对资源所有者发放补贴降低开采和消耗的速度等措施。在这个大环境下,还可采取进一步措施,要求相关各方将开发不可再生资源赚取的一部分收入(高于正常利润的部分)用于再投资,开发可再生的资源替代品。

第四,在市场转变过程中政府应该采取行动,因为有时价格的实际作用不如理论。在一个层面上,有些因素削弱了价格信号,这种现象被经济学家所熟知。例如,2006年麦肯锡咨询公司(Mckinsey & Company)在进行能源市场研究时发现,全球能源生产率提升潜力巨大,但仅仅通过抬高能源价格是难以实现的[21]。原因何在?有些行业的价格弹性低,价格升高不会引发大的消费反应。消费者缺乏提高能源生产率的信息和资本,另外,他们优先考虑方便、舒适、风格或安全等因素,而这进一步削弱了他们对价格的反应。除此之外,企业也因能源成本较少或分散而放弃了对宝贵的能源生产率的投入。降低交易成本、提供信息和资本、减少风险等政府措施可以帮助克服这些行为和制度的障碍。

政府促进市场转变最后一个行动方向是纠正国内生产总值(简称GDP)这一的经济风向标,GDP具有误导性——或者至少可以说是被误用和滥用。就目前的结构而言,不论GDP作为国家经济产值处于什么水平,都不足以充分衡量国民经济福利,这一点已得到公认。社会需要真实反映经济福利水平的标尺,衡量市场经济在造福于民方面的成果。GDP的局限性及换用其他指标的建议,在本书第6章有详述。

上述的这些改革措施及其他办法应该能够扭转历史格局,让市场朝着有利于环境的方向发展。但同时也需要意识到市场开拓存在局限和界限。非市场化的物品或服务进入市场并按一定的价格出售时,就会发生商品化。自然资产被商品化,人们就更会认为自然屈从于人类,为了人类的使用和利益而存在,并且可以被买卖。

穷人的呼吁者正在行动,宣传获取饮用水是一项基本人权,政府及社会各界必须意识到这一点。但实际上,水已变成一种大型的国际商品,主要相关产业包括废水处理业务、饮用水供应及瓶装水生产销售。对水的消费大户来说,要求将水全额定价是完全合理的,但同时也应该让所有人喝得起水,喝得上水。

与之相关的一个趋势是私有化。曾经的公共责任和职能转向私有化,交由市场来管理,实现了飞跃。2007年,《商业周刊》报道说,投资者正在大张旗鼓地要求接管美国的路桥和机场:"随着国家和地方领导人急于获得现金来解决短期财政问题,空前的买卖浪潮爆发条件已成熟。总计约1000亿美元的公共财产将在未来两年内私有化,而在过去两年里这一数字还不到 70 亿美元。"[22] 与此同时,联邦政府的对外采购额继续迅速增长。在过去六年的时间里,联邦政府在私人承包商的花费翻了一番,如今在美国,合同用工比联邦雇员还多[23]。甚至有人严正提议,应该将国家公园私有化。这些私有化趋势让资源和服务的价格更准确,因此无疑会带来一定的环境效益,但同时也对环境和公众产生巨大的不利因素。

罗伯特·库特纳(Robert Kuttner)指出,许多市场扩侵现象"并非源自市场本身,而是因为市场倾向于侵入不属于它的领域。"[24]有些地方的确不适合市场存在;有些活动和资源不应该被商品化;有些东西是无价的。正如卡尔·波兰尼(Karl Polanyi)所说,在生活中,在社区里,在自然界,我们需要维护自主独立的空间[25]。

马克·萨格奥弗(Mark Sagoff)在《地球经济》(*Economy of the Earth*)一书中指出,市场失灵能够并且确实会发生,而社会却不予干预,对其加以纠正。"从历史上讲,社会对消费产品、工作场所和环境的安全性进行监管,迎合了提高市场人性化的需求,而不一定是提高市场效率的办法……社会监管表现了我们相信什么,我们是什么,我们作为一个民族主张什么……做'艰难决定'和进行'权衡'时无计可施,必须依靠深思熟虑之精神——开放思想、注重细节、保持幽默感和明智。"[26]市场转变关系到的是政治,而不是经济,萨格奥弗很好地诠释了这一现实。转变市场要求相关部门做出异常艰难的政治抉择,彻底取消补贴,提高从地球另一端进口来的汽油和食品的价格,为子孙后代保留资源,限制市场本身的扩张。然而,实现市场转变是解决问题的根本之策。在市场经济体制下,推行能让市场对环境化敌为友的环境真实价格及其他激励手段是唯一的办法,不可被替代。在这个方向已经开始开展了一些工作,虽然不能说面面俱到,但态度是严肃认真的。越快越深入推行市场转变,我们的子孙就会生活得越好。

106

第五章　通向后增长社会的经济转型

107　　经济增长是现代资本主义最主要、最受追捧的"产品"。说经济增长具有且应该具有局限性通常会引来一片嘲讽，但并不是所有的经济学家都对此嗤之以鼻。早在 80 年前，约翰·梅纳德·凯恩斯（John Maynard Keynes）就撰文表达了自己期待看到"经济问题"成为历史的那一天。他的著作本身就是无价的："让我们设想，百年之后……我们的经济状况比现在好 8 倍。假定不发生大规模的战争，没有大规模的人口增长，那么'经济问题'将可能得到解决。这意味着，如果我们展望未来，经济问题并不是'人类永恒的问题'。"

　　"你也许会问，这为什么让人如此惊诧？这是因为迄今为止，经济问题，即生存斗争，一直是人类最紧迫的首要问题……因此，人类自从被创造出来，将第一次遇到真正且永恒的问题——当从紧迫的经济束缚中解放出来之后，应该怎样来利用自己的自由？该如何消磨闲暇的时间……如何生活得明智、惬意、舒心呢？"

　　"此外，在其他领域也会发生变化，我们必须预料到这一点。当财富的积累不
108　再具有高度的社会重要性时，道德准则会发生重大变化。喜爱占有金钱不同于喜爱用钱享受生活、达成现实，前者将被看做是某种可憎的病态，是一种半属犯罪、半属变态的性格倾向，让人不寒而栗，交给精神病专家去处理……"

　　"因此，我认为当达到这一丰裕而多暇的境地之后，我们将重拾宗教信仰和传统美德中那些最为确凿可靠的原则，即贪婪是一种恶癖，剥削是一种罪行，爱钱是一种恶习，真正走上道德与大智之道者后日思虑极少矣。我们将再次重视目的甚于手段，更看重事物的有益性而不是有用性。我们将尊敬这样一些人，他们能够教导我们如何分分秒秒都过得合乎道德准绳，善始善终，他们令他人感到愉快，能够从事物中获得直接的乐趣，既不辛苦劳作也不碌碌无为，美若田野间的百合花。"

　　"可是要注意！实现上述这一切还为时尚早，至少还得过 100 年，而在此之间，

80

我们不得不自欺欺人地把美当成丑,把丑当成美,因为丑是有用的,而美则不然。贪婪、剥削和谨慎还要主宰我们一段时间,因为只有这些才能带领我们走出经济必要性的黑暗,迎接光明……"

"同时,我们不妨为命运做些小的准备,发扬并探索生活的艺术和有意义的活动,这是没有害处的。"

"但首要一点是,我们不能高估经济问题的重要性,也不能因其假想的必要因素而在其他更重要、更持久的事情上作出牺牲。这应是专家关心的问题——就好比牙病找牙医。倘若经济学家们能树立起谦逊、能干的形象,达到牙医的水平,那就再好不过了!"[1]

凯恩斯预见了这样一个世界,在那里,社会发展达到一定高度,超出了增长需求;在那里,增长的主要成本没有关系环境,而是反映了追求经济增长扭曲人类的道德品行。我们离凯恩斯所说的"百年之后"、"经济状况好 8 倍"已经不远了,也许现在应该质疑是否还需要把无休无止的经济增长放在首要位置。的确如此,解决经济问题还很久远,在此之前有充分理由质疑是否应该继续坚定不移地将总体经济扩张当成大好事和万能药来看待。

举例来说,联合国开发计划署(UNDP)《1996 年人类发展报告》分析了各国的经济表现,其中许多具有下列特点:

- 失业型增长——经济总体增长了,但就业机会没有增加。
- 无情型增长——经济增长的硕果大部分被富人享用。
- 无声型增长——经济增长没有伴随民主和赋权的发展。
- 无根型增长——经济增长导致国民的文化认同消逝。
- 无前途型增长——当代人挥霍子孙后代所需的资源。[2]

当时,我们这些在联合国开发计划署工作的人见过许许多多的经济增长类型,唯独就没看到良性经济增长,我们把良性经济增长定义为支持公平、就业、环境和赋权的增长。我们还发现经济增长与扶贫之间的联系还很不理想,要是用除传统收入以外的方法来衡量贫困(通常以人均日收入美元为单位衡量"绝对贫困"),那种联系就更薄弱了[3]。我们引例证明,一个国家行之有效的扶贫战略只靠确保经济增长是远远不够的[4]。但即便如此,我们依然强调发展中国家十分迫切需要经济增长。没有经济增长,扶贫工作不会取得大的成效。

尽管发展中国家实现良性经济增长仍属全球最大的挑战之一,可在此我还是关注那些发达国家和地区,包括北美和欧洲富裕国家、日本、澳大利亚、新加坡及部分海湾国家,它们已经或即将走完凯恩斯所描述的经济之旅,面对的挑战更多是有关富裕,而非贫困。

考虑这些富国的增长前景时,我们应牢记以下三个不同的概念:

- **产量的增长**。通常所说的经济增长就是产出或产量的增长,包括货币形式和非货币形式。国民经济核算体系以货币面值为单位计算产量的一个子类,主要包括投放市场的货品和服务以及政府支出,称为累积国民生产总值。

- **生物物理流量的增长**。"流量"包括从自然界中索取、经流转后迟早变成各种废弃物的物质材料。存量资本的循环和扩大可以减缓大部分流量最终变为废弃物的速度,但不能阻止这一过程的发生。因此,流量是数量的集合,而不是钱数的集合。我们不能简单地将这些量相加,因为各种生产活动及残余物对环境产生的影响差异很大。我们可以把流量当成衡量——或者至少代表经济物质总量和规模的一个指标。因此,经济对环境造成的压力有很大一部分都源自流量及其增长。关键的一点是,鉴于当今经济本质及 GDP 计算方法,流量的增长与经济产量增长密切相关。还有一点应注意,资源节约技术的革新可以并且确实提高与流量相对应的经济产量。

- **人类福利的增长**。人类幸福或福利所涵盖的内容远远不止经济产量增长及其引发的消费增长。目前计算福利的方法有很多,包括可持续经济福利指数和人类发展指数[5]。这些指标将在下章一一介绍。

111

国民生产总值(GDP)常常被当做流量的代名词,就像人均 GDP 常用于代表福利一样。其实,它们都不适合用于这样的目的。GDP 增长虽带动福利增加,可同时也提高了流量,因此环境受到破坏。以 GDP 和人均 GDP 计算流量和福利,让人感觉环境和人民幸福针锋相对。倘若能有效全面地衡量环境和人民幸福水平,我们也许就会发现情况恰好相反。

在这个背景下,让我们依次讨论下列四个问题:

(1) 直接质疑经济增长是否合理?

(2) 这种质疑的基础是什么?

(3) 对于这样的质疑,目前有哪些政策或建议可以实行或付诸实践?

(4) 质疑经济增长的政治和实际前景如何?

增长还是不增长

直接质疑经济增长是否合理? 大多数人都会说不合理,他们一般分为两大阵营。第一大阵营的人把经济增长看成是一件大好事。还记得第一章提到的市场型世界观吗？这些人具有普罗米修斯主义(Promethean)和丰饶论(cornucopian)的观点,坚信问题可以通过自由市场和自由竞争来解决。他们倾向于认为自然界无边无际,因此不大可能严重限制人类活动。在他们看来,经济增长是完全积极正面的,促进技术创新,帮助人们解决自然资源匮乏问题。

　　这种视角是不切实际的,这一点我希望在第二章讨论经济增长和现代资本主义时已经得到论证。我们在当代及当下实际感受到的经济增长一直以来是重大环境问题的主要肇因。正如历史学家约翰·R·麦克尼尔(J. R. McNeill)在其20世纪环境历史学著作中所写,当"世界拥有丰富的土地资源、不受惊扰的鱼群、广袤的森林及完好的臭氧层",增长是有用的,但现在经济增长成为"严重破坏生态"的元凶[6]。

　　另一派不愿质疑经济增长的人共同持有政策改革型世界观,这些人当中也有许多主流环保主义者。他们认为,经济增长可以与环境保护并驾齐驱,但前提是要有合理的规章制度、市场修正及其他政府行动为导向。

　　传统也好,创新也罢,环境政策在绿色发展方面都能发挥很大的作用,让经济增长更加环保,就这一点而言,政策改革支持者的观点毋庸置疑是正确的。诚然,假如没有现行政策,经济增长对环境破坏的程度会更大。但正如前几章所分析的,现行政策存在很多局限。

　　我们能够实现绿色增长到公众认可的水平,所以不用担心增长本身,这种观点的核心是认为环保技术能够得到日新月异的发展,速度之快,足以代偿增长对环境带来的压力。著名的"IPAT方程"有助于分析这一论断[7]。

$$I = PAT$$

即　　　　　　环境影响(I) = 人口(P)×富裕程度(A)×技术(T)

该方程实际上是恒等式

$$影响 = 人口 \times \frac{GDP}{人口} \times \frac{影响}{GDP}$$

或者

$$影响 = GDP \times \frac{影响}{GDP}$$

　　在这里,人均GDP是富裕程度的量度,每美元GDP(或单位产量)的环境影响反映了投入经济体中的技术。

　　假设GDP每年增长3%,若想大幅降低环境影响,那么每美元GDP和每单位经济产量的环境影响每年减少速度就必须大幅超过3%。环境影响减少的速度快于经济增长速度,需要以技术迅猛发展为前提。正因为如此,我和其他许多人呼吁

112

113

政府出台政策,推动环境技术革命,也就是说我们迫切需要经济向生态现代化转变,包括转变现有的存量资本以及通过创新和创建环境友好型产业,研发新产品,提供新服务[8]。要在经济增长的同时减少污染,降低自然资源的消耗,一个主要方法就是整体转变主导现今制造业、能源、建筑业、运输业和农业的技术。20世纪的技术招致了当今的许多问题,应该被逐渐淘汰,更新为21世纪注重环境可持续性和环境恢复的技术。新一代技术大幅降低自然资源消耗量,减少每单位经济产量所产生的剩余废料,通过这些技术,经济应该能够最大程度实现"非物质化"。

举个例子,请大家思考,在全球变暖和化石燃料使用的背景下,技术转变意味着什么?假定为了将大气中的温室气体含量控制在"安全"的水平,有必要在未来40年里将美国化石燃料所产生的二氧化碳减少80%。同时假定在此期间美国经济将以每年3%的速度增长。"经济产量的二氧化碳强度"则可用下式表达:

$$\frac{CO_2}{GDP} = \frac{CO_2}{化石燃料总 Btu} \times \frac{化石燃料总 Btu}{总 Btu} \times \frac{总 Btu}{GDP}$$

上述表达式简单地说明了经济的二氧化碳强度(CO_2/GDP)取决于化石燃料的混用结构(煤炭、石油、天然气等能源的使用比例),取决于化石燃料在能源总体利用方面的重要性,取决于能源效率。

在未来40年中,美国经济二氧化碳强度以指数变化率计算,降幅每年要达到7%才能实现上述假设。这样的目标能否变成现实?能否通过加快天然气取代煤和油的速度,让未来40年中按每年1%的速度降低每英热单位(Btu)化石燃料的二氧化碳排放量?在2010年至2050年间,美国向可再生能源转变能否促使其化石能源比重每年降低2%?与此同时,美国能源效率每年能否提高4%?对于凡此种种的问题,能否给出肯定的答案,也许将决定许多事情的发展[9]。在20世纪80年代早期,能源价格高企,美国能源效率短期内确实每年提高了3.5%。但1970年至2000年三十载,整体年均提升幅度仅为2%左右。

因此,我们需要较高的技术革新速率,而且必须要使其常态化。在农业、建筑业、制造业、运输业等行业已经出现技术进步,对二氧化碳排放产生了积极的影响,但除此之外仍有许许多多的领域都需要更多的技术发展。以二氧化碳为例,要用到将近一半的技术革新速率才能补偿经济增长带来的影响。这就好比一个人在下行的扶梯上向上跑——扶梯下行速度非常快。也许能够实现,对此我没有把握[10]。关键问题是,至今仍未见有效行动,而且据我所知,目前没有一国政府以系统、充分的方式在国内和国际倡导绿色技术的广泛、快速及可持续性的应用。与之相反,各国政府狠抓的仍是经济增长。

技术革新需要实现真正的速度才能引领经济增长,但那些能够创造激励手段、推动快速技术革新的社会政治机构不一定能迅速应对,所需的科学技术也不一定能快速发挥作用。例如,国际环境法律法规制定就遭遇难产。可是,世界经济和城镇化却在飞速向前迸发,社会应对不及。氟利昂生产了几十年,科学家才开始关注它的危害,然后又过了10年,社会才达成一致停止生产,而真正实现停产又花了10年的时间。然而,与大多数问题相比,氟利昂的问题还算相对简单,按国际标准来衡量,应对速度也较快。如今,我们有效参与和反应的能力并没有大幅提高,可是当今天的大学生走上领导岗位前,世界经济有可能会翻一倍。

　　要想知道是否有必要质疑经济增长,还有一个办法就是问这样的问题,假如全部采纳本书第四章介绍的办法,会使经济增长有利于环境的保持和恢复,而无需质疑经济增长吗?从理论上来讲,假如各项办法能够得以迅速有力地采纳,并且得到全面执行,我们的答案是肯定的。经济会沿着开放的道路继续走下去,尽管可能会出现一些社会疾患,可环境得以拯救。流量的增长会先停止,而后下滑。可理论不是现实,在现实中,第四章谈到的长远办法采纳速度不会快,而且很有可能仅仅被部分采纳。如果经济增长依旧高于一切的话,那么能否采纳甚至都是问题。因此,引发经济与环境相互冲突的因素将会继续兴风作浪,我们有必要应对这些因素,其中包括经济增长、消费主义和企业行为。由此可见,质疑经济增长及其必要性是恰如其分的。从现在到可预见的未来,我们都要面临经济和环境这两个单选项。我们所知的资本主义,地球已经承受不下去了。

116

非经济的增长

　　这把我们带向第二个问题——质疑经济增长都有哪些内容?首先,回答这个问题,最好要以史为鉴。早期对增长发出质疑之声的学者包括约翰·肯尼思·加尔布雷思(John Kenneth Galbraith),他在1956年写道:"迟早物质产品的数量——国民生产总值的增幅——必将退居其次,引发人们对其营造的生活质量的思考。"[11]之后的1966年和1967年,肯尼思·博尔丁(Kenneth Boulding)和E·J·米善(E. J. Mishan)分别发表了《即将到来的太空船地球号经济学》(The Economics of the Coming Spaceship Earth)一文[12]和《经济增长的代价》(The Costs of Economic Growth)一书[13]。但真正引起轰动的是丹尼斯·梅多斯(Dennis Meadows)和德内拉·梅多斯(Donella Meadows)二人所著的《增长的极限》(The Limits to Growth)[14]。我个人从不热衷于这本书。书中只强调了原材料的有限性,而这种物质有限性会导致经济过热和崩溃。可真正的问题是经济应不应该增长,而不是经济能不能增长。在出版后短短几年的时间里,《增长的极限》卖出去400万册,一举成为经济学家的争论焦点,其中一些人研究证明只要把梅多斯的模型假设微微变动,就能说明经济增长并不存在程度严重、发展迅速的物质局限。

20世纪70年代之后,人们渐渐不再关注增长,在20年里几乎听不到相关讨论。但现在公众对此的热情重新燃起,有两大因素。第一,社会评论家注意到,增长并没有给社会带来好处,尽管个人收入在增长,但个人和社会的福利并未增加,反而据许多指标反映有所减少。这一点将在下章中讨论。质疑增长的热情也在萌发,相关人士的观点与本书所提出的论点相同,认为经济增长超出了环境利益,那些较为传统的环保手段效果不理想。

117　　2003年,澳大利亚政策专家克莱夫·汉密尔顿(Clive Hamilton)出版了《增长恋》(*Growth Fetish*)一书,富有创造性地概括了很多最新相关思想。他是这样引出主题的:"面对经济增长那些美妙的承诺,在21世纪伊始,我们却遇到一个糟糕的事实。50年来,西方世界的经济一直保持高水平的增长,实际平均收入翻了几番,尽管如此,广大民众对生活的满意度却一点都没有提高。如果说经济增长是为了让我们过得更好,而且再无其他目的可言,那么结果是失败的……越深入探究经济增长在现代社会中的作用,就越发现我们对其过分迷恋,就像崇拜一件看似神奇但没有生命的物体一样。"

"自由资本主义败得一塌糊涂,依照近代历史事件,新自由主义竟然未受到质疑,实属反常……再者,经济增长的成本大部分在市场之外消化,因此不会被核算进国民经济中,这些成本不可避免地以各种令人担忧的形式显现,包括生态退化、经济增长未能纠正的一系列社会问题以及失业、过劳和缺乏安全感的通病……"

"大体而言,资本主义自身满足了激发19世纪社会主义的需求……但实现这些目标引发了更深层的社会不安定因素,包括商人操控、强迫性物质主义、环境退化、人际关系疏远以及孤独感。简而言之……在市场经济社会里,我们的目标是够用,但达到充裕我们才会满足。我们是繁盛的囚徒,只能自由地消费,却不能自由地在这个世界上寻找立身之地,"[15]汉密尔顿给出的例证铿锵有力,评论言之有理,理应得到广泛关注。

"生态经济学"新学派中许多人也对经济增长发出质疑,其中赫尔曼·达利(Herman Daly)较为有名,是这一新生学派创始人之一。必须说明的是,生态经济学也在快速发展壮大。

118　　赫尔曼·达利和约书亚·法利(Joshua Farley)在其2004年出版的《生态经济学》(*Ecological Economics*)教科书中挑战经济和经济增长的传统思想:"生态

经济学叫停增长,这更富争议(同时也更重要)。我们把增长定义为流量的增加,也就是从环境流入经济、经加工后以废弃物的形式返回环境的自然资源的数量,属于物质层面的量的增长,与经济和(或)由经济产生的废弃物流量相关。此类增长毫无疑问是不能永远持续下去的,因为地球以及其资源不是无限的。虽然增长必须停止,但并不意味着发展的停滞。我们将发展定义为一种质变,发挥潜力,向更完善(但不是更大)的结构或体系渐渐过渡,是在特定的流量水平下货品和服务质量的提升(质量依人类幸福度提升能力来衡量)……"

"传统经济学永远支持增长,而生态经济学则构想一个处于最适规模的稳态经济。两者在各自的前分析视野中都具有逻辑性,但从对方的角度来看则是荒谬无理的。这种分歧再基础不过了,同时也最不可能被调和。"[16]

达利和法利认为我们现在生活在"满实满载"的世界,经济持续的物质扩张会产生无法接受的代价[17]。两位作者还表示,经济增长最大的局限也许不是人们长期认为的资源耗竭问题,而是环境吸收废弃物的能力。

在过去 10 年里,生态经济学已发展成为一套越发复杂的分析体系。在许多业内人士看来,新古典经济学这套公认的经济思想体系只认可最佳分配原则,而不包含可持续性经济规模的概念,因此不太可能顺利迎接环境挑战。生态经济学家认为,对于任一特定的生态系统环境,经济都存在一个最适规模,超过这个规模,经济的物质增长(流量)的成本在人类福利方面就会超过其自身价值。随着消费者更为基础的需求被满足,达到消费者满意度的最高点,增长就会出现收益递减的现象。与此同时,再度增长的成本增加,其中较为明显的是环境成本。最终,社会达到饱和状态,继续增长变得不划算。达利等人从实际出发,认定我们已经达到或超过了这个饱和点,目前正在经历达利所说的"非经济增长"。

约束增长

如果说质疑增长有道理,那么现在都有哪些政策可以实施呢?有两大类:第一,生态经济学家支持的环境政策;第二,环保界之外的政策。

生态经济学家们强调采用"生态平衡定量"的方法来解决环保问题,前文已有详述。该观点的基础首先要确定允许污染物排放量或允许资源采集量。对于某种污染物来说,要确定多少量会超出环境吸收能力,然后制定最大排放限额。对于采集的可再生资源(如鱼类或者木材),须确立可持续采集的量,确保不超过资源再生能力。在生态经济学家的眼中,可持续性是指不超过环境吸收能力和资源再生能力。因此,生态经济学的第一步是要设定正确的生物物理学定量。这样会将总体流量控制在可持续的水平。

120　　上述限量可通过第四章介绍的征税、总量限制与交易机制来实现。可采用污染交易限额和资源开发交易限额,也可征收污染税和原始资源税。这些基于市场的机制可结合起来使用。该办法和许多传统环境经济学家支持的办法相同,都具有大的警示作用。生态经济学家倾向于坚持设定限量,以便完全保护环境和人类健康。换句话说,生态经济学家希望看到自然资本得到完全保护和再生。因此,他们的立场被称作"坚实的可持续性"。有了坚实的可持续性,环境得以维持,自然资本也得到维护。然而,在"薄弱的可持续性"模式下,得到维护的是长期经济增长,而自然资本只要有替代物,就可以像人造资本那样被消耗。包括环境经济学家在内的许多传统经济学家青睐于薄弱的可持续性模式。两种模式大相径庭,却都打着可持续性的旗号,因此会产生很多困惑。人人都倾向于选择可持续性,但每个人的理解却不尽相同[18]。

　　也许限制经济增长最重要的良方是来自环保部门之外,相关措施包括增加休息时间(如缩短每周工作时间、延长假期等)、加强劳动保护、增设工作保障、发放福利金(如退休和健康福利)、限制广告、新增企业基本规则、加强贸易协议中社会和环境条文、加强消费者保护、提高收入和社会公平(包括向富人征收真实的累计税和加大对穷人的收入扶持力度)、增设公共部门服务和环境设施的主要开支项、通过大力投入教育、技能和新技术推动生态现代化,大幅提高生产力来抵消减少用工、缩短工时带来的影响。以下章节会做更详细的介绍。人们应该享有更多的休闲时间、更多的保障,拥有更多的寻找伴侣、接受继续教育的机会。他们应该摆脱"不惜代价保增长"的模式及萨缪尔森和诺德豪斯所描述的无情的经济。

121　　因此,后增长社会不应该是停滞不前的社会,而是充满活力,能够认识到真正的幸福源泉。克莱夫·汉密尔顿说得好:"后增长社会将有意识地提倡那些能够提高个人和社区幸福度的社会结构和活动,目标是要创建一个社会环境,让人们能够追求真正的个性,而不是向现在这样通过花钱买名牌、过商业化的生活方式来包装的虚假个性。"[19]

未来展望

　　后增长社会在现实和政治方面的前景如何? 显而易见,增长态的摒弃不会那么迅速,也没那么容易。正如丹尼尔·贝尔(Daniel Bell)所述,增长堪比世俗宗教[20]。哈佛大学教授本杰明·弗里德曼（Benjamin Friedman）在《经济增长所引发的道德问题》（*The Moral Consequences of Economic Growth*）一书中谈到："对多样性的宽容、社会流动性、维护公正及献身民主工作"，这一切都离不开对经济增长坚定的追寻[21]。我个人怀疑他的说法，但现今很多人都认可这种观点。

另一种局限来自对资本主义自身的分析。上文已经介绍过，增长驱动源于资本主义本质。鲍尔斯写道："在资本主义经济中，生存意味着增长……资本主义因其积累的动力……以及内在的扩张倾向而有别于其他经济体制。"或者像鲍莫尔所说："可以把资本主义经济看成是一架机器，其主要产品就是经济增长。"[22]因此，质疑增长差不多也就是在质疑资本主义。

罗伯特·柯林斯（Robert Collins）所著的《求多：战后美国经济增长政策》（*More：The Politics of Economic Growth in Postwar America*）给出了一线希望。柯林斯指出，"追求经济增长已成为二战后半个世纪内美国公共政策具有决定性的中心特点。评论家在 20 世纪 50 年代杜撰了'增长计策'（growthmanship）一词，用来形容对经济繁荣增长看似执着的追求，这种追求在当时看来要主导整个西方工业世界的政坛以及公众话语，发展势头最强的当属物质过剩的美国……"

"战后对增长的追求独具现代性，这是源于新国家权力及宏观经济管理手段的获得，全力以赴让增长变得更加蓬勃强劲、持久稳定，总体更具可量化性，计算也更精确，这是前所未有的。经济新政举棋不定，使得增长计策看起来分化特征十分明显，正因为如此，也许我们通过分析战后增长计策产生的背景，便能最好感悟是什么造就了该政策的特殊性。"[23]

如果当前增长热的确是战后世界的产物，那么就有希望看到增长其实并不是经济永久不变、无法避免的一部分。但对于这项挑战之幅度，柯林斯颇为现实。他评论到："在追求增长的过程中承认极限，这种行为本身就会带来痛苦的后果。一直以来，增长往往是美国的'出路'，很多人相信通过增长，美国就能够自圆其说，将对自由的热爱与平等主义的装腔作势融合在一起。高速增长保证将来会消除位于美国进取精神核心的这种压力，如今我们来到了 20 世纪末，失去这个保证，就意味着我们要面对一项极其艰难的任务，拿我们带入新千年的国家财富积淀做试验，也许还要对其进行再次开发。"[24]好消息是，除了增长之外还有别的办法也可以"消除这种压力"，在下一章中会讲到。

如果质疑增长看上去较为困难，有必要念及米尔顿·弗里德曼（Milton Friedman）的观察："只有体察到的危机或者确实发生的危机，才能带来真正的改变。危机发生时，人们所采取的行动往往取决于身边的思想。因此，我相信，开发新政策，

122

123 维护其活力和有效性,让政治不可能变成政治必然,这才是根本之举。"25。上述文字反映出一种理念——准备好应对即将到来的危机。甘地说过一番更加积极的话,摘录如下:"他们先是无视你,再来嘲笑你,接着他们与你斗争,最后你赢了。"

经济增长有没有可能会自行减速呢?2005年10月,经合组织发布报告称,在未来30年里,除非年长者开始延长工龄,抵消出生率下滑带来的影响,否则全球经济增长也许会放缓。报告呼吁有关部门削减退休金和福利金,以促使工人延缓退休。经合组织的这些建议完全指错了方向——加大工作量,减少休息时间。幸好这些建议不太可能会被采纳。同年同月11号的《金融时报》刊登了一篇报道,称:"上周五数千名比利时工人涌向街头,举行罢工,抗议政府提高退休金认领年龄的计划,造成比利时大部瘫痪。不过,此次抗议的反响远远超出了比利时国土范围,其他许多国家正在大力改革福利体系,减少老龄化人口给其带来的压力。"26

世界各地区的出生率都在下降,亚洲和拉美下降幅度尤为明显。据联合国报告,到2050年,将有50个国家的人口数量低于现今水平。甚至中国的人口数量预计在2030年都会开始下降27。美国的人口增长与移民数量一直高于欧洲,但劳动参与率——劳动力人口比例似乎已臻顶峰。这一趋势不太可能会出现逆转,因为美国妇女工作潮已经有所减缓。一些分析人士认为这些趋势将破坏经济前景。

劳动力增速放缓,休闲的选择度加大,看似有可能导致经济减速,较富裕的国家最先开始。有些分析人士提出反对意见。有很多国家的人口增速放缓或零增长,却也实现了经济的中速或高速增长。也有一些富裕国家的出生率在降低后得

124 到"恢复"28。除此之外,劳动力市场随老龄化出现紧缩,这反而会导致经济体将投资进一步转移到劳动力富裕且工资水平较低的地区,也可增加对移民和外来用工计划的需求。很难预测这一切将如何发展,但可以肯定地说,指望富裕国家经济减速,是大错特错的。

最后,有一点必须改变,那就是无休无止地推动经济总量增长——这种增长消耗了已出现短缺的环境资本和社会资本。与此同时,事实显而易见,不论是在目前还是在将来,美国社会和其他许多国家都离不开增长,以便在不同层面改善民生,包括增加好的就业机会和穷人的收入,加大医疗服务的覆盖面和效率,发展教育培训,提高疾病、裁员、养老、残疾的保障力度,加大城市及城市间交通、水源、废弃物管理等城市服务的公共基础设施投入,尽可能加快绿色科技的应用,加速更换美国老旧能源体系,加快恢复生态系统,通过削减军事开支增加非军事化政府支出、加强国际间以人为本的可持续发展协助等重点需求。我们需要减少经济流量,加强提升人民幸福的领域。

后增长社会并不代表发展的停滞。汉密尔顿认为关键在于"工作生涯、自然环境和公共部门不会再因推动增长率而受到牺牲"[29]。毋庸置疑,本书提出的措施加起来将大幅减缓美国的 GDP 增长。也许美国经济会渐渐达到稳态,生产力的提高弥补了劳动力和工时的减少[30]。正如凯恩斯、加尔布雷思、达利及其他许多人所指出的,这并不意味着世界末日,而是新世界的开始。约翰·斯图亚特·穆勒(John Stuart Mill)很早就说过,世界仍然会存在"各种精神文化,还有道德和社会进步,范围丝毫不减;生活艺术提升的空间非但不会缩小,而且得到提升的可能性会更大。"[31]

　　2006 年,德国和法国人均年 GDP 分别为 3.5 万美元,英国为 3.9 万美元,美国则为 4.4 万美元。由此可见,问题并不是缺钱。美国真正需要的是更新首要目标。我们不应该再把 GDP 增长看成是救世主,而应该以切实有效的途径直面出击,积极寻找解决问题的办法。现在就让我们来探索这新的道路吧。

124

第六章　促进人与自然健康发展的真实增长

126　　美国对经济增长和物质富足的追求,给生活带来真正的幸福和满足了吗?

　　幸福是一个复杂的问题。几乎人人都想要幸福,都想要过上称心如意的生活。然而,许多卓越的文学和艺术作品,还有很多最深刻的思想,事实上都是由悲伤——甚至是受折磨的心灵创造出来的。此外,幸福能够而且确实具有许多种含义。幸福的概念小到浅薄的享乐主义即时满足感,大到佛教强调的一切皆空、超越自我的博爱,无所不包。从古时候起,大多数哲学伟人一直在探索幸福的奥秘。真正幸福的源泉是什么? 在值得我们人类去追寻的目标中,幸福在何方?

　　达林·麦克马洪(Darrin McMahon)在他精彩的著作《幸福的历史》(*Happiness: A History*)中,穿越历史长河探究上述问题。麦克马洪发现,"幸福的权利"起源于 18 世纪欧洲启蒙运动。他写道,启蒙运动的目标是"在尘世上创造幸福的
127　空间,欢歌载舞,享受食物,陶醉于自我和他人的陪伴——简言之,在自我创造的世界中感受欢乐不是在违反上帝的意愿,而是顺应自然生活。这曾经是我们世俗的目的…… '难道不是人人都享有幸福的权利吗?'这个问题摘自丹尼斯·狄德罗(Danies Diderot)编纂的法国大百科全书相关主题词条。我们有幸福的权利吗?依据 1500 年的标准来评判,这个问题非同寻常,但提得很有水平,完全依仗有识之士的点头称道。"[1]

　　1776 年"独立宣言"诞生,也正是在那年,英国法学家及哲学家杰里米·边沁(Jeremy Bentham)写下了他著名的实用主义原则:"幸福的质与量达到极致,是衡量对与错的标准。"

　　因此,当 1776 年 6 月美国总统托马斯·杰弗逊起草宣言时,"追求幸福"的

字眼自然地流到了他的笔下,整篇文字也轻松通过了 6 月和 7 月的辩论,没有引起异议。麦克马洪认为,这种一致同意的结果,部分是因为"追求幸福"这四个字朦朦胧胧结合了两个迥然不同的概念。一是约翰·洛克(John Locke)和杰里米·边沁认为幸福是个人对快乐的追求;二是斯多葛(禁欲)学派的思想,认为幸福来源于对公共利益的积极奉献,来源于公民道德的遵守,而这两个方面均与个人快乐无关。

麦克马洪写道:"'追求幸福'从两个各不相同的方向出发,具有潜在的相互矛盾,未将个人享乐和公共利益分开而论。在这个方面,杰弗逊真不愧是启蒙运动的典型人物,对他而言,个人享乐和公共利益共存不是问题。"但麦克马洪也指出,在实践中,杰弗逊的幸福模式一经推出,便几乎立刻丧失了其双重含义,公民追求个人利益和快乐的权利占了上风。美国移民浪潮证实了这一点,对移民来说,美国确确实实是"机遇之地"。"在这样的国度里追求幸福,差不多就相当于追求繁荣,追求享乐,追求财富。"[2]

幸福脱离了公民道德,但求个人一时之快,正是从这种摈弃中麦克马洪发现了追求幸福与 19 和 20 世纪美国资本主义崛起的联系。他写道,幸福"继续用迷人的力量蛊惑着大众,为工作和牺牲提供理由,为人生的意义和希望奠定基础,而这两样的影子仅仅在西方民主国家的视野中显得更清晰些而已"。麦克马洪表示,丹尼尔·贝尔(Daniel Bell)描述了这场巨大的转变:"资本主义的支点从生产转向消费"带来了"大众奢侈",并且将"市场买卖与享乐主义……变成资本主义的驱动力"。麦克马洪认为:"如果说经济增长变成了一种世俗信仰,那么对幸福的追求就作为其中心教条延续下来,追求舒适与物质享乐的机会前所未有。"[3] 马克斯·韦伯(Max Weber)首先看到了这种转变,在《新教伦理与资本主义精神》(The Protestant Ethic and the Spirit of Capitalism)一书中,他评述道:"物质商品的力量不断增强,最终达到冷酷无情的地步,史无前例地控制着人们的生活。"[4]

因此在美国,追求幸福便和资本主义、消费主义紧密联系起来。但近年来,许多研究者已经开始把这种现象看作是一种错位联合关系。通过提升物质富足和个人财富的程度来寻求幸福,真的给美国人带去幸福了吗?这个问题更多地属于科学,而不是哲学的范畴。好消息是,社会学者近期已开始大量关注这一课题[5]。由此诞生出一门新兴学科——积极心理学,专门研究幸福和主观幸福感,如今甚至都出现了名为《幸福研究》的专业期刊呢[6]。

为什么说大量的幸福研究是"好消息"呢？如果你愿意的话，请想象富裕社会两种截然不同的情况。其一，经济增长、繁荣昌盛、民殷财阜不断增加人们的幸福、康乐和满足。其二，繁荣和幸福不相干，并且事实是繁荣超过一定程度后，就会助长严重的社会病。如果第一种设想更接近事实，那么通过对抗资本主义、增长和消费来保护环境的可能性就会大大降低，因为保护环境会妨碍人们追寻幸福的步伐。另一方面，如果第二种设想更符合现实情况，那么希望就有了稳固的基础，因为在这种情况下，保护环境和追寻幸福不会相互冲突。

所以，在这个新领域里，社会学者向我们传递的信息至关重要。现在就让我们来看看他们的研究成果吧。业内两个领军人物埃德·迪纳（Ed Diener）和马丁·塞利格曼（Martin Seligman）于 2004 年写了一篇题为"超越金钱：建立幸福经济"（Beyond Money：Toward an Economy of Well-Being）的文章，其中总结了有关幸福的大量文献资料[7]。下文将用这篇文章作为主线，并辅以其他研究成果。

幸福与金钱

研究人员正逐渐接受幸福的一种总体概念，那就是"主观幸福感"，即个人对自身幸福的主观看法。迪纳和塞利格曼提出，幸福包含三大元素——享乐、专注和意义[8]。令人愉快的生活离不开积极的情绪和乐观的性情。参与是指做事专注，有时这种状态被称作全神贯注。与之相反的是厌倦。而意义的从属和服务对象则超越了个人自身。这三大元素看起来对生活满足感都有影响。调查中，受试者经常被问道，从一分到十分，你给自己生活的满意度打多少分？现今大多数的幸福调查问个人对生活总体上有多满意或满足，在具体的环境下（如工作、婚姻等）有多满足，自己在多大程度上信任他人等等。

尽管主观幸福感的现有数据不如人们所希望的那么完整或系统，但它们具有广泛性，在此基础之上建立的调查结果往往有力可靠，具有内在一致性[9]。研究者一方面发现自述的幸福感与生活满意度之间存在高度关联，而另一方面则设计了一套心理幸福感指数，包括生活目标、自主权、积极关系、个人成长和自我接纳等方面。由此可见，就衡量幸福感和生活满意度而言，社会学者就重避轻，拨开现象看本质。

　　比较各国在经济发展不同阶段的幸福和生活满意度水平,不失为着手开始研究的一个好方法。研究者发现,据较富裕国家的公民自称,他们的生活满意度确实较高,尽管富裕程度和生活满意度两者之间的相关性较低,结合诸如像政府管理质量的因素后,相关性更低。此外,单单统计人均 GDP 超过 1 万美元的国家时,国民幸福感和国民人均收入之间不再成正比关系[10]。简而言之,一旦国家达到中等收入水平,人们的收入进一步增长并不能显著增强其幸福感(图 1)[11]。

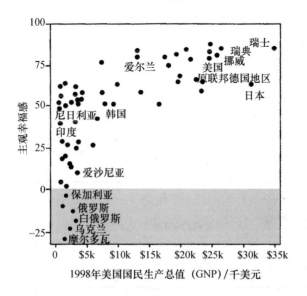

图 1　1998 年各国主观幸福感与国民生产总值对比图

(来源:Leiserowitz et al.,"Sustainability Values, Attitudes and Behaviors," 2006)

　　根据迪纳和塞利格曼的报告,感到最幸福的民族,其所在国并非最富有,但政治制度行之有效,人权得到保护,贪污腐败较少,人们相互信任程度较高。在国家层面,与幸福感相关的其他因素包括离婚率较低、志愿活动参与度较高、宗教信仰影响力大等[12]。

　　除此之外,大量的时序数据显示,几乎在整个二战后时期,美国人的收入大幅增长,可与此同时,生活满意度和幸福水平却停滞不前,甚至还略有降低,更加有力地反驳了幸福感随收入增长这一看法(图 2)[13]。据调查发现,各经济发达国家均呈现这种局面,相当令人震惊。

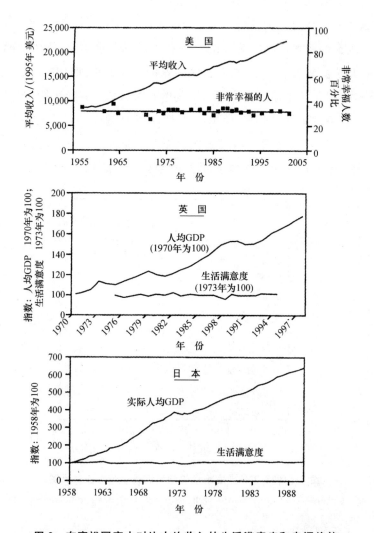

图 2 在富裕国家中对比人均收入的生活满意度和幸福趋势

(来源: United States, Porritt, Capitaism as If the World Matters, 2005; United Kingdom, Donovan and Halpern, Life Satisfaction, 2002; Japan, Frey and Stutzer, Happiness and Economics, 2002)

　　不仅如此,迪纳和塞利格曼还指出,"考虑到不幸因素,[收入和幸福之间的]分化更大。例如,在同样的 50 年间,抑郁症的比例提高了 10 倍,焦虑症的比例目前也在上升……以平均数方法统计,20 世纪 80 年代的美国儿童自称患有焦虑症的水平高于 50 年代接受心理治疗的儿童。[另外],人们相互之间的信任以及对政府的信任水平双双下滑,证明社会连通性在降低。信任是社会稳定和生活质量的重要预测指标,所以其下滑利害攸关。"[14]

131

然而,调查还显示,在各国任一时间点上,钱多的人往往要比钱少的人更幸福,由此得出看似自相矛盾的结果。理查德·莱亚德(Richard Layard)在《幸福学:新学科的教训》(*Happiness: Lessons from a New Science*)一书中称,在美国,收入水平位居前 1/4 的人中有 45% 说自己"非常幸福,"而收入水平位居后 1/4的人当中只有 33% 认为自己非常幸福。在英国,这两个数字分别是 40%和 29%[15]。

这种现象该如何解释呢? 首先,有充足的证据证明,幸福感较高的人更成功,在经济上的表现也更好。因此,调查结果看上去自相矛盾。其次,有钱人的收入和其欲望之间差距较小。但是,作为个体,财富和幸福成正比,而作为国家却不然,我们怎样解释这一事实呢? 可参考两个因素,一是社会地位,二是惯性思维。人们常拿自己和别人做比较,倘若人人都很富裕了,就不会有人感到更幸福。如果说重要的是相对地位,而不是绝对收入,那么收入增加只会让人进行同样的比较,抹杀幸福。你或许能买辆新的道奇,但是你的邻居刚买了辆雷克萨斯。你住上更大的房子,但别人也一样。这种拿自己和他人比较的倾向,没能逃过幽默作家的眼睛。阿姆布诺斯·比尔斯(Ambrose Bierce)的《魔鬼辞典》(*Devil's Dictionary*)把幸福定义为"思索他人痛苦而获得的一种愉快之感"。还有一个笑话,讲的是一位俄罗斯农夫,他的邻居家有头奶牛,而他却没有。上帝问该怎么帮他时,他答道:"宰了那头奶牛!"大量研究表明,一个人的幸福感与其邻居的富裕程度成反比[16]。

第二个因素是所谓的惯性思维,或者叫做享乐主义的"永动机",人们赚取新收入后会渐渐适应或习惯。莱亚德在《幸福学》中解释了这种现象:"当我住上新房或买辆新车,一开始我会兴奋。但接下来我就习以为常了,同时我的心情也恢复如初。现在我觉得自己需要更大的房子和更棒的车。经历了更好的事物,要再让我住老房子开旧车,我会比以前更不高兴的……一旦你的情况再次稳定下来,你就又会回到了那个自己认定的幸福水平。"

"个人财物最容易让我们习以为常,熟视无睹,比如车和房。广告商明白这点,鼓励我们通过不断增加开支来'满足我们的嗜好'。然而,与之相比,我们生活中的其他事物也丝毫不逊色,比如和家人朋友共度的时光、工作质量和保障等。"[17]

那么,对于上面提到这些问题,我们该怎样加以归纳呢? "有人说用金钱买不来幸福,那是因为他们不知道去哪里买!"这是句玩笑话,事实上数据显示,对于较为富裕的人而言,幸福感和生活满意度是用金钱买不到的。各项研究均表明,额外收入的边际效用呈现急剧下降趋势。正如迪纳和塞利格曼所言:"经济增长似乎已完成使命,再也无法提升发达国家的幸福感了……富裕国家提高收入的政策和努力非但不太可能提升幸福感,而且甚至也许会削弱更有利于增强幸福感的因素(如有益的社会关系或其他宝贵的价值观)。"

"因此,经济学遭遇幸福学,有时就会发生冲突。如果幸福的研究结论仅仅反映出有钱人在任何时候都比穷人幸福得多,衡量幸福或制定直接改善政策几乎就没有必要了。历史上,当人无法满足其基本需求时,收入起到了良好的顶替作用,而现在对于富裕国家的幸福水平而言,其增加幸福感的作用已减弱。"[18]

幸福源泉

如果说在更富裕的国家,收入不能很好地助推幸福,那么真正产生幸福和不幸福的因素都有哪些? 从表面上看,首要因素是我们的基因。有些人生来就快乐,而有些人则相反。个体幸福感约 50% 似乎都由基因决定。

在后天可变因素中,失业、下岗等事件会严重破坏个人的幸福感。对于许多人来说,即使找到了新工作,幸福感也无法回到先前的水平。根据个人自述,身心健康也和幸福相关,而精神疾病越发成为人类痛苦的根源之一。除此之外,迪纳和塞利格曼还强调了人际关系的重要性:"人们的社会关系是否健康,对他们的幸福至关重要。人们需要有益且积极的关系和社会归属感来保持身心健康……归属感、紧密而长期的社会关系,是人的基本需要……感受幸福,人需要的不仅仅是与陌生人沟通交流,而是更需要建立稳固的社会关系。"[19]

莱亚德精辟地总结了产生幸福的因素:"关于影响幸福的因素,我们先从无关紧要的说起,有五点可以忽略不计。第一,年龄。纵观人的一生,虽然收入有多有少,虽然病痛在渐渐增多,但总体幸福感却非常稳定。第二,性别。几乎所有国家的男性和女性幸福感都大致相当。长相几乎不会对幸福产生影响。同样的,智商、体能和精神上的活力(根据自我评价)和幸福的关系不大。最后一点,教育对幸福产生的直接影响也较小……那么,真正影响我们的又是哪些因素呢? 有以下七个因素:家庭关系、经济状况、就业、社团和朋友、健康、个人自由和个人价值观。除健康和收入之外,其他各项都与人际关系的质量有关。"[20]迪纳和塞利格曼更早期的研究发现,在最快乐的学生中,最重要的共同点就在于他们与家人、朋友建立的紧密纽带[21]。

135

其他权威人士更为细致地解释了我们为何没有感到更幸福,而是变得更压抑和焦虑。社会学家罗伯特·莱恩(Robert Lane)认为是自我封闭和过于执著造成了这个问题。他在《市场民主国家消失的幸福》(*The Loss of Happiness in Market Democracies*)一书中提出:"我们主要从他人那里获得幸福,别人对我们的喜爱或厌恶、好坏评价、接受或拒绝最能影响我们的情绪……"

"我的推断是,社会极度缺乏温暖的人际关系、包容的团体组织、和睦的家庭生活,邻居也难以接触。大量证据表明,对于缺乏上述社会支持的人,失业产生的影响更严重,病死率更高,对子女的失望更难以承受,抑郁情绪持续的时间更长,烦恼及各种挫败感更伤人……" 136

"某个地方出问题了。历史上曾使美国人变得既富裕又幸福的经济主义现在正把他们引入歧途,带来更多金钱,而不是更多陪伴,和前者不同,后者倒很有可能让人感到幸福……"

"西方社会沿老路走得太久了……过去几千年以来提高[主观幸福感]的经济发展如今在美国却已不再是幸福的源泉。和其他物品一样,金钱收入以及用它购买的商品,其边际效益都会下滑,而朋友家人的陪伴却不同,边际效益反而会增长……"

"所以,问题就在于社会指导性学科未能反思真正重要的目标。把幸福研究的大权交给经济学,这在学术史上并不算是偶然,因为长期以来,学术发展最重要的价值观首当其冲是生存,而后是摆脱贫困。在科技和经济学的帮助下,世界上的发达国家解决了生存问题,现在正踌躇不定地着手解决第二个问题。相对于金钱,有一样东西是人们最为迫切需要的,那就是家人、朋友的陪伴,正是经济上的成功让人们看到其价值的重要性。但这种具有竞争力的'东西'属于市场经济学的外部效应,没有被设定价格,因此市场对其波动的价值不敏感。"[22]

精神病学家、加州大学洛杉矶分校神经学与人类行为学院院长彼得·怀布罗(Peter Whybrow)是另一位敏锐观察美国的学者。他在《美国狂躁症》(*American Mania*)一书中提出美国寻求幸福的荒谬之处:"对于许多美国人而言,对幸福的空 137洞追求与一种令人不安的疯狂举动如影相随。我作为一名执业精神病医师,发现这种疯狂的追寻与狂躁症有很多相似之处。狂躁症是一种精神疾病,开始发作时,病人感到欢欣雀跃,干劲十足,随后发展成鲁莽行事,烦躁不安,迷茫困惑,周而复始之后陷入抑郁情绪……用精神病学的说法,狂躁症是一种烦躁不安的行为状态……始于快乐,但之后由焦虑、竞争、社交破坏力所引发。依此类推,美国日益加剧的疯狂可以证实全国人民已经陷入与这种精神病相似的状态。在鲁莽追寻快乐的过程中,我们不知不觉把事情做过了头,走入歧途,由此构成了一个永远不知足的疯狂社会。美国梦想建立一个乌托邦的社会秩序,起初由两种相辅相成的思想激发。其一,认为物质上的成功等于个人满足;其二,认为科技发展是社会进步的关键。而现如今,狂躁的欲望和不安的忧郁形成令人困惑的泥潭,已将这个梦想淹没。"[23]

因此,在近几十年里,美国人均经济产量急剧上升,但生活满意度却一直没有增加,不信任和抑郁的水平反而大幅提高了。莱恩、怀布罗及其他人指出,美国社会已误入歧途,迷失了方向。曾经的幸福产生模式现在竟然起到了相反的作用。我国最具洞察力的分析人士之一兼作家比尔·麦吉本(Bill McKibben)也得出相似的结论。他指出:"我们一心一意关注财富增长,已成功地把地球生态系统推向崩溃的边缘,但即便如此也没能让我们更快乐。"这一切是怎么发生的呢?他问道。"答案显而易见——我们把事情做过了头。在过去,幸福随收入的增长而增加,所以我们想当然地认为未来依然如此。"麦吉本又表示,其实不然,这加强了个人主义,使其超出了我们理想的范围,增加了社会隔阂,破坏了我们的团体意识[24]。

心理学家大卫·迈尔斯(David Myers)将这种财富剧增而精神萎缩的现象称
138 为"美国悖论"。他指出,21世纪伊始,美国人发现自己的"房子变大了,家庭却破裂了;收入涨高了,士气却降低了;权利有保障了,文明却缩水了。我们找赚钱的路子很在行,可往往找不到生活的路子。我们喜迎经济繁荣,却渴望知晓生命的意义。我们珍视个人自由,但也盼望与他人交心。在富饶的时代,我们感受着精神饥渴。这些现实让我们得出一个惊人的结论:物质上过得更好,却没有把我们的精神带动起来。"[25]

美国的幸福

美国社会跟着GDP这个罗盘指引的方向走迷了路,既然如此,许多分析人士都纷纷指出GDP指标的不足,并探寻更能如实反映人类幸福和环境健康水平的指标,这就不足为奇了。首先,产生GDP的国民经济核算体系受到分析人士的抨击,他们认为,即使作为衡量经济福利的方法,GDP也存在严重缺陷[26]。他们指出了当前GDP的一系列不足之处,事实上,这些缺陷得到广泛认可。

GDP 涵盖可出售或具有货币价值的一切事物,但无法将人类幸福或福利计算在内。想象一下,有个国家将 20％ 的 GDP 用在监狱、警力、消除污染和处理交通事故后果上;而另一个国家则不需要这些防御性支出,因为公民遵纪守法,爱护环境,小心驾车。他们把 20％ 的 GDP 用于改善校舍,延长寿命,减少贫困问题。两个国家的 GDP 是一样的,但后者的福利要高得多。

第二,GDP 没有计算市场之外的收益和成本。例如,国家可以消耗自然资本,但在国民收入账户中却是以收入项核算,而不是以资本减值核算。正如经济学家罗伯特·雷佩托(Robert Repetto)所写:"一个国家可以耗尽矿产资源,砍倒森林,破坏土壤,污染含水土层,杀光野生动物,捕尽鱼类,但计算的收入不会因这些资产的消失而受到影响……对待自然资源不同于对待其他有形资产,这种差别使有价资产的消失与收入的产生混为一谈……这可导致收入假增长,而真正的财富却永远消失了。"[27] 除此之外,对于志愿者和家庭劳动所带来的真实利益,GDP 也忽略不计。

第三,GDP 没有考虑到收入分配,但对于多数国家而言,福利状况能够通过将可支配收入从富人转移至穷人的办法来加以改善,因为穷人的收入边际效益更高,几乎无一例外。

GDP 作为衡量社会和环境条件的标准,其弊端促使人们推广采用其他办法和指标,从而增进我们对真实情况的了解。其中有些衡量标准的主要目的是将环境考量纳入国民核算[28]。其他办法则尝试通过结合购买力和健康教育的指标计算人类福利。我们在联合国开发计划署开发的人类发展指数就采用了这个方法。举个例子,该指数显示出人均 GDP 水平相似的国家,其人类发展和福利水平能够而且确实具有很大差距[29]。

还有一些学者力图创建代替 GDP 的综合计算标准,这是迄今为止最有意思的尝试了,其中一项叫做可持续经济福利指数(ISEW)。该指数先计算国民私人消费支出,根据分配不均进行调整,其次加上没有报酬的家务劳动等非市场福利因素,最后减去警力保护和污染治理等防御性支出,再扣除自然资源和环境资产的减值。

用上述新指标分析六大工业经济体,得出的结果显示出一定的规律性(图3)[30]。ISEW 在一段时间内随 GDP 增长而上升,然后便停滞不前,而且还可能开始出现下滑,与 GDP 背道而行。超出这个范围,环境社会成本增加,超过了 GDP 增速。事实上,GDP 增长还可使福利减少。此时,经济增长到达一个分界点,越过分界点,就再也无法提高生活质量了[31]。

139

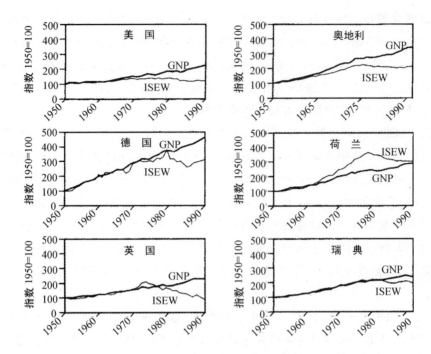

图 3   富裕国家人均可持续经济福利和人均 GNP 趋势

(来源: Tim Jackson and Susanna Stymne, Sustainable Economic Welfare in Sweden, 1996)

在真实发展指标(GPI)时,ISEW 继续得到完善。美国的 GPI 显示,当今美国人的富裕水平不比 20 世纪 70 年代的水平——虽然在此期间人均 GDP 大幅增长(图 4)[32]。

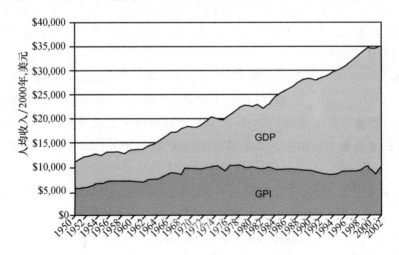

图 4   美国人均 GPI 和人均 GDP 趋势

(来源: Jason Venetoulis and Cliff Cobb, The Genuine Progress Indicator, 2004)

应该强调的是,ISEW、GPI 等新指标的统计方法和数据有待讨论和完善。不 141
过,它们依据的是詹姆斯·托宾(James Tobin)和威廉·诺德豪斯(William
Nordhaus)等顶尖经济学家的研究成果,较为严谨,具有实质性内容[33]。简言之,我
们通过 GPI 了解到从 20 世纪 70 年代早期开始,经济增长对美国人福利产生的积
极影响就一直远远低于 GDP 显示的水平。

开发新指数的另一种办法是不再使用美元和美分为单位表现实际情况,而是
根据可衡量的社会环境客观状况来构建综合指标。这种办法依然摆脱不掉随意因
素的干扰,但还是可以让我们了解到重要的东西。丹尼尔·埃斯蒂(Daniel Esty)
和他的同事们开发出了一种评估国家环境绩效的指数。在埃斯蒂列出的 133 个国
家当中,美国排在第 28 位。第一名是新西兰,而这所有看过"指环王"秀美场景的
影迷都知道[34]。美国并没有将巨大财富转化为一流的环境绩效。 142

再来看社会状况。马克·米林格奥夫(Marc Miringoff)和马科-路易莎·米林
格奥夫(Marque-Luisa Miringoff)二人采用一套综合指标统计了美国 1970—2005
年相关趋势信息。指标结合 16 种社会健康衡量标准,包括婴儿死亡率、高中辍学
率、贫困率、虐童率、青少年自杀率、犯罪率、周平均工资、吸毒、酗酒、失业率等等。
米林格奥夫开发的社会健康指数显示,尽管人均 GDP 增长巨大,可社会状况却出
现小幅恶化态势(图 5)[35]。

图 5　1970—2005 年美国人均 GDP 和社会健康指数趋势

(来源:Marque-Luisa Miringoff and Sandra Opdycke, America's Social Health: Putting Social
Issues Back on the Public Agenda, 2007)

宾夕法尼亚大学的理查德·埃斯蒂斯(Richard Estes)针对 1970 年以来的 163 个国家开发了一套社会发展加权指数,涵盖社会和环境两个方面的客观衡量标准。埃斯蒂斯报告称,自 1980 年起,美国社会发展步伐一直"停滞不前"。在世界国家总体排名中,美国远远靠后,与波兰和斯洛文尼亚并列第 27 位。由此可见,美国并没有将富裕生活转化为出色的环境或社会绩效[36]。

第三种衡量福利的办法受到迪纳、塞利格曼及其他心理学家(如诺贝尔得主、普林斯顿教授丹尼尔·卡尼曼(Daniel Kahneman))的支持。他们正在强烈要求美国建立起一套衡量主观幸福感和主观不幸福因素的国家常规指标。在"超越金钱"(Beyond Money)一文中,迪纳和塞利格曼总结道:"经济指标在经济发展早期尤为重要,当时主要问题是满足人们的基本需要。然而,随着社会财富增加,幸福的差距更多地归咎于社会关系、工作喜爱程度等因素,而不再是收入……为了让政策制定更好地考虑幸福的方方面面,我们提议建立一套国家幸福指数,系统地评估代表人口的幸福关键可变因素。纳入统计的可变因素应包括积极和消极情感、参与度、目的和意义、乐观和信任以及对满意生活的广泛设想。"[37]考虑到本章公布的调查结果,像这样的指数颇具说服力。

由英国新经济基金会开发的幸福星球指数引发了我的浓厚兴趣。幸福星球指数(HPI)采用主观和客观数据,通过将国民生活满意度乘以其平均寿命来衡量幸福感,然后再除以本国的生态足迹(在第一章有详述),评估国家将有限地球资源转化为国民幸福感的能力。国民享受幸福生活越长久,对环境影响越少,得分就越高。如今,幸福星球指数已推广至全球大多数国家。美国接近榜末,排在西欧、亚洲、拉丁美洲的国家之后。哥斯达黎加靠近榜首。津巴布韦位居倒数第一名[38]。顺便说一下,不丹的得分很高——世界第 13 位,亚洲第二。不丹致力于推广代替国内生产总值的国内幸福总值评价指标,因此认真开发相关主观和客观评价标准体系,推动这项事业的发展[39]。有人注意到,幸福星球指数还是决定去哪里度假的好参考呢。

幸福的首要目标

综合上述结果,我们得知有必要对首要目标进行彻底反思和重新设定。当前占统治地位的政策导向和思想坚持认为,发展经济是应对社会需要、让人民过上更美好、更幸福的生活的唯一办法,必须要发展生产力,提高工资,增加利润,抬高股市,扩大就业,增进消费。经济增长大有裨益,以至于所有的付出都是值得的。据说,这样做的理由是最终会让我们过得更好。然而,正因为如此,"无情的经济"才可破坏家庭、工作、社区、环境、地方感和延续性，甚至还能损害心理健康。在国家层面衡量增长，我们依靠 GDP；在公司层面计算增长，我们依据销售额和利润。而尺度决定成就。

但本书提及的数据和分析人士的观点却告诉我们，事情并非如此。经济总量增长，即 GDP 增长，已不再让我们过得更好了，而且数据显示，这样的增长其实在环境、社会、心理等很多方面让我们过得更糟。我们在以 GDP 增长，以提高消费之浅计，来试图解决深层问题，求得提高生活质量之真法。那些鼓吹增长"信条"的人一定信其教。但对于召集我们敬拜 GDP"圣坛"的政府官员、商界人士、媒体人而言，这样无休止地要求经济总量持续增长，在很大程度上符合他们的私利，因此他们很少抛开季度经济报告，抬头看看都缺少了些什么。毫不夸张地说，他们这样做的结果就是把社会带入歧途。 145

从本书谈到的各项分析中，我们总结出巨大的教训。美国现在该制定一条新的路线了。显而易见，GDP 增长并不是有效解决社会问题的良方，有时还会适得其反。我们需要用慈悲慷慨的胸怀，以直接审慎的方式去应对这些问题。国家应该建立一整套更加有力的新政策和措施，目的是要巩固家庭和社区团结，解决社会连通性丧失问题，重坚实轻流动；要确保劳动者获得报酬高的好工作，提高员工满意度，尽量减少裁员和工作不稳定性，保障退休人员有充足的收入；要推行更多利于家庭的就业政策，包括灵活上下班时间和高质量的托儿服务；要让我们有更多的时间放松身心，学习知识，享受艺术、音乐、戏剧、体育，从事业余爱好、义务工作、社区工作，外出度假，接触大自然，快乐地玩耍；要推行全民医疗，减少精神疾病带来的巨大影响；要让每个人都接受良好的教育，目的是为生活，也为生产力；要让长期患病和丧失能力的人士受到照顾，享受亲友陪伴；要应对偏见、排他、排斥问题；要对全球一半生活在贫困中的人口承担责任（如千年发展目标）；要规范广告，禁止对儿童做广告，免费开放电视广播时段，让人们发表意见和建议；要大幅改善收入分配，加大奢侈品消费、过度作业及环境损害的税收力度，将税收资金投入严重缺乏资金供给的公共领域，并用在社会底层群体的收入扶持和公益项目上（已有所加强）[40]。

上述列举的部分举措，都是美国应该为之而努力奋斗的目标。在公共投入等其他方面也需要建立重点。这些措施在很大程度上有助于我们改变目前的破坏性路线，正因为如此，它们应该被视为具有环保和社会双重特点。我希望它们被所有关心环境的美国公民一起采纳，作为温暖集体和美好社会的标志，带领我们冲破金钱的束缚，走向休戚与共的可持续发展道路。人与自然的可持续发展是一项共同的事业，不可分割。 146

第七章　适可而止的消费

147　　　消费主义是现代资本主义的支柱之一,在市场上形成强大的商品和服务购买力,为社会所认可,规模不断增长。从这个意义上来说,消费主义和物质主义如影随形,作为一种对待生活和社会幸福的方式,让生活的物质条件凌驾于精神和社会层面之上。

　　　在消费社会中,消费主义和物质主义是主流文化的两大中心特点,商品和服务的获得不仅仅是为了满足基本需要,而且还为了彰显身份和价值。我们也可以把消费社会看成是由消费者主宰的社会,但这种说法具有误导性。消费模式的形成与广告宣传、文化标准、社会压力和心理联想等强大诱因有关,而并不是由一系列先入为主的个人偏好所决定。

　　　消费性支出历来都是环境退化的一个主要推动因素,几乎不可能有例外。在
148　美国,私人消费支出占到了国内生产总值的70%左右,消费性支出是经济发展的主要驱动力。关于消费的双重现实,《纽约时报》在题为"美国人为何必须保持高支出?"的文章中是这样总结的:"家庭发觉需求是无止境的,再说了,经济也离不开这样的需求。"[1]

　　　《金融时报》评论道:"对于全球经济增长,购物者的持久购买力起到关键作用",这表明重点是消费者服务于经济,而不是经济服务于消费者[2]。具有代表性的美国消费者,其持久购买力在全球的商务界受到嘉誉。尽管美国消费者的实际工资水平停滞不前,可他们的支出在持续攀升,一起上升的还有家庭债务。美国消费者负债从1970年的5250亿美元攀升至2004年的2.225万亿美元。目前虽然有很多美国人入不敷出,赔上了房子,但截至2007年,是他们在支撑着经济继续前行。

　　　新增支出中有一部分并不是必须开支,但导致消费支出大幅上升的却是住房、

医疗和教育等基本生活费用,2001 年至 2004 年上升了 11%,而在此期间实际工资却出现零增长[3]。这种情形再一次真切地提醒我们,要想遏制选择性消费和奢侈消费,就必须结合同样有力的手段来满足那些"一分一厘抠到死"的低收入美国人的实际经济需求。

在当今环保时代,人们给予消费的关注太少。虽然情况正在发生变化,但主流环保主义者却一直不愿承认他们提倡的办法要求人们从根本上改变生活方式,环境经济学家也一直认为关注消费并不是重点。在他们的眼中,总体应对消费和增长问题的唯一办法就是要"纠正价格"。这样将大幅转变消费结构,引导产品和服务从环境破坏型向环境友好型过渡。对于这种转变,经济学家无疑是正确的,但正如前文所讨论的,他们的方法虽然有价值,但效率却不高。

美国富裕带来的环境和社会成本不断堆积,有鉴于此,不愿直接质疑消费本身就是一个大错误。自 1970 年以来,新建住房面积增加了约 50%,人均耗电量增长超过 70%,人均城市固体废弃物增加了 33%。从 1994 年开始,全国 80% 的新建住房都在城市远郊,超过半数的宅基地面积达 10 公顷(10^5 平方米)以上。然而,面积加大的房屋和宅基地还是太小,容不下越积越多的个人财物。20 世纪 70 年代早期才兴起的自助式仓储业发展势头迅猛,如今库房总面积已超过 70 平方英里(181.3×10^6 平方米),相当于曼哈顿和旧金山面积之和[4]。

美国的消费趋势并不都是负面的。人均取水量在 1975 年达到峰值后就开始稍稍走低。耗油量和人口增长速率近乎持平。但水、油和其他资源的使用量仍处于异常高的水平,造成极度浪费。环保新时代始于 20 世纪 70 年代,可美国的财富不断积累,加之政治存在缺陷,使得环境一直受到大范围的侵蚀[5]。

好消息是,不愿正视消费问题的情况正在发生改观。反对消费主义的行动体现在两大层面,它们都以"可持续性消费"为旗号,同时也需要更多的支持。第一个层面是我称作"绿色消费主义"的新动向。绿色消费主义的重点并不是降低总体消费水平,而是希望消费者购买绿色产品,希望企业生产绿色产品。

第二个且更加根本的反对力量认为,当前的消费水平有损环境和社会,通过降低消费可改善生活和环境。在过去,环保重点是将经济产量与资源投入脱钩,提高资源使用效率,使经济"非物质化"。而现在,人们开始关注如何让社会福利与经济产量脱钩。

购买绿色产品

绿色消费主义具有相当大的发展潜力,但前提是消费者掌握充足的信息,坚持原则,愿意多花一点钱购买绿色产品,同时还要有政府的大力支持。个人消费者和家庭是市场的主力军,能够极快地转变购买偏好,透过时尚潮流和 SUV 不合时宜的兴起就能看清这一点。可持续性食品宣传活动可促进农业和渔业的转型。可持续性能源的消费承诺既能推动能源生产改革,又有利于气候保护。承诺建造无毒住宅和工作环境可促使化工业研发更安全的新产品。

即使在消费水平居高不下、持续上升的情况下,消费者也至少能够坚守两项绿色原则。其一,他们可以转而购买那些以环境友好的方式制造和使用的产品和服务。其二,他们可以坚持要求有关部门制定消费品回收再利用的规定。当消费者准备处理电视、冰箱、炉灶或计算机的时候,生产厂家应该对其进行回收,并采取对环境负责的方式进行再利用、回收或处置。该制度被称为"生产商延伸责任制",就该制度发展水平而言,欧洲领先于美国。上述两大目标紧密相连,消费者宣传活动和立法都可促其实现。

在这些方面已经出现了有希望的迹象,包括环保组织和消费者给予越来越多的支持。加贴生态标识和记录产品生产过程就是一个开端[6]。较为瞩目的发展项目包括森林管理委员会(FSC)针对在可持续性管理的森林中生产的木制品推动的认证和标识工作,以及海洋管理委员会(MSC)针对可持续性渔业作业建立的认证项目。绿色建筑委员会(GBC)设立的新建筑环评认证日益获得广泛认可和采纳。消费者开始支持市场上的绿色产品,推动变革的实现。在欧洲和日本,生产商延伸责任法要求废旧产品退回生产者("从摇篮到摇篮"),结果鼓励了生产者从生产之初就考虑零部件和材料的回收再利用问题[7]。欧洲议会已实施相关法律,规定生产厂商必须支付电器的回收费用,如剃须刀、冰箱和电脑。2002 年,戴尔公司响应消费者的要求,创新推行了一个电脑回收自愿参与项目。目前,华盛顿和加利福尼亚等 4 个州设立了电子垃圾回收的法律。

2003 年,相关机构为美国基金会组织——环境奖助提供者协会(Environmental Grantmakers Association)撰写了一份重要报告,在以下 5 个方面鼓励投资,推动绿色消费。报告中的建议是针对私立基金会提出的,但同时也需要政府、环保组织和其他各方共同采纳。

- 提高消费者意识,扩大消费选择范围。"资金援助机构应为交流活动的举办、学校的课程及其他文化投入提供扶持资金,提升意识,让公民和消费者参与到这项事业当中来。消费者也需要了解如何购买环境友好型产品,如何让生产者知道日益壮大的绿色消费选民群体正在行动。"
- 推行创新性政策。"这种资金援助方式要求加大对可持续性项目的政治支持……有很多创新型的新政策都能提供激励手段,评估更加准确的价格(税收政策),并彻底清除浪费性或非可持续性项目的补贴。"

- 加快对绿色产品的需求。"企业、政府、大学和其他机构是商品和服务的主要消费群体,其购买力是推动变革的基础因素之一,因为供应商必须顺应消费者而动……当来自政府、大学和公司的数十亿美元转而流向以可持续性的方式采集或生产的产品时,市场就会做出响应,生产者也会改变做法。"

- 要求企业承担责任。"推动变革的一个关键因素致力于渐渐兴起的企业运动和项目,它们激励企业对其具有社会责任感的投资者和消费者负责。消费者运动、联合抵制活动和股东倡议活动都是影响企业行为有效的方式,原因是企业想维护其品牌价值和公司声誉。"

- 鼓励可持续性的商业措施。"非政府组织、政府和其他各方能够助使企业的产品和服务向'绿色化'转变,具体方法包括描绘企业自身的环境足迹,重新审视资源开发、利用和回收,以可持续性的方式重新设计产品,分析供应链及其环境影响等。"[8]

该报告是一套出色的行动计划,应该得到资金援助领域之外各界的广泛支持。

有证据表明美国的消费群体正在发生变化。2000 年有 45％ 的美国人称自己愿意为环境做出重大贡献,也就是说放弃时间、金钱或行为,而 2006 年这一数字上升到了 61％。2005 年,混合动力车的销售额同比上升了 267％;消费者通过购买能量之星合格产品,节省下来的水电气费用超过 120 亿美元。节能灯的销售额在 2004 年至 2005 年间上升了 22％。2001 年至 2006 年,有机食品市场规模翻了一番,年均达 50 亿美元[9]。

虽然有上述成果,可"绿色"对市场份额和消费者兴趣来说仍然无足轻重。尽管有更多的美国人表示愿意为环境做贡献,但高达 83％ 的人称自己没有采取积极行动来选择绿色的生活方式;64％ 的人说不出一个绿色品牌;仅有 12％ 的人定期购买绿色产品[10]。

绿色消费主义在欧洲更为盛行,但即便如此,乔纳森·波利特(Jonathon Porritt)这位敏锐的观察者和环境领袖也发现了绿色消费主义的局限性。据他称,英国《良知消费报告》(Ethical Consumerism Report)结果显示,2003 年良知产品和服务的消费额仅为 90 亿英镑,所占的市场份额很小。波利特认为,"在当今推动变革的所有潜在因素中,消费者行为的问题最大。"他指出,消费者运动最大的作用是阻止坏事,而不是促成好事。"与后者相比,前者能调动起消费者的人数要大得多。"

波利特表示："除了那些少数关心环境的消费者之外,许多破坏环境的活动和产品看起来依旧深深地吸引着主要消费群体。'炫耀性消费'的夺目光芒激起了多少大众消费欲望,在此情形下,被全球化的富裕的中产阶级越来越期待速度、时尚、变化、多样性和奢侈度,由此构成的消费选择范围不断扩大,而这些恰恰是环境友好型技术难以企及的。从大众消费更加世俗的层面来看,迄今为止,只有极少一部分的消费者愿意舍去舒适、便捷、低价的传统消费价值观,来换取更高的环境或社会绩效。即便在技术上能够将环境可持续性与经济增长相融合,也丝毫没有迹象显示消费者已经准备好选择相关经济增长模式。"[11]

我在《朝霞似火》(*Red Sky at Morning*)中承认了自己也喜欢享受消费带来的好处。我指出："除了满足基本需求之外,消费还带给我们快乐,并帮助我们免遭痛苦,尤其免受厌倦和单调的困扰。消费集刺激性、有趣性、明确性、赋权性、教育性、奖赏性于一身,让人欲罢不能,放松身心,充实自我。如果有人逼着我,我不得不承认自己确实喜欢花钱买来的大多数东西。"[12]

154   消费的绿色化进程存在几种基本局限。首先,正如前文所强调的,消费得到改善,变得更加绿色,由此产生的有利因素往往会被消费自身的加快增长——甚至被消费主义势力的加强所掩盖。约翰·林托特(John Lintott)在其"冲出永无止境的经济学"(Beyond the Economics of More)一文中表示,"商业型环保主义"实际上就是通过引进更加洁净的新产品,创建与环境清理相关的产业,利用环境问题谋利。他指出："不要说降低人们的消费欲望了,单单是减少消费就不予考虑,究其原因或背景,是人们认为降低消费水平会导致福利减少,因而在政治上是不可行的。这样的结果也许会产生一些具体的改善,但终将导致消费社会的势力总体加强,环境进一步恶化的趋势也将增强。"[13]在某些消费圈里,绿色已成为一种时尚,但即使是绿色化的产品和服务也会产生环境成本,并吞占一定的流量。

第二,透过绿色消费主义,我们也许会认为个人消费决定是问题所在,而事实上却没有这么简单。迈克尔·马尼兹(Michael Maniates)给出了有力的阐述："若想将消费整合进环保议程,那么问题就好比来到了一个岔路口。其中一条路平坦易行。选择它,'消费'在未来以其不利于环境的形式……会成为环境辩论中的一个焦点。环保组织将努力'教育'公民,告诉他们应该选择绿色,减少消费,[但是]……环境问题的职责和权力划分仍不明确。具有讽刺意味的是,消费倒是有可能会继续增长,因为环境危机的私有化就会促使消费呈螺旋上升态势——只要这种消费是'绿色的'。这是一条常态之路。另一条道路则崎岖不平,蜿蜒通向一个新的未来。在那里,关心环境的公民通过富有生气的辩论和谈话渐渐了解'消费问题'。他们会意识到自己做出的个人消费选择对于环境很重要,但他们对这些选择的自我控制却受到制度和政治力量的限制、影响和框定,改革只能通过集体公民行动来实现,而不是个人消费行为。"[14]

绿色消费主义的第三大问题是如今所谓的"反弹效应"。比方说,提高能效节省下来的水电气费用,却花在了破坏环保成果的方面,如提高室内温度或增添消耗能源的家电等,此时反弹效应就出现了。

最后一点,绿色消费者受到操纵、绿色化进程遭歪曲的可能性巨大。在时下的广告界和公共关系活动中,"漂绿"现象已经屡见不鲜。保罗·霍肯(Paul Hawken)等人指出,许多接受环境审查的共有基金和未经审查的基金看上去没有多大不同[15]。如果你立志成为绿色消费主义者,要当心了,专业营销人士正盯着你呢,他们聪明绝顶,已经把你看成是目标人群中的一分子了。营销领导委员会(Marketing Leadership Council)发布的题为"健康和可持续性生活方式(LOHAS)的消费群体定位"的简报指出:"有很大一部分成年人一直以来在根据简单的健康和生态可持续性原则寻找一种别样的生活方式。这一群体被称为……健康和可持续性生活方式消费群体,他们高度重视整体健康、环境维护、社会公正、个人成就和可持续的生活……"

"虽然不是没有可能,但事实证明,营销很难深入该消费群体,因为大多数人都不相信传统媒体,对公司表示出怀疑态度,生怕他们利用自己的价值观来谋取私利。这一期简报探索了LOHAS消费群体的人口分布和心理特点、交流偏好以及公司对该群体采取的有效营销策略。"[16]美国广告业正在努力寻找不断提高绿色产品销售额的办法[17]。

考虑上述各项情况,绿色产品和绿色消费主义长期发展潜力究竟是怎样的呢?如果政府有力地推动绿色产业,潜力可能就会比较大;如果政府退场观望,那么潜力就会较小。例如,环境经济学家和生态经济学家所倡导的政府措施会发挥巨大的作用,新技术(如能效要求和可再生能源硬性规定)和生产商延伸责任制这样更加直接的办法也能达到异曲同工的效果。当政府制定清晰的强制性要求,并统一、公平地全面实施,绿色消费主义将变得更加高效,被认可范围更广。但普遍观点认为,指望靠个人自主消费选择来实现重大变革,将是愚蠢鲁莽的做法。

瘦身行动

除了绿色消费外,还有第二个更基本的行动方略,那就是强调削减消费,而不只是对其加以改善。个人消费支出已经占到了 GDP 的三分之二,因此在富裕国家,减少总体消费和降低流量对于环境而言,情形大致相当。

对于消费而言,成本和利益共存。超出市场价格的消费成本难以完全确定和识别,通常被低估。与之相反,消费的利益是直接且有形的,通常被高估,这部分要归咎于规模庞大、极其复杂的营销体系。这种不对称性助推了过度消费。

然而,随着人们从满足基本需求渐渐过渡到追求消费富足感,消费回报呈现出递减态势。除此之外,环境成本、社会成本和经济成本也会随之上升。因此,消费水平应以边际成本与递减的利益相等为宜。和非经济增长一样,社会也可出现过度消费,也就是消费占生活其他方面比重过大的现象。美国人的消费水平已超过了理想范围,应该被遏制——这当然是指总体,不是每个人。

157　　告诉大家一个好消息,正如第六章所述,大量研究证实,基于市场的消费与人们的福利和生活满足感并无紧密联系。因此,削减消费就显现出了双重价值。如果说现今的过度消费在损害着消费者心理和自然环境这两大方面,那么只要适当降低消费,我们就可以提升生活和环境质量,一举两得。不过,还有一个坏消息,那就是世界各地的人们都非常渴望消费,甚至对消费上了瘾。我们沉迷其中,不可自拔。要探索如何削减消费,如何减弱消费主义和物质主义,最好先来了解一下我们是怎样被这些因素牢牢控制住的,原因又是什么。

蒂姆·杰克逊(Tim Jackson)在 2005 年的一期《产业生态杂志》(Journal of Industrial Ecology)上发表了一篇有关消费的文章,精辟地总结了消费主义的根源[18]。有关该主题的文献众多,但杰克逊确定了四条分析主线。

第一,有些人认为消费文化是一种社会病态形式,其中著名的学者包括索斯·维布伦(Thorsten Veblen)、埃里希·弗罗姆(Erich Fromm)、伊万·伊里奇(Ivan Illich)、蒂博尔·西托夫斯基(Tibor Scitovsky)、赫伯特·马库塞(Herbert Marcuse)和欧内斯特·贝克尔(Ernest Becker)。杰克逊写道:"弗罗姆(1976 年)惊讶于现代人的生活被陌生感和消极情绪所侵蚀,并明确地将原因归咎于人们根据不断上升的消费水平而进行预测的经济体制,伊万·伊里奇(1977 年)抨击了将富裕程度等同于社会进步、将商品等同于需求的意识形态。在试图寻找'史无前例、快速发展的繁荣让受益者不满意'的原因的过程中,西托夫斯基(1976 年)重点指出消费者行为具有成瘾本质,这种本质无法反映出人类动机和体验的复杂性。"[19]有越来越多的研究显示,报道的幸福水平无法与收入的增长相匹配,这为上述观点提供了数据支持[20]。

蒂姆·凯萨尔(Tim Kasser)和他的同事认为,物质主义源于人们生活在颂扬消费和物质价值的社会模式中,源于让个人感到更加不安全的事物。个人不安全感和社会压力导致人们更加依赖于物质商品("我郁闷,想去购物")。然而,那样做会让他们基本的心理需求变得更加无法满足,因此他们便寻求获得更多的物品来弥补。恶性循环就这样产生了。随着消费的增加,个人幸福感却并没有提高。凯萨尔认为,现代资本主义既增加了个人不安全感,又让社会愈发把消费放在首位。因此,资本主义助长了物质主义之风。他还指出那些具有较高物质价值取向的人群更易于受到广告的影响,也更不愿意支持环保[21]。

埃德·迪纳(Ed Diener)认为:"物质主义是幸福的杀手"[22]。然而,物质主义在美国蓬勃兴起。美国教育委员会对 25 万名大学入学新生展开了一项调查,结果显示,称自己认为"经济富裕"非常重要的人数比例从 20 世纪 70 年代的 40%陡然上升到了 80 年代的 74%,而称自己认为"培养有意义的生活理念"十分重要的人数则急剧下降[23]。

在《否认死亡》(*Denial of Death*)和其他的一些书中,欧内斯特·贝克尔(Erntest Becker)认为我们每个人都在极力否认自己必将走向死亡,想要实现永生——我们其中有些人是通过孩子、学生、书籍或宗教向这个目标奋斗,而大多数人的办法则是不断积聚物品、财富和权力,永无休止。依据这种观点,消费情结是控制我们自己对死亡的恐惧的另一种病态模式[24]。想要通过财富和权力否认死亡是徒劳的,珀西·比希·雪莱(Percy Bysshe Shelley)的诗作《奥西曼提斯》(*Ozymandias*)反映了这一主题:

> 客自海外归,曾见沙漠古国,*
> 有石像半毁,唯余巨腿,
> 蹲立沙砾间。像头旁落,
> 半遭沙埋,但人面依然可畏,
> 那冷笑,那发号施令的高傲,
> 足见雕匠看透了主人的心,
> 才把那石头刻得神情唯肖,
> 而刻像的手和像主的心
> 早成灰烬。像座上大字在目:
> "吾乃万王之王是也,
> 盖世功业,敢叫天公折服!"

---

* 选自著名翻译家王传良的译文。

> 此外无一物，但见废墟周围，
>
> 寂寞平沙空莽莽，
>
> 伸向荒凉的四方。

　　心理学家认为人们本能地通过"脱颖而出"和"安于其内"寻找安全感。资本主义和商业主义的文化强调通过物质拥有和展示实现"脱颖而出"和"安于其内"这两大目标，而消费可以一箭双雕。在这种文化下，人们无法通过获得社区归属感、社交移情，无法通过建立与大自然的联系，来达到"安于其内"的平衡。

　　第二派分析人士将消费行为看成是一个进化适应的过程。进化心理学家认为我们的消费情结是祖先基因遗传的基础，尤其认为我们努力根据异性定位自我，建立身份、权力和社会地位，是一种条件反射。明显的消费行为迎合了这些努力。其他人有可能成为我们的竞争对手，而"地位商品"让我们更好地根据他人定位自我。广告商对此当然了如指掌，性别对于销售至关重要。

　　第三派观点更加通俗地强调，消费性支出很大一部分事实上与社会习俗和商业操纵紧密相连。这种现象被称为"非炫耀性消费"，与维布伦的"炫耀性消费"相对，包括抵押贷款、医疗费、教育、能源价格，凡此种种。据此，病态的介体不是个人，而是日常的制度结构。

　　第四类也是最后一类观点，强调消费商品的符号作用。个人财物赋予我们内涵和身份；对自己和他人都极具彰显力。杰克逊指出："对于我们而言，物质商品是重要的，不仅仅是看它们的用途，而且还要看它们代表了什么（关乎我们自己和我们的生活、挚爱、渴望、成功、失败），这显而易见是人们从这项巨大的工程中学到的。物质商品不仅仅是人造物品，带来的也不完全是功能上的便利，其重要性至少部分在于传递和传达个人、社会和文化内涵方面的符号作用。"[25]

　　下面来看看克莱夫·汉密尔顿（Clive Hamilton）是怎样描述人造黄油营销的吧。"在销售人造黄油的过程中，消费者从产品中获得的幸福感与产品本身的物理特性不相干。产品的实际用途失去了相关性，消费者把黄油买回家不是为了涂抹在面包上，而是要获得有关理想家庭关系的一连串感受。广告复杂而聪明的符号性设计让观众相信一桶植物油脂可以给我们带来非凡的东西，能够真正满足我们的需要，尽管它和其他6个牌子的其他种类的植物油脂别无二致。在社会解体的世道中，现代消费者渴求家庭温暖，而人类就像巴甫洛夫实验用的狗那样会产生无意识的联想。未满足的情感需求和无意识的联想是营销界的两大同源心理支柱。"[26]现在我们了解到还有另外一个问题。人造黄油的生产商忽视了一个环节，没有去检测他们销售的反式脂肪对健康的不利影响。

质疑消费

源自上述四大观点的各种因素都在发挥着作用。这也就是我们为什么如此强烈地追求消费的原因。是强烈,没错,但攻不破吗?攻击消费这座碉堡不容易,这是事实,但并非了然无望。

想一想下面的情况。正如社会病态学派所强调的,当今消费并没有满足人们的社会和心理需求。假如事实是相反的,假如消费增长确实提高了人们的生活满意度和幸福感,那么在环境层面我们就会遇到大麻烦了。但实际情况并非如此,而且越来越多的人开始意识到,广告界制造的身份变来变去,浮而不实。人们正在找寻更加真实、持久和可信的事物,尽管有时也许会找错地方,但毕竟他们已经行动起来了。他们对激烈的竞争已经厌倦了,却在和邻居攀比。对此,《富贵病》(Affluenza)一书做出了精彩的比喻:"你正在看电视,节目播到一半的时候屏幕黑了,随即插播一则新闻。在一栋价格不菲的住宅前停着几辆同样昂贵的轿车,一大群人聚集在屋外。其中一家四口站在楼梯上,穿着考究,面色阴沉,一个孩子的手里握着一面白旗。记者压低声音对着麦克风说:'我们现在在邻居杰里·琼斯和珍妮特·琼斯的住处做直播报道,我们多年来一直想赶上他们家的生活,哎呀,现在你可以停下来省省力气了,因为他们投降了。让我们来偷听一下他们在说些什么吧。'镜头切换到琼斯夫妇身上,只见琼斯太太面带倦色,丈夫的一只手搭在她的肩上。她哑着嗓子说道:'这样生活太不值了。我们连对方的面都见不到了。我们像狗一样卖命工作。我们总为孩子们操心,而且还欠下了一大笔债,很多年都还不清。我们认输了。所以求你们,不要再和我们攀比了。'人群中有人喊道。'那你们现在会做什么呀?'珍妮特答道:'我们要想办法以少求多,过得更好。'记者说:'这下你看到了吧,邻居琼斯夫妇投降了。现在切入一段广告。'"[27]

越来越多的人在某种程度上觉察到,生命中的精力被严重用错了方向。我们越来越多地用物质——更大的房子、更豪华的车、更炫的设备、异国风味的度假——来满足自己的渴望,疏导不安全感,展示自我价值和成功,满足脱颖而出和安于其内的愿望。然而,在内心深处,我们不由自主地会想,"生活中最美好的东西是免费的"、"金钱买不来爱。"我们知道自己在轻视市场供应不来的珍贵的东西——那些能真正实现生命价值的东西。我们感觉自己在掏空生活、个人、社会自治和自然的方方面面。倘若再不觉醒,我们很快就会失去机会,无法重新来过,无法重拾自我,重塑遭到忽视的社会,重振满目疮痍的世界,因为如果我们不早点提

161

162

高审慎的态度,世界上就什么都留不下了,想重新来过已晚矣。

感觉到上述悲剧有可能发生,我们不寒而栗。这种下场我们不接受,或者至少在最佳时刻我们渴望战胜它。一项调查显示,83%的美国人表示社会关注的优先目标是错误的;81%的美国人表示美国过于注重购物和消费;88%的美国人表示美国社会物质主义风气过重;74%的美国人认为过度的物质主义给环境造成伤害[28]。如果上述调查数据八九不离十,那么我们就有坚实稳固的发展基础。

在书店里,书架上摆满了各种书,教我们如何"找回你的生活,"如何应对"富裕时代的精神饥渴,"如何克服"自然缺失症",如何才能过上更简单、更慢节奏的生活[29]。在互联网上,几十家网站都能告诉你怎样过得更加环保,怎样调低生活节奏、拯救地球、阻止气候变暖我们都能做些什么[30]。

现在来谈谈我至今仍然信任的一家公司——巴塔哥尼亚户外服饰公司(Patagonia)。公司的首席执行官伊冯·乔伊纳德(Yvon Chouinard)表示:"除非你需要这件衬衫,否则不要买它。在富足的经济时代,我们也能做到适可而止。不太多,也不太少,足够就好。最重要的是,我们有足够的时间去关注重要的事情,比方说人际关系、美食、艺术、游戏和休息。在美国,我们当中大部分人被认为生活富足,身边的一切都很充裕,但这仅仅是一种假象而已,并不真实。我们身处的经济被标为'不够'……在真正富裕的经济时代,野生鲑鱼被放回到流淌不息的河流中;树木长到自然的高度;水是干净的;世界的一种神秘感和魅力又回来了。我们人类量入为出,而且最好的是,我们有时间来享受自己所拥有的一切。"[31]

现在有一种革命性的"新产品"正打入市场,名字叫做"零"。"保准不会让你负债累累……100%无毒……非血汗工厂制造……不产生垃圾……不会加剧全球变暖……家庭友好型……新奇有趣!"那些在商场卖"零"的年轻女士们拒绝离场,最后遭到逮捕![32]她们做得好。幽默是改变体制的一种利器,以足智多谋、不相干系的方式揭穿伪装和虚假。

如今有许多人都在努力反抗消费主义和商业化[33]。他们引导我们走向新的生活方式,开始新的奋斗。以下是他们对我们的告诫:对抗消费;做到适可而止;减少工作;找回你的时间——这才是你唯一所拥有的;关上电器;加入"无消费日"行动;实现零购物;不贴商标;做到专注,保持童心;生活在自然世界里,让自然滋养心灵;创建良好的社会环境,认为过度消费既愚蠢又浪费,浮华显摆;创建非商业区;购买当地产品;吃慢餐;简化你的生活;分发个人财物;减缓生活节奏;建立本地货币;组建消费者合作社;收复美国[34]。

在温德尔·贝瑞(Wendell Berry)的《宣言》(*Manifesto*)上签名[35]:

163

他们想让你买东西

就会打电话给你。他们想让你

为利丧命，也会让你知晓。

所以，朋友们，每天做点什么吧

不算计。爱主。

爱世界。不求回报地工作。

带上你拥有的一切而甘于清贫。

去爱不值得爱的人吧。

抨击政府，但要拥抱

那面旗帜。希望生活在旗帜所代表的

那个自由的共和国里……

勿忘世界末日。笑吧。

笑声不可估量。快乐起来吧，

虽然你已纵览全局。

只要女人不为权力

弯腰，相比男人，女人啊，

更请你问问自己：满足于生孩子的女人

对此是否会知足？……

只要将军和政客

预测得到你的思想轨迹，

放弃吧，将其留作一个记号

标出假路线，一条你未曾

走的路。学学狐狸

埋下多处踪迹，

有些乃错误的方向。

践行复兴之路。

164

第八章　带动根本转变的股份制企业

165　　股份制企业,是资本主义大舞台上的主角,是资本主义最重要的机构——也许还要算这个时代最重要的机构。如果说资本主义是一台增长机器,那么企业就是负责增长的零件;如果说增长破坏了环境,那么企业就是罪魁祸首。在美国,经济增长与资本主义的批评之声寥寥,但企业反而成了攻击对象,世世代代都处在社会评论的中心地带,而原因很充分。

　　当然了,企业也有积极的一面,在这个世界行善多多。举几个简单的例子。我的 TiVO 数码录像机、油电混合动力车以及光伏能源系统都是由它们制造出来的。它们为我或多或少提供资讯,管理钱财,生产降压药。对于所有的这一切,我心存感激。如今,有许多企业真心实意地加入了绿色行动。早在 1970 年,我不会推荐关心环境的学生从事商业,而现在我经常这么做了。尽管如此,环境问题不容忽视,而企业又是一支主力军,在这样的形势下,必须来一场大变革。

现代股份制企业

166　　现代股份制企业的历史相对较短,起源于 19 世纪中叶,但一直以来发展迅速。在美国商业类型中,大多数是独资和合伙制企业,股份制企业只占 20％左右,可股份制企业总体规模却占美国商业收入的 85％。在全球范围,规模最大的一千家股份制企业约占世界产量的 80％。股份制企业下列特点对企业自身行为产生了巨大的影响。

　　(1) 所有权和经营权分离。企业归股东所有,但由董事及董事聘任的高级职员进行管理。亚当·斯密很久之前就警告说:董事"管理别人的钱……不能完全指望他们像管理自己的钱那样挖空心思,小心谨慎。"[1]

（2）有限责任。与独资和合伙形式不同，股份制企业所有者的损失仅仅限于其投资。他们作为股东，个人不对企业的债权人负责。这就是为什么股份制企业必须获得美国州政府部门核准的原因之一。核准部门有权对其进行监管，可实际上很少这么做。

（3）法人资格。宪法旨在保障个人权利，而企业和个人一样也能享受同样的宪法保护，这样的事情很奇妙。1886年美国最高法院审理圣克拉拉郡诉南太平洋铁路公司一案，在口头辩论期间，坐在法官席上的审判长表示，南太平洋铁路公司有权受到宪法第14号修正案的保护。单单这一句话和法院的最终裁定无关，也未进入裁定书，但被书记员作为案宗记录下来，其余的都成了历史[2]。而历史还在继续。2007年6月，最高法院取消了2002年麦凯恩-法因戈尔德竞选融资法案中的一项限制政治广告的规定，理由是这项规定违反了股份制企业在宪法第一修正案下的权利。同年2月，最高法院对一家卷烟企业颁布了一条陪审团裁决，理由是惩罚性赔偿金的裁定违反了公司获得正当程序的宪法权利。

（4）"股份制企业利益最佳化"原则。该原则是公司法的主要组成部分之一，指出公司董事和经理有责任维护公司的最佳利益，而这被理解成他们有责任将股东财富最大化。这项股东至上的原则严重阻碍了公司发展成为更具社会责任感的企业。乔尔·巴肯(Joel Bakan)在《股份制企业》(*The Corporation*)一书中说明了原因："股份制企业做好事，仅仅是出于自身利益考虑，这严重限制了企业行善的范围……经营企业的多数都是好人，有道德的人，身为父母、恋人、朋友，也是各自社区诚实负责的公民……不论个人有着怎样的素质和抱负……他们作为企业的主管人员，职责是明确的：必须始终将企业的最佳利益放在首位，其他任何人或任何事都不关心（除非证明这种关心可以推进企业自身利益）。"[3]

（5）成本外部化。前面我们探讨了在资本主义体制下股份制企业追求利润最大化的巨大动力，我们在上段提到的"企业利益最大化"原则中看到，这种动力也有法律支持。巴肯介绍了利益驱动如何使公司变成一台"外部化机器"："在合法的外衣下，企业为了追求私利可以随心所欲，不受任何限制，只要产生伤害的利益大过成本，也会受驱使照做不误。约束股份制企业掠夺本能的不外乎有两样东西，一是公司对其自身利益的实际考虑，二是国家法律，而这往往不足以阻止企业摧毁生活，破坏社会，甚至危及整个地球……股份制企业因在法律的助推下不顾一切追求私利而对人和环境产生的不利影响被经济学家精辟地归纳为"外部效应"，说白了就是别人的问题……毫不夸张地说，企业这种难以抗拒的外部化成本行为，是世界上许多社会和环境问题的根源。这让股份制企业变得极为危险。"[4]

法人资本主义的另一个突出特点是对民主管理的限制。人人都知道在政界，在法人权利和公民权利之间有一场拉锯战，而且往往是不平等的角逐。首先，商界领导者可以通过游说、竞选活动捐款或其他方式，直接在政治进程中施加强大影响力。1968 年，联邦政府的游说者不足 1000 人，而如今这一数字达 3.5 万人左右[5]。公司的政治行动委员会(PAC)的开支在过去 30 年里增长了将近 15 倍，从 1974 年的 1500 万美元到 2005 年的 2.22 亿美元[6]。1998 年至 2004 年间，在游说联邦政府前 100 个大组织中，有 92 个是股份制企业及其行业协会。美国商会论规模排名第一[7]。

其次，股份制企业能引导公众舆论和政策辩论。企业拥有媒体，甚至连公共广播在很大程度上都依赖企业的捐赠——造价高昂的评论式广告、商业智库支持、资金充足的研究以及政策企业家都是交易的手段。商业领导者坐镇非盈利组织理事会，为其筹款项目供资。企业支持大学和其他研究项目。商业的影响力可大可小，但真实存在。

第三，经济力量不容忽视。工人会罢工，资本也会。如果"商业环境"不对，资本也许就会离开某个领域，或者拒绝把钱投向那里。国家和地区只要拼命吸引投资促增长，展开互相竞争，就能维护企业的利益。

最后一点，信息获取不对称。即使企业往往出于自身的利益隐瞒信息，即使政府和公众能够获取信息，那也是困难重重。

因此，股份制企业不仅仅是经济的主宰，而且还是政治的主宰。威廉·多姆霍夫(William Domhoff) 写过一本著名且颇具煽动力的书，名为《谁来统治美国?》(Who Rules America ?)，目前正在写第 5 版。对于书名中的问题，他的答案是法人社团。作者分析表明，"大公司的所有者和高层管理人员携手让自己一直处于业界主导力的核心地位……(尽管)在相互竞争的企业领导之间存在十分明显的政策冲突……作为一个整体的法人社团在影响自身普遍利益的政策上仍具有凝聚力。工人组织、自由派人士或实力强大的环保主义者提出政治挑战，往往会危及法人的普遍利益。"

在多姆霍夫看来，"法人社团能够将经济力量转化为政策影响力和政治资源，并且能够联合中产阶级和宗教保守派人士，这让法人社团成为影响联邦政府的主力军。"多姆霍夫指出，企业领导定期被派往行政部门担任要职；对于企业专家提出的政策建议，国会也洗耳恭听。"经济力量、政策专业知识以及政治上持续成功的因素结合在一起，使企业所有者和管理者成为主导阶级，不是说具有完全绝对的权力，而是意味着他们有权力塑造经济政治结构，其他组织阶级必须受限于此。"[8]

　　所有的这一切都在 2007 年 6 月上演,当时美国参议院正着手处理杂乱无章的能源法案。《纽约时报》称,该立法提案"触发了一场大型产业间史诗般的游说战争,包括汽车公司、石油公司、电力机构、煤炭生产商、种植玉米的农民等等,其中有些产业是相互冲突的。"[9] 到最后,参议院做出了一个经典的妥协,采纳汽车燃油经济改进标准,但放弃制定国家可再生能源目标,部分原因是遭到电力机构的反对。

股份制企业与全球化

　　许多股份制企业已成长为商业巨头,愈发主宰着小小世界。在全球 100 强经济体中,有 53 个属于股份制企业,仅埃克森美孚公司一家的资产规模就超过了 180 多个国家的总和。1970 年跨国企业仅有 7000 家,到 2007 年至少有 6.3 万家,直接聘用员工人数约 9000 万,占世界总产值的 1/4,推动着经济全球化进程。1975 年,国际贸易总额不到 1 万亿美元,到 2000 年则超过 5 万亿美元;1975 年,全球外国直接投资储备额为 2000 亿美元,到 2005 年越过 6 万亿美元大关。2006 年,经合组织(OECD)30 个成员国的国外直接投资额超过了 1 万亿美元。跨国兼并和收购的势头也非常迅猛,2000 年就超过了 1 万亿美元。由此便知,股份制企业已飞出国门,统领全球,而不再仅仅具有跨国的特点,就像全球经济替代了国家经济体贸易网络一样。当然,这些环球企业对全球环境产生了巨大的影响。比方说,导致全球变暖的温室气体有一半都是由他们产生的。环球企业还控制着世界一半以上的石油、天然气和煤炭的开采与提炼[10]。没错,这确确实实是全球化,但实则导致了全球市场失灵。

　　经济全球化与环球企业的兴起在增强法人权力的同时,也削弱了对这种权力的控制。有分析总结道:"企业拥有巨大的资源与技术能力,而不担负国家责任,因此当机遇或挑战来临时能够迅速做出应对。这种自由一旦摆脱国内和国际上的法律、生态意识和社会责任的约束,即可导致巨大的破坏行为。与此同时,企业反应敏捷,掌握资本和资源的渠道,这使它们有能力开拓创新,生产商品,提供服务,影响全世界,其速度和范围史无前例。"[11]

　　近来对股份制企业的很多批评针对的都是跨国企业和全球化进程[12]。《经济全球化的抉择:创建更加美好的世界》(*Alternatives to Economic Globalization: A Better World Is Possible*)的作者约翰·卡瓦纳(John Cavanagh)、杰里·曼德(Jerry Mander)等人发明出"全球主义企业家"这一新词,对其统治地位提出了经得住时间考验的批评[13]。这几位作者是反全球化运动的学术领导者,相识在国际全球化论坛。对于全球化的弊病、环境遭到威胁的原因以及应该采取的对策,他们的观点不论你是否认同,都可谓是环环相扣。有人认为反全球化运动不明方向,自相矛盾,甚至具有无政府主义的特点。我读过卡瓦纳等人的著作,发现他们完全不是那样的。虽然我并不完全赞同他们的观点,但我想他们只是有些理想化罢了,而这并非是什么坏事。

他们的抨击直接针对现代经济和政体的主导结构:"二战以来,推动经济全球化发展的一直是跨国构建生产、消费、金融、文化网络的几百家环球企业……"

"这些企业得益于半个世纪发展起来的环球官僚体系,总体结果导致了政治经济力量的集中化,越来越无视对政府、人民,甚至整个地球应该承担的责任……"

172 "自工业革命以来,这些全球化手段对全球社会、经济及政治格局带来最根本的变革,以惊人的幅度引发了权力转移,将真正的经济政治力量从中央、州级和当地政府和社团转移出来,使权力集中在环球企业、银行家和官僚体系中……"

"全球化格局的第一项原则是重点实现更加迅速、无休无止的企业经济增长,即超速发展,而动力则来源于对新资源、新市场以及更廉价的新兴劳动力资源的不懈追求……实现超速发展的重点在于全球化意识形态核心,即自由贸易,配以企业行为的松懈监管,目的是尽可能地为企业活动扫清障碍。"[14]

显而易见,上述因素的直接后果便是环境恶化问题:"经济全球化以不断增长的消费、资源开发、垃圾处理问题为基础,因此对环境具有内在的破坏性。基于出口的生产模式是经济全球化的首要特点之一,导致全球运输活动增加……要求新建成本高昂、破坏生态的码头、机场、水坝、运河等基础设施,因此对环境的破坏更大。"

卡瓦纳等人把自己归入绿色社会阵营,认为现代社会的经济政治力量分配方式缺乏深远的革新,无法有效扭转环境不利趋势。因此,反全球化的批评从根本上处于政治层面,"人类当前和未来的幸福安康取决于国家内部和国与国之间的权力关系能否转向更加民主、相互负责的人类事物管理模式。"[15]

针对这一问题,卡瓦纳等人提出了一种不同的看法:"全球主义企业家相聚在奢侈豪华的场所,以私利的名义勾勒企业全球化路线,而另一方则是以民主的名义谋划推翻他们的公民运动成员,这两派被分隔开来,是因为其价值观、世界观以及对发展的定义都存在严重分歧,有时看起来就像他们生活在两个完全不同的世界——在许多方面,事实的确如此……"

173 "公民运动者看到的则是迥然不同的现实。他们关注人与环境,认为世界陷入如此严重的危机,以至于威胁到人类文明和物种生存——在这个世界里,不平等现象快速滋生,信任和关爱受到侵蚀,地球生命供养系统失去作用。全球主义企业家看到的是民主的发扬光大,市场经济体的蓬勃发展,而在公民运动者的眼中,管理权力从人民和社区转向了金融投机者和环球企业,而他们正在用金钱交易取代民主,用集中计划的法人经济体取代自我组织的市场,用贪婪和物质主义取代多样的文化。"[16]

　　为了应对这些问题,《经济全球化的抉择》一书的作者和持类似观点的批评者们明确表示,股份制企业必须成为转变的主要对象:"21 世纪伊始,环球企业作为主导的机构力量占据了人类活动——甚至是地球的中心……我们必须大力转变企业的环球股份有限责任制度,就像前辈努力消灭或控制君主制一样。"[17]

　　这是对我们所知的法人资本主义铿锵有力的批评。就算减弱批评力度,依然如此,同样的批评还有很多[18]。那么,我们应该采取哪些措施才能降伏股份制企业,使其从破坏环境的角色变成环保的工具呢?考虑到上面提到的权力关系,这些措施的前景又如何呢?

　　我们可以从三个层面设想行动,即三大循序渐进的长远改革领域。第一,采取措施鼓励企业自愿发起转变行动。第二,通过国内、国际的法律法规及其他政府控制手段,提高企业责任心。第三,改变企业的本质。

企业绿色道路

　　首先,在自愿行动方面,股份制企业无疑在未经政府要求的方面采取措施,使其经营和产品实现绿色化。有人认为这样的态势是史无前例的,推动这些变革的很多功劳要归于环保组织。如今,商业类期刊满是像这样的报道:

　　《商业周刊》,"绿色道路有利于商业发展",(2006 年 5 月 8 日)

　　《金融时报》,"走绿色道路为企业带来利润",(2006 年 10 月 2 日)

　　《纽约时报》,"要体面,选绿色",(2006 年 12 月 28 日)

　　有很多因素驱使着绿色发展,其中较为显著的一点是明确关注基本要求。如今,绿色消费者人数逐渐增多,"绿色"有利于企业形象的维护和品牌产品的销售。《金融时报》报道称:"包括通用、沃尔玛和联合利华在内的一系列名牌企业已经跃跃欲试,想通过展示其绿色证书吸引消费者——至少在高端市场尚且如此……英国食品批发协会(The Institute of Grocery Distribution)发布报告称'良知'产品销售额年增长 7.5%,而传统产品只有 4.2%。"[19]《商业周刊》在 2007 年登载了有关"做好事行大运"的重要报道[20]。

174

社会也愈发需求以解决问题为导向的新技术和新产品。通用电气公司的风力机和"绿色创想"整条生产线销售火爆[21]。2007年由丹尼尔·埃斯蒂(Danil Esty)和安德鲁·温斯顿(Andrew Winston)撰写的《绿色如金》(*Green to Gold*)一书剖析了这些发展情况。作者在书中写道:"伴随着有限的自然资源和污染压力,在商界进行环境监管的呼声日渐强烈。如今,给企业施加压力的不仅仅是厉声抗议的生态行动主义者,而且还有传统的'富商'银行家和尖锐提出环境风险和责任问题的其他各界人士。只要对社会环境问题献计献策,既可免受批评,又能找到不断扩大的市场。"[22]正确提前判断公共政策和监管风险新动向的公司将会独占鳌头,提早抢占新产品和新服务的市场份额,构建新环境所需的企业专业知识。

根据埃斯蒂和温斯顿的观点,企业规避批评和政府监管也是推动绿色发展的因素。在这个方面,企业的担心不无道理。近期一项针对20国公众态度的调查发现,包括美国在内的各个国家的多数民众都支持采取更加严厉的措施来保护环境,这种支持的态度平均占75%。有2/3的美国人称希望看到大型企业在国内减少其影响力,认为大商业是"对国家未来最大的威胁"的美国人数达到民意调查48年来的最高水平(38%)——尽管有更多的美国人忧惧大政府[23]。

另外一个推进改革的因素是所谓"新资本家"的出现。早在1970年,股份制企业由为数不多的有钱人掌控,而如今养老基金、信托基金等各种基金持有超过美国50%的股份,而这一数字在1970年的时候仅为19%。这些投资机构当然追求高回报,但同时也越发主动承担起管理责任,应对可持续性发展的问题[24]。

"企业社会责任(CRS)"如今已成为一个流行词,反映出商界正在逐渐接纳以经济、环境、社会三大要素为主线的"可持续性企业"概念[25]。企业社会责任可用来形容各种企业活动,只要营利活动以社会或环境为重,就没有营利和非营利之分。这一概念的基础是数量迅速增加的自愿遵守行为准则以及在国内国际实施的产品认证计划,包括全球报告倡议组织制定的企业可持续发展报告指南,新型绿色建筑LEED认证,森林管理委员会和海洋管理委员会对林业和渔业产品实施的认证和生态标志颁发项目,大型银行采纳的环境绩效原则,旨在提倡企业在针对用工、环境、人权问题上以身作则的联合国全球契约,ISO 14000认证项目等,不计其数。环保组织、其他非政府组织以及相关学术界都在大力推动这些项目的发展。

全球变暖的威胁是推动企业各项绿色化进程的一项关键因素,在很大程度上促使了变革的发生。企业得到警示,未来将受到严厉的国内国际监管,市场上也将涌入新产品。大势所趋,企业现在已经感到来自投资者、银行、保险机构的压力,知道法律界已经开始采取行动,建立气候变化赔偿责任制度。至少有些企业领导明白气候变化若不加以控制,会严重扰乱他们的企业运作[26]。

因此,推动企业向绿色转变的因素一是绿色消费;二是担心环境风险和金融风险的债权人、投资人和保险公司;三是非政府组织发起的知耻避辱活动;四是现有政府监管和未来可能采取的国内国际监管措施;五是新的绿色产品与技术所带来的销售契机;六是企业完善自身良好公民形象的需求。过去的模式很简单——政府监管,企业遵守。而如今企业面临来自利益相关者的多重压力,不再是简单的服从,而是打开了许多更好的局面,例如需要依靠监管解决的问题减少了,可持续发展市场迎来新产品,在政策及政治领域内企业行为有所改善等。

如今,变革正在企业中得到激发,但这些变革具有怎样的可靠性和广泛性? 关于自愿行动和企业社会责任有多少潜力的问题,两项相关研究引发了质疑。加州大学伯克利分校商学院教授大卫·沃格尔(David Vogel)在《市场的道德》(*The Market for Virtue*)一书中得出以下结论:"市场道德存在重大局限。限制市场提升企业道德的主要因素是市场本身。企业社会责任虽具商业基础,也有许多支持者,但其重要性和影响力远远不如他们所认为的那样大。理解企业社会责任最好的办法是把它当做一个商机,而非一种普遍的战略,其商业合理性仅存于某些情形下的某些领域里的某些公司……"

"市场资本主义的优点和缺点,企业社会责任都能反映出来。一方面,通过商业行为,企业社会责任促进社会与环境的创新,促使众多企业采用新政策、新战略、新产品,这当中有许多都能创造社会效益,有些甚至通过降低成本、新建市场、或提高员工士气来提高利润……"

"另一方面,企业社会责任是企业自愿承担的,并且由市场驱动。恰恰因为如此,企业承担社会责任的范围不会超过商业合理性。事实已证明,[企业社会责任]能迫使一些公司将其部分与自身经济活动相关的部分负外部效应内部化,但这仅仅能减少一部分的市场失灵,往往无法有效解决削弱民间监管或自我监管效力的投机行为,如'搭顺风车'占便宜。企业社会责任不同于政府监管,无法强迫公司制定无利润但利于社会的决策。在大多数情况下,只有当改善道德行为的成本维持在适度水平时,企业社会责任才具有商业合理性。"[27]

在近期出版的《现实验证》(*Reality Check*)一书中,未来资源研究所的经济学家们对美国、欧洲和日本大量自愿环保项目结果进行了评估,最后总结道:"自愿实施的环保项目的确能够影响行为,产生环保成效,但程度有限……研究案例的作者无一人发现环境得到大幅改善的真正有力的证据。因此,在社会明显渴望企业行为出现重大改变的情况下,我们很难支持自愿项目。"[28]

切实可靠的绿色之路

那么,依据沃格尔和未来资源研究所(RFF)经济学家们的观点,过度依赖企业承担社会责任、开展自愿行动是错误的,而且还有更多的学者持怀疑态度[29]。在很大程度上还是要持续加强上述企业绿色驱动力。曾经和未来推动企业向绿色转变的重中之重是政府行动——不论是实际还是预期,是国内还是国际,都同样重要[30]。要转变企业动力,就需要政府在广泛的层面采取行动。首先,政府应开展前几章建议的行动,当然主要针对股份制企业。靠得住的绿色企业离不开法律的约束。即使最有善意的经理人在缺乏良知的竞争对手面前,也会避免采取符合理想但成本高昂的行动。环境法规和其他管理措施不仅需要在全国和州内推行,而且还要发展到国际层面。我之前写的《朝霞似火》(Red Sky at Morning)中介绍了国际社会顺利构建起环境条约和协议体系所需的一系列办法,其中大部分已经得到执行。书中提到建立世界环境组织,这一项倡议近期受到关注,得到法国及其他40个国家纷纷支持,但立刻遭到美国的反对。

政府需要采取的行动中也包括下列从严格意义上讲不属于环保领域的好措施:

(1)撤销企业经营资格。多数企业法律法规都规定,假如企业严重违反公众利益,则允许政府撤销企业经营资格。落实这样的规定可以带来许多益处,要求企业定期接受公众审查和重新办理经营许可是落实办法之一。

(2)排除或驱逐不受欢迎的企业。这一策略在印度已被广泛采纳,举个例子,印度农民和消费者就组织过"孟山都:离开印度"行动。美国多地也举行过活动,阻止沃尔玛和其他零售商巨头进驻。

(3)降低有限责任制水平。企业董事及高级管理人员应该对重大过失和其他重大错误承担个人法律责任,在某些情况下,个人责任应最终延伸至股东。这样就会增加购买公司股票的严肃性,同时在环境、用工及人权问题上大幅提高管理的审慎性。

(4)取消企业法人资格。在美国,相关运动已开始兴起。当地企业滥用权利,声称应该受到正当程序和宪法第一修正案的保护,此类事件促使宾夕法尼亚州波特镇区政府和加利福尼亚州阿克塔市政府双双通过相关措施(主要是象征性的),撤销了企业法人的法律拟制,因此也就让企业不能要求获得为人而设的宪法权利。最高法院大量的裁定都无法直接扭转,导致高院为保护企业发言权和宣传权而做出的裁决长期以来无法被更改。

（5）让企业远离政坛。实现这一目标最好的方法是转向由公众筹资的选举[31]。"光明磊落的竞选"倡议正在获得一些支持。接下来,限制政府和企业之间的交易,审慎对待议定政治提名人的审核过程,从而加强对利益冲突的限制。

（6）对企业游说进行改革。环境经济学家罗伯特·雷佩托（Robert Repetto）强烈要求相关部门在这个方向初步采取一些重要措施。他在论文中巧妙地问道:"企业管理人员拿着股东的钱,不受董事会股东代表的监督,应不应该对具有广泛社会意义的公共政策问题进行游说呢?"雷佩托提出:"如果说对公共政策问题进行游说是公司业务的一个内在重要部分,那么董事会作为其受托'注意义务'的一部分,有责任了解公司的游说活动与立场,并进行监督。"雷佩托还支持通过企业董事委员会来监督企业的政策立场和游说开支,委员会的大多数人是"经济与政治视野广阔的外部董事"[32]。

此类观点已开始流行起来。2006 年,股东针对企业游说问题提出 30 份决议,它们在年度股东大会上平均获得了 21% 的支持率,同比上升两倍。除此之外,企业还会表面一套,游说时又一套,有时让行业协会替他们背黑锅,这也是需要解决的问题。

股份制企业的未来

上述六点构成了一个长远行动计划,还可增添其他内容,如强制规定证券交易委员会必须要求上市公司披露大量财务和环境信息[33]。有些内容（如在某些情况下要求相关方承担个人责任、废除企业法人资格等）能够充分发挥改革作用,可以考虑将其纳入第三类——也是最后一类行动,探索改变企业本质。但目前在法律的硬性规定下,企业只是追求私利,将股东财富最大化定为首要目标,这种本质是现在就需要改变的,而这样的变化对未来的改革也至关重要。用乔尔·巴肯（Joel Bakan）的话说,企业必须"经历改制,在更加宽广的社会领域提供服务,促进发展,承担责任,而不再仅仅为了企业自身和股东。"[34]

特勒斯研究院（Tellus Institute）的艾伦·怀特（Allen White）认为,"股东至上是最大的障碍,妨碍企业发展成为更加公平人道、有益于社会的机构。"我觉得这话说得很对。怀特支持"对供资者拥有的特权以及强化这种特权的法律法规和金融市场结构进行根本的改变。'角斗文化'过于注重竞争优势和效率,而且最看重股东回报,并不是一种能够适应可持续经济和人道社会的企业文化,由此引发的行为和社会后果深深地扎根于公众看待商界时所表现出的低自尊和高度不信任。"[35]

根据怀特等人的设想,未来的股份制企业必须围绕这样一个理念,即企业财富的创造者不仅仅是企业自身,而且还涉及提供资源的各方,包括股东、员工、工会、后代、政府、消费者、社区及供应商。各方都长期为财富创造提供着资源;各方都有权期待劳有所得。"将企业框定为多重资源提供方的受益者,打开了转变的视野,从而遏制股东至上行为。在这种[新]框架下,贡献资源而创造产品和服务的各方在生产的过程中不再只居于次要地位,可有可无,相反,它们有权索要企业的盈余资金,也有权要求企业董事会和管理层承担责任。简言之,他们和资本提供者是平等的,不具有从属关系。这种对企业本质的重新诠释对企业管理、许可、证券法以及企业财富分配方式都有深远的意义。"

"以前人们把规模、增长和利润最大化看成是企业的内在本质和核心目标,而新型企业发展方向则依靠一套完全不同的原则,即促进公共利益、可持续发展、公平性、参与及尊重人权的原则。企业形式[应]丰富多样,符合不分地点、行业或规模管理企业行为的全球规范。"怀特构想出"一个由全球、地区、本地的中介、规范和权力部门构成的多层结构,让公民权利和对企业的民主管理得以执行。通过借助将民主进程推向企业管理前沿的政策、规程和手段,企业的公共目标[应升]至优势地位。"[36]

这样的未来现实吗?诚然,就目前而言,怀特等人设想的多数变革都超出了美国政坛所及的范围。但公众对股份制企业和全球化的不满情绪高涨,在未来有可能还会升高。这种不满甚至可能蔓延影响到越来越多的企业领导,他们和我们许多人一样感到陷入窘境,无可奈何,对未来忧心忡忡。

有时人们说当今的挑战没有好的应对办法。本书提出各式各样的改革举措,揭示了相反的观点。随着公众对企业失去信任,不安成分开始出现,改革的动力正在集聚。我们需要转变的机遇,而世界危机四伏,如今企业行为又受到了有力的制约,有鉴于此,出现转变机遇的可能性看上去很大,当然了,公民的要求也可让那一天快点到来。

第九章　超越当今资本主义本质

‥‥

当今资本主义看似像一座牢不可破的城堡。不过,对资本主义的质疑有着悠 183
久丰富的历史,而且现在要说走到了这段历史的终点也不大可能。正如加尔·阿
尔佩罗维茨(Gar Alperovitz)在《超越资本主义的美国》(*America beyond Capita
lism*)一书中所述,"根本的变革——当然是体制大变革——在世界史上屡见不
鲜。"[1]和过去一样,资本主义将继续发展,也许会整体演变成一种新的存在形式。

罗伯特·海尔布隆纳(Robert Heilbroner)在《资本主义的本质和逻辑》(*The
Nature and Logic of Capitalism*)一书中强调,许多伟大的经济学家很久之前就一
直憧憬着资本主义的蜕变。"人们虽然无法准确预测它能存在多久,但普遍都认为
它最终会走向灭亡或被其他社会秩序所取代。亚当·斯密认为当这个体制到达一
定高度后,财富的积累将会'完成',随后将是长期深远的下滑。约翰·斯图亚特·
穆勒(John Stuart Mill)预计,资本主义经济会出现暂时的'稳态',此时积累过程停
止,资本主义将变成某种统合社会主义(associationalist socialism)的发展基础。
马克思认为,内部积累的矛盾会引发一系列越来越严重的危机,每次危机都能清除 184
当下的障碍,但会加快体制丧失管理自我产生的压力的能力。凯恩斯认为未来需
要'些许全面的投资社会化';熊彼特(Schumpeter)则认为资本主义将演变成为管
理化社会主义(managerial socialism)。"[2]

展望未来

有些当代学者也认为资本主义——或者至少说是我们所知的资本主义——终
将结束。了解他们为何预见资本主义终日的到来,是有教育意义的。针对这一课
题,萨缪尔·鲍尔斯(Samuel Bowles)及其同事们在《理解资本主义》(*Under-*

standing Capitalism)一书中给出了一个温和的解释。他们写道,"科技变革可能要么使资本主义制度发生根本变化……要么产生一种性质不同的经济体制……在未来的几十年里,以信息革命为代表的技术变革以及自然环境日益增多的人为影响——尤其是全球变暖,会让我们面临空前的挑战。"[3]

但同时鲍尔斯也告诫称,体制所需的变革并不一定会必然发生。"如今在世界各地,有许多人在我们所知的资本主义体制下如鱼得水。他们看起来不愿意冒着失去优越地位的风险,去尝试推行新的制度结构,而这些制度结构也许更适合迎接信息经济的挑战,治理自然环境的人为破坏,缩小国内和各国之间的贫富差距。倘若功成名就的精英们抵制这种制度变革,那么我们历史之旅的下一站将很可能来到这样一个世界,在那里,经济非理性狂飙肆虐、环境危机汹涌而至,社会也被割裂成富人和穷人这两大愈发敌对的阵营。"[4]

185　　　世界体制分析理论(World System Analysis)的创始人伊曼纽尔·沃勒斯坦(Immanuel Wallerstein)认为,现代资本主义正将世界推向一个单项选择的境地,要么采取成本高昂的环境措施,"很可能会对资本主义世界经济的存续能力造成致命一击";要么选择因资本主义固有的资本和增长不断累积而导致的"各种生态灾难"。"依据当前的政治经济形势,旧资本主义陷入危机,事实上恰恰是因为它无法合理解决当前矛盾,其中包括无法遏制生态破坏的问题,即使不能说这是唯一的矛盾,也可以说是主要的矛盾。"沃勒斯坦认为"现存的旧体制事实上已到无力回天的境地。面对我们的问题是它将被什么所取代。这是未来 25～50 年内政治辩论的焦点,其中重点放在生态退化的问题上——当然这不是唯一的问题。"[5]

政治理论家约翰·戴泽克(John Dryzek)的分析结果与之相似。和鲍尔斯和沃勒斯坦一样,他也认为环境问题是推动变革的关键因素,"生态问题波及面广,形势严峻,对于实际和议定的政治经济格局,对于制度重建的各项进程,循序渐进也好,重大变革也罢,足以构成严峻考验。"戴泽克认为,资本主义、利益集团政治和官僚政府结合在一起,将证明"在生态方面是完全无能为力的",并且"只有当它们具备转变的可能性时,才会出现弥补性特点。"[6]。

戴泽克认为新体制是必要的,但他的话语里透着一丝谨慎:"纵观历史,革命的结果一般几乎都与革命者的意图不相关……与其对能否实现闪电式的结构转变乱加猜测,不如在政治经济体中寻找薄弱环节,分析改革实实在在的可能性,后者显得更为明智。推行改革,一是依靠对主导结构及其必要性发起有力的反击,二是要求主导结构因其内在的矛盾和混乱而变得脆弱,利于其他某种制度秩序的发展,186　二者选一。"[7]戴泽克认为,有力反击来源于各种不同的问题和受压迫的群体。他相信,这些群体与政府企业权力的对抗可成为推动资本主义改革的一股主要力量。

在《全球资本主义理论》(*A Theory of Global Capitalism*)一书中,威廉·罗宾逊(William Robinson)也提出全球资本主义危机四伏:"依我之见,[21]世纪伊始,全球资本主义遇到的危机主要体现在以下 4 个相互关联的方面:(1)过度生产或者消费不足,又称过度积累;(2)全球社会两极分化;(3)国家合法性和政治权威的危机;(4)可持续性发展的危机。最后的这些⋯⋯在人类社会引发了理论、历史和实际方面的深远问题。"[8]

罗宾逊主张,发生组织危机时,根本变革成为可能。"组织危机是指体制面临结构危机(客体)及合法性或霸权危机(主体)。组织危机[自身]并不足以带来根本且累进的社会秩序变革;事实上,在过去,组织危机曾导致了社会崩溃、独裁主义及法西斯主义。组织危机产生[积极]的结果,也要求霸权崛起存在一个可行的替代模式,替换现有秩序。新秩序是可行的,而且被社会大多数人视为是可行的,并推为优选。"罗宾逊总结道:"在 21 世纪早期,全球资本主义并没有经历组织危机",但"进入新世纪后,也许自 1968 年以来,出现这种危机的可能性比任何时候都大。"[9]

同其他许多人一样,罗宾逊认为全球日益强大的社会运动和抵抗运动有可能引发变革。对于这些运动及其问题,美国的主流媒体给予了极少的报道。大多数美国人并不清楚正在发生什么[10]。如今,有人每年都会组织起来,参加也许可以被称作"全球正义运动"的世界社会论坛,地点通常设在巴西阿雷格里港,以期替代在瑞士达沃斯举行的世界经济论坛。为了向大家展示他们的立场,现将他们 2001 年和 2002 年的总结陈述摘录如下:"我们来自美国的南部和北部,当中有男性也有女性,有农民有工人,有失业人员、专业人士和在校学生,有黑人也有原住民,一起奋力为人民的权利、自由、安全、就业和教育而斗争。我们反对跨国公司和反民主政策引发的金融霸权、自然衰退,对文化的毁灭,对知识、媒体、通讯的垄断,对生活质量的破坏。参与式民主经验——就像阿雷格里港的经验一样——向我们揭示还有他法可寻。我们重申,人权、生态权利及社会权利比金融和投资者的需求更为重要。

"面对人类生存环境的持续恶化,我们——这些成千上万来自世界各地的社会运动人士,相聚在阿雷格里港第二届世界社会论坛。尽管有各种破坏我们团结的企图,可我们还是如期而至。我们再次相聚在这里,继续奋力反对新自由主义和战争,夯实上届论坛所达成的协定,重申另一个世界是可以实现的。"

"我们是一个全球性的运动组织,团结一心,众志成城,努力对抗财富的聚集,贫困和不公的蔓延,以及对地球的破坏。我们朝气蓬勃,在建立新的制度,并以创新的方式推广它们。对于一个建立在性别歧视、种族主义和暴力之上的体制,一个牺牲人民的需求和渴望来维护资本和男权利益的体制,我们努力抵抗,并以此创立广大的同盟关系。"

"在这种体制下,每天都会上演妇女、儿童、老人因饥饿、缺少医疗条件、患上可预防的疾病而失去生命的悲剧。人们因战争、'大发展'的影响、土地流失、环境灾难、失业、公共服务削减以及社会团结遭到破坏而被迫离开他们的家园。无论在南方还是在北方,为维护生命尊严而进行的抗争斗志昂扬,生气蓬勃。"[11]

我从来没有去过阿雷格里港,但我的一些学生去过,我从他们那里了解情况。依我看,他们非常忠于其口号:"一个更好的世界是可以实现的。"他们的的确确在全力以赴地改变这个世界。

阿尔佩罗维茨相信美国已进入了一个新时期,充斥着"体制危机——在该历史时期中,政治经济体制必会慢慢失去正当性,因为其产生的现实有悖于其所宣称的价值。"他承认这种情况还很难被大多数人所理解,但他研究了极为广泛的新思想和行动,它们正"在媒体关注的表层下"萌发,并且开始形成"一个极为不同的系统性政治经济模式"。依据阿尔佩罗维茨的观点,推动系统危机的因素包括"生态可持续性这一首要问题"[12]。

重要的是,这些作者的观点反映出资本主义无法维持环境是对自身未来的最大威胁之一,或许没有"之一"。他们都认为当前的环境挑战促使危机发生,进而使无法应对危机的现有秩序不再具有正当性。他们当中没有一个人认为这种危机的结果是注定的。事实上,最终的结果必将是争论和挣扎。但沃勒斯坦表示,挣扎带来希望,"我们能期望的,不过如此。"[13]

当然了,讨论资本主义的其他路子有个大问题,那就是好像没有其他路可走。冷战期间,唯一的选择是国家社会主义或共产主义。今天,当被问及资本主义的其他路子时,大多数人都回答不上来。有些人倒是会献计献策,理由也很充分。值得注意的是,资本主义和社会主义内部的经济体制都存在多样性,特勒斯研究院(Tellus Institute)强调这一点[14]。资本主义内部存在着不同的国家经济制度,其中关键可变因素是政府在决定经济优先目标和社会条件方面的参与程度。一端是所谓接近自由的盎格鲁美国人模式,也就是说市场高于政府。而在斯堪的纳维亚及其他欧洲大陆国家,不同形式的社会民主资本主义共存[15]。社会民主国家加大对资本投入的控制,并创建了更多的综合性社会项目,包括提高最低工资和失业救济水平,加大失业保护力度,提供免费或接近免费的医疗和教育等。在这些国家,市场和政府被视为合作伙伴。在日本及其他亚洲国家,有些制度可以被形容成国家资本主义,在此之下,政府大力引导经济,政府高于市场。

资本主义形式多种多样,社会主义亦是如此,至少有两大类,都以国家所有制为主。在以苏联为代表的国家社会主义体制下,政府官员根据经济多年计划制定生产目标。大部分的价格和工资也由国家确定。在市场社会主义体制下,政府制定优先投资目标,国有企业参与市场,进行大多数商品和服务的交易,部分避免计划经济带来的许多协调和效率问题。

通过上文的简要介绍,我们了解到组织经济活动有许多的选择和等级。至于社会主义这条道路,几乎不会有人想重返国家社会主义的时代。而在欧洲,民主的市场社会主义仍是政治话语的一部分,但进展不佳。劳伦斯·彼得·金(Lawrence Peter King)与伊万·撒列尼(Ivan Szelenyi)这两位社会学家总结了当前的形势:"我们完全意识到,理论上对社会主义新思想的热情有所复苏,不同的新社会民主党派获得了选举上的成功,尽管如此,社会主义运动尚未开始。思想是存在的,但目前缺乏将这些思想变为现实的政治力量。"[16]

重要问题不再是社会主义的未来,而是要勾勒出一个非社会主义新运行体制,能够用它来转变我们所知的资本主义。克莱夫·汉密尔顿(Clive Hamilton)在《增长恋》(Growth Fetish)中提出了这种新体制的一个设想,认为曾经那种用社会主义代替资本主义的斗争并不能使新体制焕发活力。"资本主义如此命名,是因为私人资本的所有制成为了生产和社会组织的推动力;社会主义如此命名,是因为生产资料为社会共有。在过去两个世纪里,政治思潮中的两派相互争斗,改写了世界历史,一同确立社会核心问题——如何产生并分配物质财富?但既然富裕国家的经济问题已经解决,政治辩论和社会改革的焦点必须从生产领域和生产资料所有制形式转移。"[17]

汉密尔顿认为,政策的重点应该是促进"人类潜能的完全实现,首要办法是合理珍惜幸福之源。假若采取[这样的办法],我们所知的资本主义将受到深刻的挑战,但不可将其定为具有社会主义性质。公共所有制必要的作用得以重新确立,但该办法没有计划没收私人财产,不过,提出社会和政府不应再特别重视资本所有者的目标或道德主张,从这个意义上来讲,该办法具有反资本主义性质。"

当今人们对"增长恋"发起批评,汉密尔顿本人也呼吁加强人和环境健康发展。从这两个方面入手,汉密尔顿确立了另一种非社会主义体制的重要特征。他写道:"我们需要恢复前现代化社会的安全性与整体性,在工作与生活、社会与团体、个人与集体、文化与政治、经济与道德之间重建统一。"[18]

190

改革的种子

191　　近期,两位有才能的美国思想家也把注意力转移到了新运行体制构架上。我指的是阿尔佩罗维茨的《超越资本主义的美国》(*America beyond Capitalism*)和威廉·格雷德(William Greider)的《资本主义灵魂》(*The Soul of Capitalism*)。两位作者的想法在几个方面都很相似,他们的书也具有典型的美国特色。格雷德和阿尔佩罗维茨都较为乐观,针对改革提出了许多实实在在的建议。而最棒的是,他们的想法依据的是美国正在发生的事情。不过,两人在某种程度上都不赞同汉密尔顿的观点,因为他们认为资本所有权和企业依旧重要。正如阿尔佩罗维茨所述,"体制的改革首先涉及财产所有和管理方式的问题——这是大多数经济体实权的核心。"[19]然而,汉密尔顿所谴责的是资本主义与社会主义孰优孰劣的不休之争,而不是拓宽财产所有权和管理,使其更能迎合民众需求的创新性办法。因此,上述分歧更多的是表面,而非实际。

　　格雷德和阿尔佩罗维茨两人都认为,改革的种子被播撒在了当今资本主义体制下,而且能够生根发芽,使体制得到转变。格雷德表示:"重塑美国资本主义这个想法听起来不现实……结合以市场为中心的传统体制驾驭的传统思想,则显得尤为不可能实现。然而,我可以说,许多美国人在零零散散的不同方面(尽管通常表现得没有那么积极)已经开始行动起来了。他们在本地化的环境下展开尝试,对体制运行方式修修补补,并且开始相信其他道路是可行的——不是那种乌托邦式的方案,而是利于自身发展、切合实际的变革,能够服务于更广泛的目的。虽然当前先入为主的大政治和大商业离上述方略还比较远,但美国历史上最深层次的社会改革通常恰恰来源于此。"[20]

　　格雷德长期关注美国政坛,对联邦政府主导改革几乎不抱希望。"更大的问题
192　是……尽管有相关法律和漂移不定的政治运筹,可社会和资本主义的矛盾还是持续了很多年,因为从根本上说这是两种不同价值体系的冲突。政府之所以无力调和冲突,是因为政府虽然对企业制定了许多条例规定,但没有尝试改变构成资本主义行为的基本价值观。这种变化必须发生在资本主义内部才能长久,就好比改变动植物的基因系统。"[21]

　　还记得鲍尔斯对资本主义的定义吗?资本主义是一种经济体制,雇主——资本的所有者——雇佣工人生产商品和服务,为所有者赚取利润。格雷德和阿尔佩罗维茨两人同时发现,所有权和管理新形式的出现开始侵蚀资本主义体制,这是其

关键变化之一。他们认为,有意识推动这些新形式的发展可加速侵蚀过程。

其中一种形式是员工所有制——个人掌握自己工作的所有权。格雷德称:
"新世纪伊始,美国约有 1.1 万家员工所有制公司,员工总数大约有 1000 万人。"[22]
这种员工所有制形式很大一部分源自员工持股计划(简称 ESOP)的设想,由路易斯·凯尔索(Louis Kelso)于 1958 年率先提出。员工持股计划与杠杆收购相似,职工以借入资本的方式购买公司股票,获取控股地位,然后用赚取的利润偿还债权人。2002 年,美国员工所有制公司规模达到 8000 亿美元,约占美国公司股本总数的 8%。

在具有开创性的著作《所有制解决方案》(The Ownership Solution)中,杰夫·盖茨(Jeff Gates)表示员工持股计划的概念正在得到拓展延伸,可发展成为关联企业持股计划(RESOP),即小公司员工可持有规模较大、声誉更好的公司的股份。员工持股计划也可发展成为消费者持股计划(CSOP),即消费者购进公司的多数股份[23]。

消费者持股计划与另一个正在发展的所有制形式相似——消费合作社。阿尔佩罗维茨写道,"很少有人意识到在美国运作的消费合作社超过 4.8 万家,消费合作社成员达 1.2 亿人。大约有 10 000 家信用联社(总资产超过 6000 亿美元)为 8300 万成员提供金融服务;3600 万美国人从农村电力合作社购买电力;超过 1000 家相互保险公司为其投保人所有;大约 30% 的农产品通过合作社投向市场。"[24]

除此之外,还可在最大的层面上建立州级和国家级的自有基金——公共信托——以造福公民和环境。这些基金根据信托的原则运作。资本的产生可依靠自然资源销售利润(如石油收入,阿拉斯加永久基金为一例),也可通过二氧化碳排放权的拍卖或凯尔索式的贷款担保策略来实现。这些创新性想法都是由彼得·巴恩斯(Peter Barnes)在他的新书《资本主义 3.0》(Capitalism 3.0)中提出的[25]。

除此之外,其他一些打破常规的所有制和管理形式正在显现,值得一提:

- 美国排名前 1000 千支养老基金拥有将近 5 万亿美元的资产,它们及其他信托资本主义的参与者在社会和环境问题方面的势力越来越强大[26]。
- 市政府和州政府正在成为商业舞台上的所有者和直接参与者,特许设立市政开发公司,提供卫生服务与环境管理,开展其他营利活动。
- 慈善组织和其他非营利组织也进军商业领域,营利和非营利行业的界限因此变得越来越模糊。美国规模最大的 1400 家非营利组织,年获利远远超过 600 亿美元。商业公司和非营利组织正在孵化多种多样的混合企业[27]。

194　　在阿尔佩罗维茨所说的"财富民主化"进程中,上述各项发展打破了传统资本主义模式,建立员工所有制和公共所有制,并且让不求传统利润回报的公营和私营企业参与进来,为加大地方管理、更好地迎合员工、公众和消费者的利益、提升环境绩效提供了契机。这些新动向预示着一个新行业的兴起。该行业属于公共行业或独立行业,有能力成长为中坚力量来对抗当今的资本主义[28]。

　　总而言之,从前面章节介绍的办法以及格雷德、阿尔佩罗维茨、巴恩斯等人的思想中,可以窥见一种替代当今资本主义、非社会主义体制的大致轮廓。大量的方案现已确立,用于转变市场和消费主义,重新设计企业制度,将增长重点放在人文和环境的首要需求上。这些方案如果得以实施,将从根本上改变现代资本主义。我们所知的资本主义将不复存在。至于这个新的体制是超越了资本主义,还是其翻版,在很大程度上则要仁者见仁,智者见智了。不过,正如汉密尔顿所述,答案已变得不再十分重要了。

　　最后我们要问,所有的这些想法对于未来会不会只是有趣的推测而已,或者说当今我们所知的资本主义体制事实上是不是比我们想象的更加脆弱? 以下 6 个论据是我能提出的最好例证,证明未来将诞生新的体制——尽管孕育过程不会短。就用它们来作为本章的结尾吧。

　　论据 1。当今的政治经济体制,即本文所指的现代资本主义,对环境具有破坏性,程度之大,严重威胁到地球的命运。因此,人们会呼吁寻找并实施解决办法,而当前的体制对此将无法适应,继而被迫改变。不幸的是,也许要等到环境出现某种危机或崩溃,才能实现这种改变。

195　　论据 2。富裕社会已经或即将达到凯恩斯提出的水平,经济问题已得到解决。长期以来无休无止地努力克服困苦和贫穷的时代很快就能结束;有足够的资源寻找出路了。

　　论据 3。在更加富裕的社会里,现代资本主义已经无法提高人们的幸福感——无论主观还是客观,反而正在产生一个具有压力、最终令人不满的社会现实,也就是说人们越来越不满,并且开始寻找更有意义的东西;这种不满情绪会滋长,继而推动变革。

　　论据 4。全球社会改革运动——自称"不可抗拒的全球反资本主义浪潮"——比许多人想象的更加强劲,并且实力将会不断增强。和平、社会公正、共有、生态、女权运动,这些力量将汇聚一起,激起总动员。与此同时,美国民主一蹶不振,环保政治遭遇失败,这些本身就已成为体制转变的成熟因素。

　　论据 5。个人和团体正通过一系列的其他组织安排,忙碌地耕耘改革的种子,并且已经确立了建立新运行体制的其他有力方向。这些创新行动可转变当前体制，而且它们还会继续发展壮大。

论据 6。冷战的结束和西方对共产主义长期的抗拒为质疑当今资本主义打开了一扇门——建立了政治空间。

以上 6 个论据说明重大变革的发生是可能的。或许还有别的因素。这些够吗？它们是不是更好的解决办法呢？未来最终又会如何？我相信答案是肯定的。为了世界的年轻人，我真心希望如此。

第三部分

改革的沃土

第十章　新意识

在本书中，我竭力探索支撑自然界和人类社会所需的深远变革，这些变革既涉及公共政策又包括个人和社会行为的转变。按现行的标准，这些变革是困难的，甚至是遥不可及的，不能作为下一步的目标。当务之急是运用环保手段，努力解决气候变化以及其他具有挑战性的问题，以弥补长期的不作为。前几章我提到的方法应作为长远目标来实施。借用米尔顿·弗里德曼的话，怎样的新形势才能使这些"不可能"的办法成为"不可避免"的呢？退一步讲，我们对此没有肯定的答案，但这会牵涉到另外两种相互关联的转变，即意识转变和政治转变。

许多想法最深刻的人士以及那些深知当前挑战艰巨性的人得出结论，认为要实现我们所需的转变，就必须依靠我下面所说的"新意识崛起"。对一些人来说，这是一种精神觉醒的过程，一种人心的转变。对于其他人来说，这更多的是一个认知过程，以新的眼光看待世界，深深地接纳环境的新伦理道德和"爱邻如爱己"的旧伦理道德。但对所有人来说，这都要牵扯到文化的重大革新，还要求全社会对其最为珍视的东西进行重新定位。

要求改革之声

捷克前总统瓦茨拉夫·哈维尔(Vaclav Havel)对这种必要的根本性转变做出了一番精彩的论述。他这样写道："人们对未来灾难的预测是那么的关注，那些描写明日危机的书是那么的畅销，但在日常生活中我们却极少重视这些威胁，这让我感到不可思议……什么才能改变当今文明的方向？我深信转变人类的精神和良知是唯一的选择。发明新机器、创建新规定、设立新制度是不够的。我们必须培育起一种新的认识来审视我们存在于地球真正的目的，只有实现这种根本性的转变，我们才能创建有利于地球的新行为模式和价值观。"[1] 对于哈维尔及其他很多人来说，环境危机就是精神危机。

土地伦理道德之父阿尔多·利奥波德（Aldo Leopold）渐渐相信，"在工业化时代，哲学和自然保护主义哲学之间存在着根本的对立。"令人惊叹的是，他甚至给一个朋友写信说，"不创造新新人类"，自然保护就难以取得进展[2]。

来自斯坦福大学两位前沿科学家保罗·埃利希（Paul Ehrlich）和唐纳德·肯尼迪（Donald Kennedy）指出："个人的集体行为是[环境]矛盾的中心"，又称"个人动机和价值观的分析应该是解决问题的关键。"两人呼吁建立"人类行为千年评估"项目，"以持续研究和宣传我们所了解的人类文化（尤其是伦理）演变过程以及向和平、公正、具有生态可持续性的全球化社会过渡所需的变革。我们需要的是文化革新。我们知道文化在发展，因此希望辩论过程本身会加速文化发展过程，并推动改革朝积极的方向发展。"[3]

保尔·拉斯金（Paul Raskin）和他的"全球情景模拟小组"对未来全球经济、社会和环境的状况设计了许多构想，包括缺乏意识、价值观未发生根本性变化的假设。如果没有价值观的改变，所有构想都遇到了大麻烦。因此，拉斯金等人首选"新可持续性发展观"，它引导社会获得"非物质层面的满足感……生活品质、人民团结及地球健康……可持续性是拉动这项新行动计划的关键。渴求高品质的生活、牢固的人际关系以及与自然产生共鸣的联系，是将计划推向未来的力量。"[4] 拉斯金和他的同事们所设想的这场革命从根本上讲是价值观和意识的革命。

彼得·圣吉（Peter Senge）和他的同事们在《存在》（Presence）一书中写道："想要不一样的未来，我们就应不拘小节，开始着眼于我们身处的整个体制……怎样才能做到整体转变呢？……说到最后，唯有人心的转变才能带来真正的改变。"[5]

玛丽·伊夫林·塔克（Mary Evelyn Tucker）和约翰·格雷姆（John Grim）是领导宗教和生态学研究的权威人物，他们相信为了应对环境危机，"我们应具备一种新的跨代良知和意识，"他们也认为"价值观、伦理道德、宗教和精神性"是"为了可持续发展的未来而转变人类意识和行为"的重要因素[6]。

埃里希·弗洛姆（Erich Fromm）认为，"新新人类"才是唯一的希望，他也呼吁"人心彻底转变"。"人类深远的革新不仅仅源于伦理道德或宗教信仰的要求，也不只是从人类现有社会性格的病态本质中产生的一种心理需求，而且源于攸关人类存亡的一种条件……只有当人性发生了根本性的转变，主要生存模式从占有转向共存，人类才能获救。"[7]

文化历史学家托马斯·贝瑞（Thomas Berry）将建立新意识称为我们的"大事

业"，"造成目前灾难最深层的根源来自于一种意识模式，这种模式使人类无所不能，从根本上让人类无法感知其他存在形式……"

"一直以来，我们不甘承认自己是地球大家园的一个组成部分，我们认为自己凌驾于其他存在形式之上，并不真正属于地球。可既然是某种奇特的命运把我们带到了这里，我们就是一切权力和一切价值的主人。地球上所有其他的存在形式不是供人类使用的工具，就是待人类开发的资源，为人类利益服务。"

贝瑞相信，我们需要的是"深刻逆转我们对自身、对周围世界的看法……我们应该做的是改变深深扎根于我们基本文化模式中的态度，这些态度太根深蒂固了，在我们眼中就像是自身存在本质不可或缺的一部分。"8

还有很多相似的呼吁之声，要求社会重新定位主流价值观和世界观，但我想用自身的经历做总结。20 世纪 60 年代后期，年轻的我作为耶鲁大学法学院学生，有幸当上了查尔斯·瑞奇（Charles Reich）教授的助教兼研究助理。他当时正在写《美国绿色行动》（*The Greening of America*），这本书的内容最初于 1970 年发表在《纽约客》杂志上，后来集结成册，成为畅销书。瑞奇自创了三个术语，它们分别是一级意识、二级意识和三级意识。一级意识指"为出人头地而努力打拼的美国农民、小商人和工人的传统观念。"瑞奇认为这种观念对美国渐渐消失的小城镇、面对面的人际关系及个人经济奋斗而言是最合理的解释。二级意识"由技术界和企业界塑造，严重脱离了人类现实需求。[它]代表了组织型社会的价值观。"

在瑞奇看来，一级意识和二级意识的结合"经事实证明完全无法管理、引导或控制美国所建立的庞大技术和组织机构。因此，该权力机构就成了毫无意识的庞然大物，破坏环境，抹杀人类价值观，控制其对象的生活和思想。美国人民面临威胁自身生存的窘境，已经开始建立一种适合于当今现实的新意识……三级意识在年轻的人群之间快速传播，范围越来越广，在一定程度上也触及到了年纪较大的群体，正在对我们的社会结构带来翻天覆地的变化……而这一切的核心必须被称为'意识转变'。这意味着一种新的生活方式——几乎是新新人类。这就是新一代的人一直以来寻找的，而且已经开始实现了。"

和其他许多思想超前的社会批评家一样，瑞奇认为三级意识的扩张几乎是无法避免的，而且正在改变美国。"三级意识能够在不使用暴力、不夺取政权、不推翻任何现有民众组织的情况下改变和摧毁财团政治。新一代人已经指明了通向今后工业化社会改革的唯一道路，即意识革命。眼下的美国不可能推行政治革命，但也不需要政治革命。"

"意识革命需要两个基本条件。首先，意识改变过程必须依靠民众的参与——

203

除非有大多数人参与，否则就是空谈。其次，现有社会秩序发挥效力，必须依靠较为早期的意识，因此就无法在意识改变之时延续。现在美国已具备这两个条件。"[9]

　　瑞奇是我的良师益友。他有些腼腆，但才华横溢，活力四射。他觉得法学院太沉闷了，于是便自己创立项目，后来该项目成为耶鲁学院最受欢迎的课程。多年以来，我都有机会去思考他的对与错。瑞奇认为新意识既是可能的，又是必要的，对此我十分认同。他从三种意识的角度去分析美国，有助于展示现实的复杂性。他提出意识变化可转变美国社会和文化这一中心思想，用当时的话来说，"对极了"。但他过于迷恋 60 年代的年轻人文化，并错误地认为该文化将会得到传播和深化，日渐成熟。这种想法让他对意识的转变持有盲目乐观的态度。最终，正如罗伯特·达尔（Robert Dahl）所述，反文化浪潮渐渐在年轻人中间退去，对主流消费主义文化几乎没有留下影响[10]。

　　我在上文援引的各位作者以及其他许多人现在都认为，当今的挑战要求我们快速形成新意识。这种观点具有深远的意义，揭示了当前的问题不能用当前的思想去解决。这应该会让我们停下来，因为我们知道改变思想是个缓慢而困难的过程，需要做更多的调查研究。有些心理学家唱反调，认为对已得到改善的环境行为而言，改变价值观不仅没有必要，而且也是不够的。然而，他们研究的行为变化一般涉及不到援引人士所探索的深远转变[11]。最终，我们很难去怀疑哈维尔和拉斯金等人所追求的新意识的必要性。当今的主流世界观太偏向于人类中心说、物质主义、利己主义、当代中心主义、简化主义、理性主义和民族主义，以至于无法持续推动所需的变革。在这种情况下，两个重要的问题出现了。其一，根据当前形势的需求，意识转变都包括哪些方面？其二，对于文化和意识转变必要的类型和范围，能提出哪些推动因素？

新世界观

　　关于必要的文化革新方向，保罗·拉斯金在论述大转变组织（Great Transition Initiative）时做出一项精彩的总结[12]。拉斯金的写作手法是以本世纪后半叶某人的视角，回顾之前发生的主流价值观转变。他写的是未来的历史，内容摘录如下："一套新价值观的出现是整个社会体系的基础。曾统治一时的价值观——消费主义、个人主义以及对自然界的统治——已经让位于新三大要素，即生活品质、人民团结和生态意识。"

　　"生活品质的提高应该成为发展的基础，现在这变得如此显而易见，让我们不得不牢记,几亿年来,资源匮乏和生存的问题主导着生命。后来,工业的聚宝盆使特权群体物欲横流,让非特权阶级陷入绝望,同时还为我们整体实现后资源匮乏时代的文明开创了历史性的机遇。如今,人们一如既往地雄心壮志。但是,精神上的充实感取代了物质财富,成为衡量成功和幸福源泉的主要标准。"

"新价值观第二大元素——'人民团结'——传达了一种跨越时空的人与人相互联系之感,是人类精神与心灵深处互通和移情能力的体现,也就是贯穿于当今世界许多主要宗教传统的"黄金法则"。作为一条世俗的教义,这条准则是民主理想和社会奋力争取宽容、尊重、平等和权利的基础。"

"如今人们具有高度发展的'生态意识',先辈对自然的漠视令他们感到既好奇又惊愕。统治自然的权利在过去是神圣不可侵犯的,而现在人们对自然界抱有深深的敬意,从中找寻无穷的惊奇和快乐。人类在生命之网中的归属感以及对生命馈赠的依赖增加了他们对大自然的热爱之情。可持续发展是当代世界观的核心组成部分,该世界观认为,任何危及地球家园完整性的行为都是愚蠢可笑、有失道德的。"[13]

在拉斯金看来,这些"强调全球化社会的普遍原则并非从天而降。它们是祖先在探索人权、和平、发展和环境的重大历史课题时形成的。"[14]果然,读一读20世纪90年代联合国主要会议上的宣言、《世界人权宣言》、《联合国千年发展目标》、《地球宪章》、《世界自然宪章》等国际公认的人类价值观和目标的宣言,不得不深深佩服其中所展现的远大理想(同时也为人类没有践行这些承诺而感到悲哀)。

和拉斯金一样,大卫·科尔顿(David Korten)在《大转向》(The Great Turning)一书中表示人类正处在历史的转折点,同时鲜明地提出新的价值观:"大转向始于文化和精神的觉醒,是文化价值观从金钱财富和物质过剩向生活和精神富足转变、从相信局限性向关注可能性转变、从惧怕与众不同到欢迎多样性的转变,要求重新塑造我们用来定义人的本质、意义和可能性的文化故事……"

"文化转向过程中的价值观转变引导我们重新定义财富,以家庭、社区和自然环境的健康程度来对其进行衡量。价值观的转变让我们改变政策方向,从服务社会顶层阶级转向照顾社会底层群体,从囤积转向共享,从集中所有制转向分散所有制,从享有所有权转向承担监管责任。"[15]

在对未来提出有力的道德指引方面,最严肃、最持久的设想要数《地球宪章》了,它在全球不断赢得广泛的拥护和支持,以雄辩之势阐述了"在尊重自然、普遍人权、经济公正、和平文化的基础上建设可持续发展社会"所需的道德准绳。截止2005年,代表千百万人的两千多家机构表示支持《地球宪章》。现将该宪章的一部分关键内容摘录在本节[16]。

要阐述必要的价值观和世界观,另一种方法是理清社会从今朝顺利走向明日所需的转变内容:

- 不再认为人类属于自然界之外,将其超越或占有,而是应该把我们自己看成是自然的一部分,是其进化过程的产物,与野生环境有着密切的联系,完全依靠自然界的活力及其提供的有限服务生存。
- 不再完全以实用主义态度去看待自然,出于经济或其他目的肆意对其进行开发,而是应该认为自然既具有独立于人类的内在价值,又享有建立生态监管职责的权利。
- 不再轻视自然,只顾眼前,而是应该在经济、政治和环境方面造福子孙后代,明确对远期未来个人和自然界所承担的职责。
- 摆脱极端个人主义、自恋情结和社会孤立心态,建立小至地区、大到全球的强大社会纽带,同时深深地尊重国内和国家之间的相互依赖。
- 摒弃偏见、狭隘主义、性别歧视和民族优越感,转而学会容忍,接受文化多样性,尊重人权。
- 摆脱物质主义、消费主义、私有财产至高无上论和无限制的享乐主义,要享受休闲,体验自然,重视个人和家庭关系,培养精神生活,有节制地生活;少索取,多给予。
- 摆脱总体的经济、社会、文化不平等性,发扬平等、社会公正和人类团结[17]。

208

《地球宪章》前言*

我们正处于地球历史上人类必须对其未来作出抉择的关键时刻。世界正变得日益相互依赖和脆弱,未来因此既承载了巨大的风险又充满了希望。为了向前,我们必须认识到:尽管文化和生活方式纷繁多样,但我们是一个具有共同命运的人类大家庭和地球共同体。我们必须联合起来,创造一个以尊重自然、普遍人权、经济公正以及和平文化为基础的可持续的全球社会。为达此目的,我们地球公民必须宣布对彼此、对更大的生命群落和对子孙后代负责。

---

* 译文引自 http://www.earthcharterchina.org/chi/text.html.

地球，我们的家园

人类是不断演化的宇宙的组成部分。地球——我们的家园是独特的生命群落。大自然的力量使生存成为一种吃力的且具有不定性的冒险，不过，地球提供了生命演化所必需的条件。生命群落的恢复力和人类的福祉依赖于：保护一个拥有所有生态系统、种类繁多的动植物、肥沃的土壤、纯净的水和清洁的空气的健全的生物圈。资源有限的全球环境是全人类共同关心的问题。保护地球的生命力、多样性和美丽是一种神圣的职责。

全球形势

目前流行的生产和消费方式正在导致环境破坏、资源枯竭和物种大量灭绝。群落在逐渐遭到破坏。发展的好处未能被公平分享，贫富之间的差距正在扩大。不公平、贫困、无知和暴力冲突比比皆是，这是造成巨大痛苦的根源。前所未有的人口增长使生态和社会系统不堪重负。全球安全的基础受到威胁。这些趋势是危险的——但并非不可避免。

面临的挑战

选择权在我们自己手中：是建立全球伙伴关系，关心地球和彼此关照，还是冒毁灭我们自己和毁灭生命多样性这样一种风险。我们的价值观、机制和生活方式需要进行根本的改变。我们必须认识到：当基本需求得到满足时，人类发展主要是为了取得更多的进步而不是有更强的物质欲望。我们拥有为所有人提供生计和减少我们对环境影响的知识和技术。全球文明社会的显露，正在为建设一个民主和人道的世界创造新的机会。我们在环境、经济、政治、社会和精神方面所面临的挑战是相互联系的，我们携起手来，就能够找到包罗万象的解决办法。

共同的责任

　　为了实现这些抱负,我们必须决定:要以一种共同的责任感来生活,与全球共同体和本地社区打成一片。我们既是不同国家的公民,又是同一世界的公民。人人都对人类大家庭和更大的生命世界当前和未来的福祉负有责任。只有当我们崇敬生命的奥秘、感激生活的馈赠以及谦恭地看待人类在自然界中的位置时,人类与所有生命的休戚与共精神和亲密关系才会得到加强。

210　　拉近人与自然的关系,需要重新感悟自然界的魅力,使其再次变成神奇之地,一个美妙绝伦的生命舞台,每天在我们眼前徐徐展现。马克斯·韦伯(Max Weber)曾经说过,是科学和理智化夺走了我们对自然界的那份神秘之感。我想他是带着遗憾说这话的。与之相反,乔治·莱文(George Levine)在他的趣书《达尔文爱你》(*Darwin Loves You*)中提到,达尔文这位自然界终极揭秘大师,"虽历经痛苦、疾病和损失,但依然爱着自己倾注一生研究的大地和自然世界。在其中他找到了价值和意义。他把人类的价值感誉为世界上最高的成就,认为它从大地生发。他相信,这份寻根溯源的情感并没有变质,而是变得高尚了。"[18]

　　诗人和原住民最擅长寻找人类在自然界的位置了。

> 起来! 起来! 我的"朋友",抛开你的书本,
> 不然你定会变成四只眼。
> 起来! 起来! 我的"朋友",舒展你的面容,
> 这般辛劳与烦闷何有焉?
>
> 太阳,挂在那座山的山顶上,
> 一道清新丰润的霞光,
> 穿过无垠的绿草地洒向远方。
> 他甜美的初夜灿灿黄。
>
> 书本! 都是无聊而无尽的蹉跎,
> 来吧,听听林间的红雀
> 多么甜美的乐曲! 于我的生活,
> 从中流露出更多的智慧。[19]

奥伦·里昂(Oren Lyons)是奥内达加民族的信仰守护者,他在联合国代表大会发言时这样说道:"我没有见到四足动物的代表团,也没发现有鹰的席位。贵人多忘,我们认为自己高于一切,但我们只不过是世间万物的一部分,必须继续感知自己的地位。作为自然界的一分子,我们的位置在大山和小蚂蚁之间的某个地方,仅此而已。我们有责任照顾好这些生灵,因为我们被赋予了思想。"[20]

211

改革的力量

什么力量才有可能激发人们的意识朝上述方向发展?这个问题非常实际,而且很难回答。纵观当今世界,大范围的种族仇恨、国内战争、大规模的暴力、军事主义和恐怖主义不断上演,更别说前文所述的畸形价值观了,这让上述目标看起来过于理想化,无望实现。可事实上,恰恰是因为这些灾难以错综复杂的形式存在着,人们才必须寻找答案,并苦苦希望最终能找到答案。

关于文化改革和演变有大量文献资料,那么我们该以怎样的心态来想办法推动改革呢?目标必须是促进文化革新,而不是坐等其成。在这个问题上,丹尼尔·帕特里克·莫伊尼汉(Daniel Patrick Moynihan)提出了有用的见解:"保守派的中心思想是,决定社会成功与否在于文化,而非政治;自由派的中心思想是,政治可改变文化,并将文化从其自身中解救出来。"[21]历史学家哈维·尼尔森(Harvey Nelsen)一语中的:"政治怎样将文化从其自身中解救出来?唯一的方法就是培养新意识。"[22]个人会有改变信仰的经历,也有豁然顿悟的时刻。可全社会能否来一次信仰大转变呢?

不幸的是,实现大范围的文化革新,最可靠的途径是发生灾难性事件,严重影响社会价值观,破坏现状和现有领导班子的正当性。美国经济大萧条就是一个经典的例子。我相信9·11恐怖袭击和卡特琳娜飓风这两起灾难本来都可引发美国文化出现真正的进步,但美国缺少求志达道所需的领导力。

从上述角度看问题最全面的当属托马斯荷马-迪克森(Thomas Homer-Dixon)。他在《上下颠倒》(*The Upside of Down*)一书中认为,"当今我国形势在关键方面与罗马惊人的相似。我们的社会的复杂性在不断提高,同时也往往变得更加刻板。发生这种情况,部分是因为我们试图去管理社会内部积攒的压力,包括巨大的能源需求产生的压力——往往成效有限。最终,压力也许会超过极限,而我们的社会缺乏灵活性,无力应对,于是和罗马一样,某种经济或政治崩溃就发生了……"

"人们通常把'崩溃'和'瓦解'当同义词用。但在我看来,尽管两者都具有从根本上简化某个体系的意味,可它们所产生的长期后果是不一样的。'崩溃'的后果也许会很严重,可不是灾难性的。崩溃发生之后,还可以有挽救的余地,或许还能重建得比原来更好。而'瓦解'的危害性远远大多了……"

"我相信,在未来,大难前的动荡发生范围可能会越来越大,次数也越来越频繁,其中有些也许会以极端事件的形式出现,如气候突变,能源价格大幅波动,新传染病跨地区大爆发,或者国际金融危机等等。"[23]

荷马-迪克森认为前期动荡和崩溃在社会做好准备的情况下是可以产生积极变化的。他表示:"崩溃肯定会发生,因此我们需要准备好,当崩溃发生时,借机朝有利的方向转变。"[24]荷马-迪克森的观点极其重要。当然了,崩溃不一定总会产生有利的结果,也可能发展为集权统治和壁垒式局面。以崩溃为契机的前提是建立有抱负的领导队伍,创造一个新"故事",借此有力宣扬植根于社会价值观及历史精华的积极愿景。

据说有位国会议员曾对一个公民组织这样说道:"如果你带头,你的领导就会跟着你走。"但这并不是唯一的路子。哈佛大学的霍华德·加德纳(Howard Gardner)在《改变观念》(Changing Minds)一书中强调真正领导队伍的潜能:"无论是国家元首还是联合国的高级官员,代表分散大众的领导者在改变观念方面拥有巨大的潜能……并且在此过程中还可改变历史的轨迹。"

213 "我提出一种凝聚人心的办法,那就是创造一个具有说服力的故事,将其与生活挂钩,以不同形式展现,使其最终能够颠覆文化中反面的事物……故事一定要简单,容易被人们认同,能引起情感上的共鸣,并使人联想到积极的经历。"[25]

有证据显示,美国人已经做好了接受另一种"故事"的准备。据调查,大部分美国人对当今生活方式表示不满,并愿意支持类似于本书所讨论的价值观[26]。但除了这些价值观之外,还存在着与其他一些深入人心但相互矛盾的价值观,同时我们又受制于旧习惯、恐惧感、不安感、社会压力等不利因素。一个新"故事",若能帮助人们摆脱这种困惑和不和谐的局面,即可带来真正的改变。

由此可见,加德纳对"故事"和叙述的强调是重要的。美国正面力量领军人物比尔·莫耶斯(Bill Moyers)曾写道:"美国需要一个不同的'故事'……不论你走到哪里,你都会发现人们相信自己置身于故事之外。不论走到哪里,都有一种不安全感,源自于人们的惶恐不安,害怕当千百万美国人被美国梦抛弃了的时候,美国自由的意义却变成富人享有继续敛财的自由。所以我来说说自己的想法:如果领导者、思想家和积极分子能够坦诚地讲这个'故事',并热情地宣讲故事所推崇的道德和宗教价值观,那么他们将成为继罗斯福新政之后第一代为人民赢回权力的政治领袖……据此,在 21 世纪的头 10 年,成为美国叙述主流的故事将塑造我们的集体想象力,并由此塑造美国的政坛。"[27]

如果说莫耶斯是从社会方面阐述我们对新"故事"的需求,那么其他作者已经开始从人与自然关系出发来创作新的故事,如托马斯·贝瑞(Thomas Berry)的《地球之梦》(*The Dream of the Earth*),卡洛琳·门切特(Carolyn Merchant)的《重造伊甸园》(*Reinventing Eden*),伊万·艾森宝格(Evan Eisenberg)的《伊甸园生态》(*The Ecology of Eden*),比尔·麦吉本(Bill McKibben)的《深层生态学》(*Deep Ecology*)等等[28]。其中有个故事值得一提,讲的是一个民族踏上时光之旅,为自己和后代创造更美好的世界。出发的时候,他们满怀高尚的情操和希望,一路上取得了许多成绩。但他们随后开始迷恋自己的业绩,被业绩牵着走,没发现新方向的路标,于是他们迷路了。现在他们必须重新找回正确的道路[29]。

社会运动是价值观改变的另一个成因。社会运动旨在提升人们的意识,顺利的话,能够引入一种新的意识。谈起环境运动,我们漫不经心,但需要一场真正的环境运动。柯蒂斯·怀特(Curtis White)写的《反抗精神》(*The Spirit of Disobedience*)一书就反映了这一点:"尽管 60 年代的反主流文化遭到诽谤和猜疑,可它还是力图解我们之所急,给了我们一种坚定的'拒绝'文化,与占据主流地位的企业'死亡'文化相抗衡。我们不需要回到那种反主流文化中,但我们确实应该再次接受它的挑战。如果说我们所做的工作产生了大量糟糕、丑陋甚至具有毁灭性的事物,那么这些事物反过来会照着样子重塑我们。"

"如果我们关心手中的未来,我们也必须关心眼下的生活方式。很不幸,我们的生活方式现在几乎成了企业和媒体集团关注的唯一焦点,它们联手将各条大街变得一模一样,让每个美国人的头脑中都回响着相同的毫无意义的音乐和电影(电视剧)情节。在这种情况下,精神上的不盲从是最有意义的。"[30]

迈向新意识的另外一个途径应该是世界宗教。玛丽·伊夫林·塔克(Mary Evelyn Tucker)曾表示:"宗教所发挥的道德威慑力是其他任何制度组织不能匹敌的,"她还认为:"环境危机让全球各类宗教团体在范围更大的地球家园中寻找自己的声音,做好应对。在这个过程中,宗教团体目前正步入生态时代,并在寻找统揽全局的表现力。"[31]信仰的潜力是巨大的。全世界宗教种类达 1 万左右,信教人数约占全球人口的 85%。全球约有 2/3 的人口信奉基督教、伊斯兰教或印度教。宗教在废除奴隶制、组织民权主义运动和解决南非种族隔离方面发挥了重要的作用。现在宗教正在越发有力地把关注重点转移到环境问题上来[32]。

214

215

最后一点,坚持不懈地发展教育非常重要[33]。这里说的教育是广义的教育,不但包含正式教育,而且还包括日常教育和体验式教育,通过亲身体验大自然的丰富多彩来学习。我的同事斯蒂芬·科勒特(Stephen Kellert)强调,这样的教育对身心健康和发展都很重要,尤其对孩子而言更是如此[34]。广义的教育还包括快速发展的社会营销领域。"社会营销"在帮助人们远离诸如抽烟及酒后驾驶等恶习方面功效卓著,所采用的方法也可运用到更大的层面上[35]。

上述各项推动变革的因素之间有可能形成互补关系。一场灾难或崩溃发生时(或者说在理想的情况下,事先有许多预警和证据,大众对此做好心理准备时),有了英明的领导和新"故事",有助于大众看清局势,建立积极的愿景。有了艰苦卓绝的公民运动,愿景得到发扬,同时社会和环境事业得以整合,又因精心设计的社会营销活动而得到宣传和扩大。指明道路的真实例子在大众之间广泛传播,进而加强了社会营销活动的效果。这种此呼彼应的情况不难想象。而且公民有力量来实现除真正灾难之外的各项环节。

1969 年,美国加州圣巴巴拉沿海发生了一场灾难——联合石油公司的海上石油钻井平台发生重大石油泄露,导致海滩受到油污,鱼类和野生生物死亡,但同时也极大地推动了 70 年代环保事业迅猛发展。圣巴巴拉居民从中吸取教训,萌生了一种新意识,满心鼓舞地写下《圣巴巴拉环境权利宣言》:"因此,我们决定行动起来。我们提议开展一场行为的革命,对抗日益加重的环境问题。就算根深蒂固的想法和制度难以改变,但我们在地球上的余生从今天开始,我们要重获新生。"

第十一章　新　政　治

当代资本主义制度的转变要求政府采取高瞻远瞩、行之有效的行动。除此之 217外,要让市场朝着有利于环境的方向发展,改变企业行为,建立满足个人和社会真实需求的项目,还有别的办法可寻吗? 对于公民而言,让世界变得更好,主要途径是依靠政府集体承担相关监管责任。因而,转变的推动力不可避免地来自于政坛,那里需要建立起一种强劲有力的民主制度,由掌握信息、积极参与的公民来加以引导。

然而,对美国人来说,仅仅这样指出问题,就已经揭示了挑战的艰巨性。当今美国的民主深陷困境,变得脆弱、浮浅、危险、腐败,用金钱就能买来。市场基要主义和反监管、反政府的意识形态死灰复燃,使当前情势十分令人担忧,而这些极端思潮退热之后,也会产生程度更深、时间更久的弊病。我们所知的美国政治能够带来必需的转变,这是不可想象的。

美国政府当今为何困难多,办法少? 原因有很多。政府迷恋 GDP 增长,为增 218加税收,为讨好选民,为扩大国际影响力。企业和财富集中现象剥夺了政府的立场,目前已经达到惊人的程度,而这种现象恰恰是政府本应加以监管和限制的。除此之外,不良的制度安排也让政府步履蹒跚,而问题源自总统选举方式。

对于当今政治能否解决资本主义根本问题,威廉·格雷德(William Greider)在《资本主义灵魂》(*The Soul of Capitalism*)一书中恰如其分地表达了质疑。"假如总统是位积极人士,出于好心努力去修复资本主义这台发动机,也就是说或改变其运行价值观,或重新组合就业投资条件,或调整其他重要元素,这些倡议则极有可能会被政治搅得支离破碎。现代政府养成了通过立法解决问题的习惯,更别说与坚守现状的强大利益集团建立起了紧密的关系。有鉴于此,倡议最好的结果就是做出无关痛痒的调整,而且还有可能把事情越弄越糟。"[1]

对于这个问题,彼得·巴恩斯(Peter Barnes)在《资本主义 3.0》(*Capitalism 3.0*)中做出了鲜明的解释:"资本主义扭曲民主的原因很简单。民主是个开放的体系,很容易受到经济力量的影响。相比之下,资本主义则是个封闭的体制,其'堡垒'不轻易对大众开放。资本至高无上的地位不是偶然得来的,更不是乔治·W·布什的错。当资本主义占据民主时,就会出现这样的问题。"巴恩斯表示,监管机构形同虚设,任由那些本应受其监管的行业摆布。"被剥夺立场的不仅仅是监管机构。就连负责监督机构、为它们制定管理法律的国会自身也受到严重影响。根据公共廉政中心统计,现在'影响力产业'每年在联邦政府的花费达 60 亿美元,聘用3.5 万多名说客……在资本主义的民主体制下,许多重赏都来自于政府。谁聚集了最大的政治力量,谁就能赢得最多的奖赏。这些奖赏包括知识产权、'友好'的规定、政府补贴、税费减免以及公地免费或低廉的使用权。政府提倡'共同利益'的想法太天真了……我们面对的是一个令人气馁的矛盾现实。谋求利益最大化的企业控制了我们的经济——唯一能与之抗衡的力量是政府,而政府也受制于这些企业。"[2]

另一位长期分析美国政治的专家加尔·阿尔佩罗维茨(Gar Alperovitz)解释了企业是如何运用其影响力的。在《超越资本主义的美国》(*America beyond Capitalism*)一书中,他写道,"大企业经常

(1) 通过游说影响立法和行动计划制定;

(2) 以直接和非直接的方式施加压力,影响监管行为;

(3) 通过提供大规模的选举活动赞助影响选举;

(4) 利用媒体进行广泛的宣传造势,影响公众态度;

(5) 通过上述各种方法影响地方政府的决策——再加上暗地或公开威胁要从某某地撤出工厂、设备和岗位。"[3]

还有一项非直接因素妨碍政府采取积极行动,那就是为获得政治空间和政治关注而展开的激烈争夺。我在耶鲁读书的时候,教我的一位名叫罗杰·玛斯特(Roger Masters)的教授写了一本书,题为《国家不能承受之重》(*The Nation Is Burdened*)[4]。书名让一切不言自明。政府一次处理不了太多问题。在过去的 25年里,事实证明,那些现今最困扰美国政坛的大范围环境问题,关注起来是极为艰难的。现在来看,气候问题似乎终于得到越来越多的重视——虽然很迟。当出现像"恐怖主义之战"和伊拉克战争之类同样值得关注的问题时,政治空间优先分配的问题尤为严峻。美国的负担确实不轻。

很明显,政治改革和行动存在巨大的障碍。在这种情况下,目前绕过美国政

府,把精力放在别处,如建立小型的社会反向模式,也许是一个应对之策。但像这样停滞不前,将是大错特错。我从上述问题分析得出结论,我们所有关注环境、关心国家的人应该赶快行动起来,创建一个新政治体制。要实现本书第二部分提到的各项转变,政治改革必不可少。

新民主形式

要实现政治的转变,第一步是要开始构想我们所需的民主类型。有些十分重视环境可持续性发展的人强调在当地、社区和生物区域上开展生物和民主的复兴运动,柯克帕特里克·赛尔(Kirkpatrick Sale)在其著名的《地球定居者:生物区域展望》(*Dwellers in the Land: A Bioregional Vision*)一书中也表达了相同的观点[5]。反全球主义者的著作《全球化的抉择:创建更加美好的世界》(*Alternatives to Globalization: A Better World Is Possible*)也反映了他们计划偏向于在本地进行复兴运动[6]。

在《大地的遐想》(*The Land That Could Be*)一书中,威廉·夏特金(William Shutkin)讨论了"公民环保主义"这一概念。在此之下,特定地区或政治团体的人们一起携手在当地和区域层面共创环境优美、经济繁荣的未来。"公民环保主义包含一套核心概念,支持公民行动和社区规划,支持对象是致力于推动环保和民主复兴的各利益相关方,内容包括参与式进程、社区和区域规划、环境教育、工业生态、环境正义和地方感等等。"[7]在所有这些想法中,地方感和地理延续性是两个重要的概念。

在《全球环境政治》(*Global Environmental Politics*)一书中,罗尼·利普舒茨(Ronnie Lipschutz)探索行之有效的全球环保措施。他发现大多领域受到严重的局限,这样写道:"全球环境政治不应把重点放在国家体制、国际会议、相关机构、管理机关和企业资本中心上。"所有的这些都被利普舒茨看成是问题的一部分。除此之外,他对主流环保组织也不满意,表示:"采取主流方法去实现目标的做法几乎改变不了制度和惯例,而它们才是环境问题的首要根源。"[8]

最后,利普舒茨指出有哪些根本因素可推动自己探索的符合本地行动的新环境政治:"对于真正的人而言,他们的社会关系大多都是高度本地化的,行动主义者应继续影响他们的信仰和行为。思想不会从天而降,也不会突然显现,而是必须要与那些真正的人在生活、工作和娱乐的地方所体验和感悟的现实情况产生共鸣。此外,本地的政治影响、激进活动及社会力量最强,也最能吸引人们参与其中。"[9]由此可见,利普舒茨认为,即使是全球的应对措施,也必须扎根于本地。哈佛大学教授雪拉·杰瑟那夫(Sheila Jasanoff)的研究分析也同样反映了这种将全球进程与本地的知识、经验和参与联系起来的重要性[10]。

只有在社区和地区层面才最容易构想许多人认为是最好的民主模式,即协商民主(deliberative democracy)或对话民主(discursive democracy),本杰明·巴伯(Benjamin Barber)称之为强势民主。这种民主形式较为直接,公民可参与意向辩论,一起学习,解决分歧,做出决定。这与现在由利益团体操控的"代表性民主"大相径庭,获得越来越广泛的支持。对此,瓦特·巴伯(Walter Baber)和罗伯特·巴特利特(Robert Bartlett)在《协商型环境政治》(*Deliberative Environmental Politics*)一书写道:"当代自由主义不但丧失了其维护生态的能力,而且还同样失去了民主特征,由此推动协商民主运动的发展。现代民主制度遭遇文化多元化、社会复杂性、财富和影响力的巨大失衡以及阻碍基本变革的思想偏见,其政治制度已经堕落成为骗术的竞技场,不可能进行真心实意的协商。公民单单成为竞争者,除维护自己那狭隘的私利之外再无其他承诺,在这种情况下,真正的民主和环保是不可能实现的……"

222   "协商民主人士认为民主的实质是协商,而非投票、利益聚合或权利。协商民主具有一系列独特的核心特征,即参与者享有政治平等、作为政治领导程序开展人际论证,以及公众提出理由并对其进行权衡、接受或拒绝。"[11]

如今,人们开始在更大的范围寻找实践协商民主的方法,包括确立制度安排,要求公民直接参与,创建可用于参与过程的各种对话机制。有些人对协商民主提出了有力的批评,他们强调,内在权力失衡可歪曲其成果,认为仍有必要采取行动主义者的方法(示威、抵制、静坐等)。上述两种途径都被认为具有重要的作用[12]。

根据本杰明·巴伯(Benjamin R. Barber)在《强势民主:新时代的参与式政治》(*Strong Democracy: Participatory Politics for a New Age*)一书中的论述,参与式民主既不需要希腊"旧共和主义"的投票方式,也不需要镇民大会所体现的那种"面对面的地方观念",而是要求"公民实行自我管理,不再由政府以其名义代为管理。积极的公民直接自我管理,不一定要深入到各个级别和情况,但要经常进行,尤其是在做基础决策和使用重权之时。自我管理的制度设计有利于公民持续参与议程制定、协商、立法和政策实施(以'公共事业'的形式)。强势民主不会永远寄托于个人管理自我的能力,但它却证实了马基雅弗利(Machiavelli)的观点,即大众的智慧整体上将堪比——甚至超过王子,同时也证实了西奥多·罗斯福(Theodore Roosevelt)所言:'多数百姓自我管理,和试图管理他们的少数人相比,总体犯的错要少。"[13]

为了实现这些目标,让"每一位公民成为政治家",巴伯针对当今形势设计了一223
系列将强势民主制度化的创新性措施,"小到居民区,大到国家,使个人参与公共会
谈、公共决策制定和政治判断以及公共行动"。巴伯首先提出要为本地参与建立统
一的国家体系:"强大民主平台的首要改革一定是要将居民集会的国家体系引入
美国各个乡村、郊区和城区。政治意识从居民小区开始培养。"[14]巴伯也青睐于一
种全民倡议和投票的制度,改善许多西方国家现行的制度。

总之,许多人对我们民主的前景做过最深层次的思考后得出结论,认为赋予公
民权利,让他们自己对公众关心的事务进行决策,并将决策结果合法化,这对提高
决策质量和公民素质来说都是至关重要的。这种赋权确实会转变美国的政治。

有些人受到一系列更具全球化特点的问题鼓舞,认为向世界大同主义转变是
必要的。大卫·赫尔德(David Held)和他的同事们在《全球转变》(Global Trans-
formations)一书中提到的"全球计划",其目标就是针对广泛的国际问题树立政治
责任和民主管理。要实现这一目标,作者认为"世界公民"是必不可少的,他们享有
国家、地区的和全球多重公民身份。同时,作者还认为:"我们应该重新审视民主,
把其看成是一个'双向进程'。双向进程——也就是双重民主化进程——意味着不
仅要深化一个国家的民主……而且还要在国与国之间扩大民主形式和进程。新千
年的民主必须允许世界公民……建立社会、经济政治进程和流程的责任,使之穿越
并转变传统的社区界限。"[15]

因此,有人支持政治本地化,也有人支持政治全球化。这两大阵营看似相互对224
立,但实则相辅相成。很多人认为全球化会侵蚀国家主权。有人说,单一民族国家
办大事不足,办小事有余。于是便诞生了"全球本地化"(Glocalization),行动朝本
地和全球两个方向发展。在很多地方,尤其是在欧洲,人们对单一民族国家的认同
度降低了,本地和跨国的双重公民身份则在加强。

怎样才能将全球化和本地化结合进一个政治框架? 对此,大转变行动组织
(Great Transition Initiative)的保罗·拉斯金(Paul Raskin)及其同事们撰写的
"未来报告"再一次给予我们启示。在本世纪后半叶的书信中——未来的历史中,
拉斯金开篇写道:"身份和国籍已超越国界。至此,全球主义的根基犹如曾经的民
族主义那样牢固——或许更牢固。"接下来,拉斯金讲到全球观和本地观是怎样结
合在一起的:"大转变的政治理念依赖于受牵制的多元化原则。该原则包括三大
互补的概念,即不可降级原则、从属性原则和多样性原则。不可降级原则是指,某
些问题的裁定必须且合理属于全球的管理级别。国际社会有责任确保普遍权利的

享有、生物圈的完整性、地球公共资源的合理利用及经济文化事业的引导,而这些都无法在地区级有效实现。从属性原则是指,全球不可降级的权力范围应受到严格控制。为了提高效率、透明度和公众参与度,决策制定应以政府的本地最高可行水平为导向。多样性原则确保各地区有权探索多种多样的发展和民主决策形式,而唯一的条件是履行全球责任,遵守全球原则……在世界宪法下,这些原则得以维护,难寻反对意见。"[16]选择这样的未来,我是不会反对的。

实现目标

225   依据上述情况,巴伯、拉斯金等人对未来提出一种长期构想,有望通过公民直接参与管理,通过打破决策制定集中化,通过有力维护全球公民身份、相互依赖性和共同责任来逐渐实现政治转变。有了这样的政治愿景作为大环境,下面的问题就是如何走好这历史长征的第一步。拉斯金的设想,当今年轻人将来也许有一天会悟透,但在接下来的几年、几十年的时间里,我们首先需要设立一个计划,开始对美国环境政治实施大改革。这场深远的改革应该涵盖三大方面的转变。

        第一,现在应拓宽新环境政治,加大环境关注和倡议的范围,使其完全覆盖相关问题。现今环保主义框架下的各项举措应继续执行并加强,但要扩大环保行动计划,以大力挑战消费主义、商业主义及其带来的生活方式,合理质疑"增长热",积极关注社会应有的发展方向,挑战企业一统天下的格局,对企业及其目标重新定义,致力于在市场功能和范围两方面深化改革,承诺建设阿尔佩罗维茨所说的"财富民主化"和巴尼斯提出的"资本主义3.0"时代。

        新的行动计划还应以维护人权为主。环境正义虽在美国环保主义中赢得了立足之地,但仍没有成为重点。在世界很多地方,社会公正问题和环境问题交织在一起,被当成一项事业。有许多致力于环境事业的领导者因此遭到迫害、关押和杀
226 害。他们是我们的兄弟姐妹,他们的言论自由、生命权和民权应得到坚决维护。许多公认的问题必须被视为人权问题——用水及卫生的权利、可持续性发展的权利、文化保护的权利、不受气候失调和破坏影响的权利、生活在无毒环境中的权利、后代应该享有的权利[17]。

        新的环境政治还应建立一个能直接全面地应对美国社会问题的体系。早些时候,我就发现了美国社会促进民生所急需的许多措施,如满足就业需求、确保收入、改善社会和医疗保险等等。我指出这些措施实际上是环保措施,因为它们直接解决民生问题,可改变破坏环境的经济运行格局[18]。目前,社会不公平的危机正在破

坏美国社会的凝聚力,削弱美国的民主,导致史无前例的经济效益、不断高涨的高管薪酬、数额巨大的收入以及不断集中的财富都掌握在少数人手中。与此同时,美国贫困率几近达到 30 年来的最高水平,收入未随生产力的上升而增加,社会流动性在降低,机遇在减少,没有加入健康保险的人数创历史最高,学校达不到要求,就业越来越不稳定,安全保障在减少,工作时间则是富裕国家中最长的。环保人士应与其他社会各界联手应对,这一点尤为重要[19]。

美国社会和经济不平等现象日渐加重,对民主构成巨大的威胁。政治学家罗伯特·达尔(Robert Dahl)认为,"强大的国际国内力量[可]加重政治不平等到无法挽回的境地,这会极大地破坏我国目前的民主制度,妨碍民主理想和政治平等理想的实现,"这种情况是"非常有可能出现的。"[20]收入的差距将政治资源和影响力转移到富裕的选区和商界,进而更加破坏了相关民主进程,阻碍其改善日益加强的不平等现象。政治分析师劳伦斯·雅各布(Lawrence Jacobs)和西达·斯考切波(Theda Skocpol)结合各家论述,通过《不平等与美国民主》(Inequality and American Democracy)一书记录了这个恶性循环的发展过程[21]。该过程可产生许多恶果,其中之一便是影响美国政坛实现环境目标。

新环境政治需要注意的一个相关焦点问题是政治改革的紧迫性,改革内容包括竞选活动融资、竞选过程、游说监管等等问题。政治科学家雅各布·哈克(Jacob Hacker)和保罗·皮尔森(Paul Pierson)在《脱离中心》(Off Center)一书中开发了一套重要的政治改革行动计划,意义重大,内容独具匠心,包括重振大型会员组织的活力,使其加强公民政治影响力;采取措施增加投票率及开放预选资格;加大无党派重新划分选区的力度;为满足基本要求的联邦政府候选人降低电视广播免费宣传最短时限;降低任期内津贴水平;重启"平等条例",规定电视广播宣传不同政见的时间一致等等措施[22]。对遏制金钱流入政坛的情况,哈克和皮尔森并不乐观。但共同事业组织等机构已经有力证实了通过公共融资的办法可以确保选举做到公平公正,光明磊落[23]。麻省理工学院的劳伦斯·萨斯坎德(Lawrence Susskind)研究发现,宪法并没有要求建立我们所知的国会选区。他认为通过建立单一复数选区,推行类似于欧洲盛行的比例代表制的选举程序,就会收到更好的结果,提高问责水平[24]。在《十步修复美国民主》(Ten Steps to Repair American Democracy)一书中,斯蒂芬·希尔(Steven Hill)创新性地提出了一种在不修改宪法的情况下实现总统直接选举的方法[25]。除此之外,大量媒体资源掌握在少数人手中,还需采取措施扭转这种可怕的局面。总之,一系列有关改革美国政治进程的想法正在浮出水面,令人印象深刻,需要大家的支持和行动。

227

世界边缘的桥梁

如果说新环境政治的第一个关键词是"拓宽行动计划",那么第二个便是"加强政治性"。律师和游说固然重要,但新环保主义目前必须对选举政治建立强大的影响力[26]。建立必要的实力需要在基层组织加强州级和社区级队伍,以消息、请愿书和故事的形式做好宣传工作,用浅显易懂的语言鼓舞激励民众。除此之外,还应挖掘再现美国传统和公众价值观的精粹,向人们有力展示未来美好的愿景,为家庭、为孩子值得去拥有这样的未来。新环境政治应包罗万象,容得下工会成员、职工家庭、少数民族、有色人种、宗教组织、妇女运动及其他利益互补、命运攸关的团体,也许这才是最重要的。还有一个不幸但真实的情况,我们仍然需要加大联盟力度,以化解"筒仓效应",使环保界与相关各界携手一起推动国内政治改革,制定自由社会行动计划,维护人权和世界和平,解决消费者问题,应对世界健康和人口问题,化解世界贫困和落后问题。

环境政治的成功只靠狭义上支持环保的选民团体是不够的[27]。新环境主义需要扩大范围,多深入其他团体,支持他们的事业,这样做不只是为了表现互帮互助的精神,也不仅是因为目标势在必行,而且还因为环保目标的实现是这些事业成功的前提。所有的这一切都汇聚成一项共同的事业,生死与共。举个例子,如果有人说:"外国人我们帮不了,因为我们必须先顾好美国,"那么请记住,他们也不会照顾好美国的。

新环境政治最后一个关键词是"建设运动组织"[28]。努力加强美国选举过程中的环保力量,与更广泛的选民团体协作扩大行动计划范围,这两点都有助于形成强有力的公民运动组织,推动改革。

我们现在需要的是公民和学者携手展开有效的国际运动,大幅推进政治和个人行动,向可持续发展转变。以往,我们发动过反奴隶制的运动,许多人也参加过民权运动和反种族隔离和反越战的运动。环境主义者通常被称为是"环保运动"的一部分,我们需要来一场真正的环保运动。作为公民和消费者的我们,掌握主动权的时刻到了。

对于这支新的力量,我们所能寄予的最大希望是让公民、科学、环境、宗教、学生其他各类组织联手英明的商业领导者、关心社会的家庭以及积极参与的团体,建立合作网络,共同发起抵抗行动,要求政府和企业采取行动、担起责任,并作为消费者和相关社团在日常生活中一步步实现可持续发展。

年轻人将成为运动的中坚力量,推动真正的改革,这几乎是不争的事实,历来一向如此。用新眼光看世界,提毫不相干的问题,此时最容易诞生新的梦想。互联网正以前所未有的方式发挥年轻人的能力——不仅仅是通过获取信息的办法,而且还通过连接彼此,连接更广阔的世界。

目标之一是要寻找点燃迅猛改革的火种,就像 20 世纪 70 年代早期国内环保行动的蓬勃发展。最后,我们需要触发将来在历史上会被看成是具有革命意义的一种反响——21 世纪的环境革命。只有依靠像这样的反响,才有可能规避巨大——甚至是灾难性的环境损失。

上面四段文字摘自《朝霞似火》[29]。自从写成之后,我的观点在两个重要方面发生了变化。我现在相信大范围的公民运动存在更多的希望和机会,这样的运动不但针对环境问题,而且还涉及社会公正。此外,我现在愿意将美国运动置于全球兴起的运动这种更大的背景下。关于全球运动,保罗·霍肯(Paul Hawken)在《受欢迎的暴乱:世界最大运动如何形成,为何无人预想到它的到来?》(*Blessed Unrest: How the Largest Movement in the World Came into Being and Why No One Saw It Coming*)一书中做了详尽的描述。霍肯曾试着估算参与该运动的组织机构的数量(大部分是非营利机构)。最终,他得出结论:全世界"致力于树立生态可持续性和社会公正的组织超过 100 万家——也许甚至达 200 万家。"这些组织涉及几千万人,他们都致力于推动改革。"这场运动的目的是什么?"霍肯问道。"如果你审视运动的价值观、使命、目标和原则……你就会发现各组织的核心由两项原则构成——虽然它们未被明示。第一项是'黄金法则',第二项是'生命神圣'原则——不论是生物、儿童还是文化。"霍肯对这场运动的影响持乐观态度:"我相信这场运动会蔚然成风……滋养运动目标的思想会占主导地位,很快会充满多数机构,但在此之前,这种思想将会改变观念,让足够多的人开始扭转这旷世已久、狂为乱道的自我毁灭行为。"[30]

230

拉开序幕

在美国能否看到一场真正的公民运动拉开序幕呢?也许我和查尔斯·瑞奇一样,只是心中所愿而已,但我想我们能看到。我认为,小荷才露尖尖角,显现在校园组织和学生动员的大浪潮中,其中大部分由学生领导的能源行动联盟协调[31]。宗教组织不断加强开展积极行动,包括举着"关爱万物"(Creation Care)旗帜的基督教福音组织[32];社区环保项目快速推广[33];阿波罗联盟(Apollo Alliance)将工会组织、环保组织和进步商业机构联系起来[34];山峦协会(Sierra Club)也与美国最大的工会美国钢铁工会建立合作关系[35],从这些发展当中都能看到运动崭露头角。阿尔·戈尔的一部影片《难以忽视的真相》引发大规模的环保热潮[36]。除美国绿色消费者运动之外,雨林行动网络组织也开展工作,推动美国主要银行政策的绿色化,获得消费者的支持[37]。演讲、游行、示威和抗议越来越多,包括 2007 年受到比尔·麦吉本(BillMc Kibben)"行动起来吧"反全球变暖活动鼓舞而举办的 1.4 万场活动。非裔美国人卡尔·安东尼(Carl Anthony)、杰罗姆·林安(Jerome Ringo)、马佳罗·卡特(Marjora Carter)、凡·琼斯(Van Jones),多斯塔·泰勒(Dorceta Taylor)、米歇尔·格罗特(Michel Gelobter)和史蒂夫·柯伍得(Steve Curwood)等少数民族环保领袖致力于推动选民建设工作[38]。美国非营利组织积极参加各届世界社会论坛,而 2007 年社会论坛首次在美国召开[39]。以上事例也显现出了运动开始的迹象。虽然只是开端,但确实存在,而且会不断发展壮大。这种新势头的动力主要来源于气候问题,如 iSky 运动建设活动[40]。

好消息是,环保界明显正朝着上述三大方向发展——虽然"加强政治性"的成分大于"拓宽行动计划"或"建设运动组织"。本地和州级环保团体的实力和数量都有提高。更多的人参与进来,通过美国自然保护选民联合会及其他少数团体,支持对环境负责的候选人,同时加大工作力度,通过授权团体深入想表达政治想法的选民。国内大型组织加强了自身与本地和州级团体的联系,建立了运动主义者网络来支持自我发起的游说活动。然而,美国建立有活力的新环境政治,还有很长很长的路要走。至于具体走多远,马克·赫兹加德(Mark Hertsgaard)指出,对环保组织的扶持,本地团体才能勉强得到 10%,其余的大部分都被土地信托占用[41]。

当今美国政治不仅仅没有起到保护环境的作用,而且还辜负了美国人民和全世界[42]。理查德·福尔克(Richard Falk)提醒我们,只有通过不懈奋斗才能推动改革,从而长期稳定民心,保护自然。对于势在必行的改革,如果说美国历史上有榜样可以借鉴的话,那也要数 20 世纪 60 年代发起的"民权革命"了。当时,革命者对社会不满,明白是什么造成了不满,也清楚那样的社会秩序不甚合理,只要齐心协力就能消除不公。革命反抗情绪四起,却不用暴力。革命者不但有一个梦想,而且还有马丁·路德·金。

1968 年,金遇刺身亡;同年博比·肯尼迪(Bobby Kennedy)也遭杀害。在《1968:震动世界的一年》(*1968: The Year That Rocked the World*)中,马克·克伦斯基(Mark Kurlansky)写道:"1968 年是可怕的一年,可也是让很多人怀念的一年。那年,越南有成千上万人遇难;比夫拉有百万人挨饿;波兰和捷克斯洛伐克的理想主义土崩瓦解;墨西哥爆发大屠杀;世界各地造反者挥舞棍棒,做出暴虐行径;把希望带给世界的两位美国人遇害。尽管发生了这一切,可对许多人来说,那是充满契机的年月,到现在都令人怀念。正如贾梦思(Camus)在《叛乱者》(*The*

Rebel）一书中所写,那些渴求和平时代的人们并非希望'减轻痛苦,而是让痛苦销声匿迹',1968 年之所以令人振奋,是因为世界各地不同种族的人们对全球发生的诸多问题纷纷拒绝保持沉默。反对的声音压都压不住。起身抵抗的人太多了,如果得不到其他任何机会,他们就会走上街头,高喊口号。这带给世界一丝罕见的希望,意味着哪里出现问题,哪里就会有人将之揭露并力求改变。"[43]

公民若是准备好沿着金博士的足迹向前迈进,将取得惊人的成就。再次把希望带给世界的时刻到了。

第十二章　世界边缘的桥梁

本书提出许多挑战,对于我的同辈而言,寻找答案的旅程快告结束,但对于当今233
的年轻人来说才刚刚开始。地球,的的确确是我们从孩子那里借来的。要是我们这
代人不说家园是自己寻来的,而是能够承诺把一个更加美好的家园还给孩子们,那该
有多好。事实上,我们还在以自然界和人类团结为巨大代价,继续透支着繁荣。

过去的终究过去了,无法撤销,也无法重塑。但未来则完全不同,可以重
塑——完全改变既定的格局。这就是面前的"大业"。

人们很容易将这些挑战置于脑后。我们大多数人生活安逸舒适,而如此这般
处心积虑是件痛苦的事。现在仍然经常听到这样的言论,说要想鼓舞他人,就不该
强调这些悲悲戚戚的现实。比如在《环保主义之死》的书里,迈克尔·谢伦伯格
(Michael Schellenberger)和特德·诺德豪斯(Ted Nordhaus)就提出,马丁·路
德·金并没有宣布"我有一个噩梦"。而我对他们回敬道,金没有必要那样说——234
他的人民当时就生活在噩梦中,他们需要一个梦想。可我们呢? 恐怕是生活在美
梦中吧! 我们必须意识到前方的"噩梦"。据我所知,事实是除非我们完全了解自
己所处的困境,否则我们永远也不会做该做的事。

面对未来艰难险阻,我们还要提醒自己和他人,办法多的是。本书只为大家介
绍了一小部分。另外,大众的科学意识得到很大提高;人口增长在减缓,全球贫困
人口数量也在降低;制造业、能源业、交通业、建筑业和农业大幅改善环境的技术要
么已经面世,要么唾手可得;环保组织及其他民间组织已具备新的领导力和效率,
并且开始在遭到长期忽视的领域积累实力;公司在绿色产业中发现商机;一个全球
性的公民社会正在兴起,许多国家的相关组织也联合起来,一起努力。这些都为希
望奠定了坚实的基础。

环境威胁日渐逼近,人们已经开始慢慢地意识到事态的严重性,这一积极变化

的主要推动力是气候问题，但也包括大量涌现的相关文章著述，它们严肃地指出各种崩溃和瓦解实际上是有可能发生的。处理得当，与环境相关的危机和灾难可以产生积极的改变，比如卡特琳娜飓风就错过机会了。除此之外，有些消费者开始放慢生活节奏，选择绿色生活。有些社团开始组织反对企业滥用权利的活动。与商业所有制和管理新形式相关的项目也渐渐多起来。这些都说明社会变革初见端倪。民意调查显示，公众对失控的物质主义感到苦恼，同时有迹象显示，学生行动主义正在复苏，宗教界也开始投身环境事业。宗教能够帮助我们认识到，面前的挑战属于道德和精神范畴，罪恶不仅限于个人层面，而且还存在于社会和制度中。这可以让我们进行反思、忏悔和抵抗。

保罗·霍肯在《受欢迎的暴乱》(Blessed Unrest)中写到的"全球社会运动"的实力正在不断增强。投身这场运动的团体大到非营利组织巨头，小到以家庭为单位的事业小组，他们凝聚在一起，正在发展成为一支富有创造力和影响力的全球力量。他们要求国内院校走绿色道路，同时举办越来越多的学生活动和政治动员，从中体现了他们的执著精神。有人曾一直担心，认为他们是"悄无声息的一代"，过分依赖网络，但现在气候威胁和社会公正问题正在激发起一支年轻而积极的改革运动新队伍。

在过去，领导队伍主要由科学家、经济学家以及像我这样的律师构成。而如今，我们则更需要牧师、哲学家、心理学家和诗人。现在人们对阿尔多·利奥波德和他的作品兴趣大增。2007年写本书期间，我前往威斯康星州的乡村参观阿尔多·利奥波德(Aldo Leopold)的小屋。就在这里，他于20世纪40年代写下了《沙乡年鉴》(A Sand County Almanac)；从此便诞生了环境伦理学。肯·布劳尔(Ken Brower)曾写道："小屋就建在威斯康星河一段铺满泥沙的排洪河道上游，我们对大地的理解也将在这里改变方向。"[1]我去的时候，孤独的小屋仍在那里——新意识的诞生地。如今，从其他地方也传来了新意识的声音。W·S·默温(W. S. Merwin)在一首诗里写道："在世界某日/我愿栽下一棵树。"在另一首诗中，他写道："我想要告诉你森林曾经的模样/免不了用一门被人遗忘的语言。"现在全球有越来越多的人支持并采纳了《地球宪章》，从中体现的新意识最引人瞩目。

俗话说，时间会让不可能变成可能，这点我们要牢记。需要做的事有很多，做起来也不容易。根据理查德·福尔克的论述，现在所取得的进步最多只能说是跟在体制后面"找茬"。改革的建议将会引来人们的嘲讽，遇到阻力时，每每还会遭到抵制。要说抵制来自于既得利益者，这话不假，但过于简单。抵制也来源于我们自身。我们作为消费者和员工，很容易受到诱惑。可是，世界处于危急关头——这是

235

236

世界边缘的桥梁

我们的子孙将要继承的世界。我们每个人都必须行动起来,拯救世界。

我们行走在两个世界之间的小道上,很快就要来到一个岔路口。漫漫长路,我们历经了两次相互联系的巨大斗争,一是资源匮乏的斗争,二是降服自然的斗争。为了赢取胜利,我们发明了强大的技术,并建造起一套经济社会组织来部署技术,范围广,速度快,如果有必要的话,一切都无所顾忌。我们顺利地征服了自然,创造出祖辈无法想象的财富。这些制度和成就太成功了,让我们深陷其中,神魂颠倒,甚至欲罢不能。就这样,我们继续糊里糊涂地行进下去——祈求更宏伟,更庞大,更富有,做着已经失去原先意义的事。一路上遇到过警示,但我们没有注意,即使注意了,也不予理会。这些警示内容大概是说:

> 生活足矣,勿占据
>
> 给予是道,勿索取
>
> 满足需要,勿贪心
>
> 质量第一,勿敛财
>
> 共筑团结,勿私营
>
> 关心他人,勿自私
>
> 加强联络,勿疏远
>
> 保护生态,轻经济
>
> 自然共存,不分离
>
> 相互依存,无高低
>
> 放远眼光,是大计

这些警示我们没有在意,最后发现前面就是岔路口,而我们却快要失去最宝贵的东西。我们正在快速抽空大自然,抽空社会,抽干我们的灵魂。

岔路口前方有两条路,都通向我们已知的世界边缘,其中一条路沿着现有轨迹继续。总统科学顾问约翰·吉本斯(John Gibbons)曾多次苦笑着说,如果我们不改变方向,就会走回原点。当下,我们正在走向一个荒芜的星球。这条路通往深渊,我们所知的世界有可能以这样一种方式结束。

但那儿还有一条路,连接着横跨深渊的一座桥。在世界的边缘,我们一直在研究这座桥以及过桥的方法。诚然,在岔路口必然会遇到另一场斗争,一场必须要赢的斗争——虽然我们不清楚桥那边是什么。然而,在斗争的过程中,在之后走上桥时,带领我们勇往直前的是希望,一种发自肺腑的希望,希望一个更美好的世界是能够存在的,而且我们有能力将其建立。印度女作家阿兰达蒂·洛伊(Arundhati Roy)说:"另一个世界不但可能存在,而且她正向我们走来。在安静的时候,我能听得到她的喘息。"[2]

备　　注

前言

1. James Gustave Speth, *Red Sky at Morning: America and the Crisis of the Global Environment*, 2nd ed. (New Haven and London: Yale University Press, 2005). 引述见《时代》封面.　239

2. 世界资源研究所、自然资源保护委员会和环保协会与主要大企业合作开发出一套创新型项目——美国气候行动合作计划, 呼吁"在美国加紧建立相关国家法律, 在能够合理实现目标的最短时间里减缓、阻止和扭转温室气体 (GHG) 排量的增长."参见 www. us-cap. org.

3. 相似观点见 Paul Raskin et al., *Great Transition* (Boston: Stockholm Environment Institute, 2002), 对此我深表谢意.

4. John Maynard Keynes, *The General Theory of Employment, Interest and Money* (New York: Harcourt, Brace, 1936), 383.

5. Milton Friedman, *Capitalism and Freedom* (Chicago: University of Chicago Press, 1962), Introduction.

6. 见 Speth, *Red Sky at Morning*, 152-157, 173-175, Afterword. 在富裕国家和特困国家之间正在出现发展迅猛的经济体, 如中国和印度, 它们在未来几十年里确实将面临经济大发展和环境压力. 关于如何与这些国家就环境问题展开最佳合作这一问题, 虽然《朝霞似火》很大一部分内容及本书部分内容都有相关性, 但问题复杂, 单另详解, 参见如 Joseph Kahn 和 Jim Yardley, "As China　240 Roars, Pollution Reaches Deadly Extremes,"*New York Times*, August 26,

2007, A1.

7. Aldo Leopold, *A Sand County Almanac* (London: Oxford University Press, 1949), 204, 211.

引言

1. 图表来自 W. Steffen et al., *Global Change and the Earth System: A Planet under Pressure* (Berlin: Springer, 2005), 132-133 (包括引用图表的来源).

2. Millennium Ecosystem Assessment (MEA), *Ecosystems and Human Well-Being: Synthesis* (Washington, D.C.: Island Press, 2005), 31-32.

3. Food and Agriculture Organization, *Global Forest Resources Assessment 2005* (Rome: FAO, 2006), 20. 计算包括南美洲、非洲中部、非洲、南亚及东南亚森林面积净变化；2000 年至 2005 年间每年消失面积为 2800 万英亩.

4. MEA, *Ecosystems and Human Well-Being: Synthesis*, 2; MEA, *Ecosystems and Human Well-Being*, vol. 1: *Current State and Trends* (Washington, D. C.: Island Press, 2005), 14-15. 另参见 N. C. Duke et al., "A World without Mangroves?" Science 317 (2007): 41. 另参见 Carmen Revenga et al., *Pilot Analysis of Global Ecosystems: Freshwater Systems* (Washington, D. C.: WRI, 2000), 3, 21-22; World Resources Institute et al., *World Resources*, 2000-2001 (Washington, D.C.: WRI, 2000), 72, 107; 和 Lauretta Burke et al., *Pilot Analysis of Global Ecosystems: Coastal Ecosystems* (Washington, D.C.: WRI, 2001), 19.

5. Food and Agriculture Organization, *World Review of Fisheries and Aquaculture* (Rome: FAO, 2006), 29 (online at http://www.fao.org/docrep/009/A0699e/A0699e00.htm); Ransom A. Myers and Boris Worm, "Rapid World-wide Depletion of Predatory Fish Communities," Nature 423 (2003): 280. 另参见 Fred Pearce, "Oceans Raped of Their Former Riches," *New Scientist*, 2 August 2003, 4.

6. MEA, *Ecosystems and Human Well-Being: Synthesis*, 2.

7. MEA, *Ecosystems and Human Well-Being: Synthesis*, 5, 36.

8. Tim Radford, "Scientist Warns of Sixth Great Extinction of Wildlife," *Guardian* (U. K.), 29 November 2001. 另参见 Nigel C. A. Pitman and

Peter M. Jorgensen, "Estimating the Size of the World's Threatened Flora," *Science* 298 (2002)：989；和 F. Stuart Chapin III et al., "Consequences of Changing Biodiversity," *Nature* 405 (2000)：234.

9. U. N. Environment Programme, *Global Environment Outlook*, 3 (London：Earth-scan, 2002), 64-65. 旱地占地球表土的 40%，据估算，有 10%～20% 的土地"严重"退化. James F. Reynolds et al., "Global Desertification：Building a Science for Dryland Development,"*Science* 316 (2007)：847. 另参见 "Key Facts about Desertification,"Reuters/Planet Ark, 6 June 2006,总结了联合国的估算.

10. Fred Pearce, "Northern Exposure," *New Scientist*, 31 May 1997, 25；Martin Enserink, "For Precarious Populations, Pollutants Present New Perils," *Science* 299 (2003)：1642. 除此之外,参见 Joe Thornton, *Pandora's Poison* (Cambridge, Mass.：MIT Press, 2000), 1-55 中的数据.

11. U. N. Environment Programme, *Global Outlook for Ice and Snow*, 4 June 2007,相关网址 http：//www. unep. org/geo/geo_ice. 除此之外,参见 http：//www. geo. unizh. ch/wgms. 总体参见 William Collins et al., "The Physical Science behind Climate Change," *Scientific American*, August 2007, 64.

12. "UN Reports Increasing 'Dead Zones' in Oceans," Associated Press, 20 October 2006. 总体见 Mark Shrope, "The Dead Zones," *New Scientist*, 9 December 2006, 38；and Laurence Mee, "Reviving Dead Zones," *Scientific American*, November 2006, 79. 有关氮污染,参见 Charles Driscoll et al., "Nitrogen Pollution," *Environment* 45, no. 7 (2003)：8.

13. Peter M. Vitousek et al., "Human Appropriation of the Products of Photosynthesis,"*Bioscience* 36, no. 6 (1986)：368；S. Rojstaczer et al., "Human Appropriation of Photosynthesis Products," *Science* 294 (2001)：2549. 除此之外,参见 Helmut Haberl et al., "Quantifying and Mapping the Human Appropriation of Net Primary Production in Earth's Terrestrial Ecosystems," *Proceedings of the National Academy of Sciences* (2007), 相关网址：http：//www. pnas. org/cgi/doi/10. 1073/pnas. 0704243104.

14. U. N. Environment Programme, "At a Glance：The World's Water Crisis," 相关网址：http：//www. ourplanet. com/imgversn/141/glance. html.

15. MEA, *Ecosystem and Human Well-Being：Synthesis*, 32.

241

16. William H. MacLeish, *The Day before America: Changing the Nature of a Continent* (Boston: Houghton Miffl in, 1994), 164-168.

17. 援引 Stephen R. Kellert, *Kinship to Mastery: Biophilia in Human Evolutio-nand Development* (Washington, D. C. : Island Press, 1997), 179-180.

18. 援引 Kellert, *Kinship to Mastery*, 181-182.

19. Angus Maddison, *The World Economy: A Millennial Perspective* (Paris: OECD,2001).

20. J. R. McNeill, *Something New under the Sun: An Environmental History of the Twentieth-Century World* (New York: W. W. Norton, 2000), 4, 16.

21. 有关经济、环境和社会大范围崩溃的著作有很多,包括 Jared Diamond, *Collapse: How Societies Choose to Fail or Succeed* (New York: Viking, 2005); Fred Pearce, *The Last Generation: How Nature Will Take Her Revenge for Climate Change* (London: Transworld, 2006); Martin Rees, *Our Final Hour How Terror, Error and Environmental Disaster Threaten Human-kind's Future* (New York: Basic Books, 2003); Richard A. Posner, *Catastrophe: Risk and Response* (New York: Oxford University Press, 2004); James Lovelock, *The Revenge of Gaia: Why the Earth Is Fighting Back and How We Can Still Save Humanity* (London: Penguin, 2006); James Martin, *The Meaning of the Twenty-first Century* (New York: Penguin, 2006); Thomas Homer-Dixon, *The Upside of Down: Catastrophe, Creativity, and the Renewal of Civilization* (Washington, D. C. : Island Press, 2006); Mayer Hillman, *The Suicidal Planet: How to Prevent Global Climate Catastrophe* (New York: St. Martin's Press, 2007); James Howard Kunstler, *The Long Emergency: Surviving the End of Oil, Climate Change, and Other Converging Catastrophes of the Twenty-first Century* (New York: Grove Press, 2005); Richard Heinberg, *Power Down: Options and Actions for a Post-Carbon World* (Gabriola Island, B. C. : New Society, 2004); Ronald Wright, *A Short History of Progress* (New York: Carroll and Graf, 2004); John Leslie, *The End of the World: The Science and Ethics of Human Extinction* (London: Routledge, 1996); Colin Mason, *The 2030 Spike: The Countdown to Global Catastrophe* (London: Earthscan, 2003); Michael T. Klare, *Resource Wars: The New Landscape of Global*

Conflict (New York: Henry Holt, 2001); and Roy Woodbridge, *The Next World War: Tribes, Cities, Nations, and Ecological Decline* (Toronto: University of Toronto Press, 2004).

22. Rees, *Our Final Hour*, 8.

23. Robert A. Dahl, *On Political Equality* (New Haven and London: Yale University Press, 2006), 105-106.

24. Paul Hawken et al. , *Natural Capitalism: Creating the Next Industrial Revolution* (Boston: Little, Brown, 1999), 10-11.

25. 见本书第十一—十二章.

第一章　俯瞰深渊

1. 援引 Shierry Weber Nicholsen, *The Love of Nature and the End of the World: The Unspoken Dimensions of Environmental Concern* (Cambridge, Mass. : MIT Press, 2002), 171.

2. U. S. Council on Environmental Quality and U. S. Department of State, The Global 2000 Report to the President—Entering the Twenty-first Century, 2 vols. (Washington, D. C. : Government Printing Office, 1980).

3. Foreword to Robert Repetto, ed. , *The Global Possible: Resources, Development, and the New Century* (New Haven and London: Yale University Press, 1985), xiii-xiv.

4. 关于全球范围的环境形势和趋势,可参考一些有意义的概论,如 World Resources Institute et al. , *World Resources* (Washington, D. C. : WRI, biennial series); W. Steffen et al. , *Global Change and the Earth System: A Planet under Pressure* (Berlin: Springer, 2005); U. N. Environment Programme, *Global Environmental Outlook 3* (London: Earthscan, 2002); Donald Kennedy, ed. , *State of the Planet: 2006—2007* (Washington, D. C. : Island Press, 2006); Ron Nielsen, *The Little Green Handbook: Seven Trends Shaping the Future of Our Planet* (New York: Picador, 2006); Worldwatch Institute, *State of the World* (New York: W. W. Norton, annual series); and Speth, *Red Sky at Morning: America and the Crisis of the Global Environment*, 2nd ed. (New Haven: Yale University Press,

243

2005). 另参见 "Crossroads for PlanetEarth," *Scientific American*, September 2005 (special issue); U. N. Environment Programme et al., *Protecting Our Planet, Securing Our Future* (Washington, D. C. : World Bank, 1998); John Kerry and Teresa Heinz Kerry, *This Moment on Earth: Today's New Environmentalists and Their Vision for the Future* (NewYork: Public Affairs, 2007); and Paul R. Ehrlich and Anne H. Ehrlich, *One with Nineveh: Politics, Consumptions, and the Human Future* (Washington, D. C. : Island Press, 2004). 相关讨论也可参见 James Gustave Speth and Peter M. Haas, *Global Environmental Governance* (Washington, D. C. : Island Press, 2006), 17-44. 本章包含了其中一些观点.

5. David A. King, "Climate Change Science: Adapt, Mitigate, or Ignore," *Science* 303 (2004): 176.

6. Richard B. Alley et al., *Contribution of Working Group I to the Fourth Assessment Report of the Intergovernmental Panel on Climate Change: Summary for Policymakers* (Intergovernmental Panel on Climate Change, 2007), 5, 7-10, 相关网址: http: //ipcc-wg1. ucar. edu /wg1 /wg1-report. html.

7. Neil Adger et al., *Working Group II Contributions to the Intergovernmental Panel on Climate Change Fourth Assessment Report: Summary for Policymakers* (Intergovernmental Panel on Climate Change, 2007), 5-8, 相关网址: http: //www. ipcc-wg2. org. 所有 IPCC 工作小组报告可通过该网站查看.

8. Adger et al., *Working Group II Contributions*, 7.

9. Alley et al., *Contribution of Working Group I*, 9.

10. Adger et al., *Working Group II Contributions*, 7.

11. Arctic Climate Impact Assessment, *Impacts of a Warming Arctic* (Cambridge: Cambridge University Press, 2004); Deborah Zabarenko, "Arctic Ice Cap Melting Thirty Years Ahead of Forecast," Reuters, 1 May 2007; Gilbert Chin, ed., "An Ice Free Arctic," *Science* 305 (2004): 919.

12. U. N. Environment Programme, *Global Outlook for Ice and Snow*, 4 June 2007, 12, 相关网站: http: //www. unep. org /geo /geo_ice. 另参见 Ian M. Howatet al., "Rapid Changes in Ice Discharge from Greenland Outlet

244

Glaciers"*Science Express*, 8 February 2007, 相关网站：http：//www. scienceexpress. org/scienceexpress. 8February2007/Page1/10. 1126/science. 1138478. 另参见 Diana Lawrence and Daniel Dombey, "Canada Joins Rush to Claim the Arctic," *Financial Times*, 9 August 2007, 1.

13. World Health Organization, "New Book Demonstrates How Climate ChangeImpacts on Health," Geneva, 11 December 2003; World Health Organizationet al., *Climate Change and Human Health* (Geneva：WHO, 2003); Andrew Jack, "Climate Toll to Double within Twenty-five Years," *Financial Times* /FT. com, 24 April 2007.

14. 如 Douglas Fox, "Back to the No-Analog Future," *Science* 316 (2007)：823.

15. U. S. National Assessment Synthesis Team, *Climate Change Impacts on the United States: The Potential Consequences of Climate Variability and Change* (Cambridge：Cambridge University Press, 2000), 116-117. 另参见 L. R. Iverson and A. M. Prasad, "Potential Changes in Tree Species Richness and Forest Community Types following Climate Change," *Eco-systems* 4 (2001)：193.

16. Richard Seager et al., "Model Projections of an Imminent Transition to a More Arid Climate in Southwestern North America," *Science* 316 (2007)：1181.

17. Jessica Marshall, "More Than Just a Drop in the Lake," *New Scientist*, 2 June 2007, 8.

18. 总体参见 Michael Kahn, "Sudden Sea Level Surge Threatens One Billion—Study," Reuters/Planet Ark, 20 April 2007; Richard Kerr, "Pushing the Scary Side of Global Warming," *Science* 316 (2007)：1412; J. E. Hansen, "Scientific Reticence and Sea Level Rise," *Environmental Research Letters* 2 (2007), 相关网站：http：//www. stacks. iop. org/ERL/2/024002.

19. 参见 Kevin E. Trenberth, "Warmer Oceans, Stronger Hurricanes," *Scientific American*, July 2007, 45.

20. John Vidal, "Climate Change to Force Mass Migration," Guardian (U. K.), 14 May 2007; Jeffrey D. Sachs, "Climate Change Refugees," *Scientific American*, June 2007, 43; Elisabeth Rosenthal, "Likely Spread of Deserts to Fertile Land Requires Quick Response, U. N. Report Says," *New York Times*, 28 June 2007, A6.

21. 如 Tom Athanasiou and Paul Baer, *Dead Heat: Global Justice and Global Warming* (New York: Seven Stories Press, 2002); Nicholas D. Kristof, "Our Gas Guzzlers, Their Lives," *New York Times*, 28 June 2007, A23.

22. National Research Council, *Abrupt Climate Change: Inevitable Surprises* (Washington, D. C.: National Academy Press, 2002), 1.

23. Jim Hansen, "State of the Wild: Perspective of a Climatologist," 10 April 2007, 相关网站: http://www.giss.nasa.gov/~jhansen/preprints/Wild.070410.pdf, forthcoming in E. Fearn and K. H. Redford, eds., *The State of the Wild 2008: A Global Portrait of Wildlife, Wildlands, and Oceans* (Washington,D. C.: Island Press, 2008). 另参见 J. Hansen et al., "Climate Change and Trace Gases," *Philosophical Transactions of the Royal Society* A365 (2007): 1925; J. Hansen et al., "Dangerous Human-Made Interference with Climate: A GISS ModelE Study," *Atmospheric Chemistry and Physics* 7 (2007): 2287; and James Hansen, "Climate Catastrophe," *New Scientist*, 28 July 2007, 30.

24. 参见 Al Gore, *An Inconvenient Truth* (Emmaus, Pa.: Rodale, 2006); Speth, *Red Sky at Morning*, 55-71, 203-229; Eugene Linden, *Winds of Change: Climate, Weather, and the Destruction of Civilizations* (New York: Simon and Schuster, 2007); Eugene Linden, "Cloudy with a Chance of Chaos," Fortune,17 January 2006; Fred Pearce, *With Speed and Violence: Why Scientists Fear Tipping Points in Climate Change* (Boston: Beacon Press, 2007); Harvard Medical School, *Climate Change Futures* (Cambridge, Mass.: Harvard Medical School, 2005); Scientific Expert Group on Climate Change, *Confronting Climate Change* (Washington, D. C.: Sigma Xi and United Nations Foundation,2007); Elizabeth Kolbert, *Field Notes from a Catastrophe: Man, Nature, and Climate Change* (New York: Bloomsbury, 2006); Joseph Romm, *Hell and High Water: Global Warming the Solution and the Politics and What We Should Do* (New York: William Morrow, 2007); Tim Flannery, *The Weather Makers: How Man Is Changing the Climate and What It Means for Life on Earth* (New York: Grove Press, 2006); George Monbiot, *Heat: How to Stop the Planet from Burning* (Cambridge, Mass.: South End Press, 2007); Mark

Lynas, *Six Degrees: Our Future on a Hotter Planet* (London: Fourth Estate, 2007); Ross Gelbspan, Boiling Point (New York: Basic Books, 2004); and Kirstin Dow and Thomas E. Downing, *The Atlas of Climate Change: Mapping the World's Greatest Challenge* (Berkeley: University of California Press, 2006). 另参见 Stephen H. Schneider and Michael D. Mastrandrea, "Probabilistic Assessment of 'Dangerous' Climate Change and Emission Pathways," *Proceedings of the National Academy of Sciences* 102 (2005): 15728; Camille Parmesan, "Ecological and Evolutionary Responses to Recent Climate Change," *Annual Review of Ecology, Evolution, and Systematics* 37 (2006): 637; and Stefan Rahmstorf et al., "Recent Climate Observations Compared to Projections," *Science* 316 (2007): 709.

25. Michael Raupach et al., "Global and Regional Drivers of Accelerating CO_2 Emissions," *Proceedings of the National Academy of Sciences* (2007), 相关网站: http://www.pnas.org/cgi/doi/10.1073/pnas.0700609104.

26. International Energy Agency, *World Energy Outlook*, 2006 (Paris: OECD/IEA, 2006), 493, 529.

27. 参见注 23。另参见 Speth, *Red Sky at Morning*, 205-212.

28. Terry Barker et al., *Climate Change, 2007: Mitigation of Climate Change, Working Group III Contribution to the IPCC Fourth Assessment Report, Summary for Policymakers* (Intergovernmental Panel on Climate Change, 2007), 23. 第三工作小组报告可访问 http://www.ipcc-wg2.org.   246

29. Nicholas Stern, *The Economics of Climate Change* (Cambridge: Cambridge University Press, 2007), xvi.

30. Stern, *Economics of Climate Change*, xvii. 另参见 William Nordhaus, "Critical Assumptions in the Stern Review on Climate Change," Science 317 (2007): 201; 和 Nicholas Stern and Chris Taylor, "Climate Change: Risk, Ethics, and the Stern Review," *Science* 317 (2007): 203. 之间的交流。

31. 如 Wallace S. Broecker, "CO_2 Arithmetic," *Science* 315 (2007): 1371, 以及 Science 316 (2007): 829 的评论; 以及 Oliver Morton, "Is This What It Takes to Save the World?" *Nature* 447 (2007): 132. 有关气候保护战略的综

合内容,参见 California Environmental Associates, *Design to Win* (San Francisco: California Environmental Associates,2007).

32. 参见引言注 2 和注 3.

33. International Tropical Timber Organization, *Status of Tropical Forest Management,2005: Summary Report* (Yokohama: ITTO, 2006), 5.

34. Roddy Scheer, "Indonesia's Rainforests on the Chopping Block," MSNBC, 8 August 2006; Lisa M. Curran et al., "Impact of El Niño and Logging on Canopy Tree Recruitment in Borneo," *Science* 286 (1999): 2184.

35. Adhityani Arga, "Indonesia World's No. 3 Greenhouse Gas Emitter—Report,"Reuters/Planet Ark, 6 May 2007.

36. Tansa Musa, "Two-thirds of Congo Basin Forests Could Disappear," Reuters,15 December 2006. 该文针对世界野生生物基金会刚果河流域乱砍滥伐报告展开探讨.

37. G. P. Asner et al., "Selective Logging in the Brazilian Amazon," *Science* 310 (2005): 480.

38. Food and Agriculture Organization, *Global Forest Resources Assessment, 2005* (Rome: FAO, 2006), 20.

39. 参见引言注 9. 另参见 Zafar Adeel et al., "Overcoming One of the Greatest Environmental Challenges of Our Time: Rethinking Policies to Cope with Desertification" (Tokyo: United Nations University, December 2006).

40. John Mitchell, "The Coming Water Crisis," *Environment: Yale* , Spring 2007, 5. 总体参见 World Water Assessment Programme, *Water: A Shared Responsibility* (Paris: UNESCO, 2006); Fred Pearce, *When the Rivers Run Dry: Water——The Defining Crisis of the Twenty-First Century* (Boston: Beacon Press, 2006); Sandra Postel and Brian Richter, *Rivers for Life: Managing Water for People and Nature* (Washington, D. C. : Island Press, 2003); and Jeffrey Roth-feder, *Every Drop for Sale: Our Desperate Battle over Water* (New York: Penguin,2004).

41. Nels Johnson et al., "Managing Water for People and Nature," *Science* 292 (2001), 1071-1072.

42. 参见引言注 14. 另参见 Peter H. Gleick, "Safeguarding Our Water: Making Every Drop Count," *Scientific American* , February 2001, 41.

247

43. 参见引言注 14.

44. Fred Pearce, "Asian Farmers Suck the Continent Dry," *New Scientist*, 18 August 2004, 6-7; Fred Pearce, "The Parched Planet," *New Scientist*, 26 February 2006, 32. 另参见 Michael Specter, "The Last Drop," *New Yorker*, 23 October 2006, 60.

45. John Vidal, "Running on Empty," *Guardian Weekly* (U. K.), 29 September 2006, 1. 另参见 Fiona Harvey, "Shortages of Water Growing Faster than Expected," *Financial Times*, 22 August 2006, 3.

46. Celia Dugger, "The Need for Water Could Double in Fifty Years, U. N. Study Finds," *New York Times*, 22 August 2006, A12. 另参见 Rachel Nowak, "The Continent that Ran Dry," *New Scientist*, 16 June 2007, 8.

47. "World Likely to Miss Clean Water Goals," Environmental News Service, 6 September 2006; Alana Herro, "Water and Sanitation 'Most Neglected Public Health Danger,'" *Worldwatch, September-October 2006, 4; Anna Dolgov, "Two in Five People around the World without Proper* Sanitation," Associated Press, 29 September 2006.

48. Claudia H. Deutsch, "There's Money in Thirst," *New York Times*, 10 August 2006. 另参见 Abby Goodnough, "Florida Slow to See the Need to Save Water or to Enforce Restrictions on Use," *New York Times*, 19 June 2007, A18.

49. 参见引言注 5; 以及 Reg Watson and Daniel Pauly, "Systematic Distortions in World Fisheries Catch Trends," *Nature* 414 (2001): 534. 另参见 "Fishy Figures," *Economist*, 1 December 2001, 75. 总体参见 Daniel Pauly and Reg Watson, "Counting the Last Fish," *Scientific American*, July 2003, 42, 以及文中引述.

50. Ransom A. Myers and Boris Worm, "Rapid Worldwide Depletion of Predatory Fish Communities," *Nature* 423 (2003): 280.

51. Boris Worm et al. , "Impacts of Biodiversity Loss on Ocean Ecosystem Services," *Science* 314 (2006): 787. 另参见 *Science* 316 (2007): 1281-1285 "书信"中的交流内容; 另参见 Richard Ellis, *The Empty Ocean* (Washington, D. C. : Island Press, 2003).

52. "Marine Environment Plagued by Pollution, UN Says," Environment News-

Service, 4 October 2006.

53. 参见引言注 6。

54. Aaron Pressman, "Fished Out," *Business Week*, 4 September 2006, 56. 另参见"More Species Overfished in U. S. in 2006-Report," Reuters/Planet Ark, 25 June 2007; and Roddy Scheer, "Ocean Rescue: Can We Head off a Marine Cataclysm?" *E-The Environment Magazine*, July-August 2005, 26.

55. 总体参见 Paul Molyneaux, *Swimming in Circles* (New York: Thunder's Mouth Press, 2007).

56. Center for Children's Health and the Environment, Mount Sinai School of Medicine, "Multiple Low-Level Chemical Exposures," 相关网址: http: // www. childenvironment. org /position. htm.

57. Nancy J. White, "A Toxic Life," *Toronto Star*, 21 April 2006, E1.

58. 参见 International Scientific Committee, "The Faroes Statement: Human Health Effects of Developmental Exposure to Environmental Toxicants," International Conference on Fetal Programming and Developmental Toxicity, May 20-24,2007; Marla Cone, "Common Chemicals Pose Danger for Fetuses, Scientists Warn," *Los Angeles Times*, 25 May 2007. 另参见 Maggie Fox, "Studies Line Up on Parkinson's-Pesticide Link," Reuters/ Planet Ark, 23 April 2007; Marla Cone, "Common Chemicals Are Linked to Breast Cancer," *Los Angeles Times*, 14 May 2007; and Erik Stokstad, "New Autism Law Focuses on Patients, Environment," *Science* 315 (2007): 27. 另参见 Paul D. Blanc, *How Everyday Products Make People Sick: Toxins at Home and in the Workplace* (Berkeley: University of California Press, 2007).

59. Center for Children's Health and the Environment, Mount Sinai School of Medicine, "Endocrine-Disrupting Chemicals Act Like Drugs, But Are Not Regulatedas Drugs," 相关网址 http: //www. childenvironment. org. The Question of EDSs Was First Brought to Wide Public Attention by Theo Colbornet al. , *Our Stolen Future: Are We Threatening Our Fertility, Intelligence, and Survival? A Scientific Detective Story* (New York: Dutton, 1996). 问题论述见 Sheldon Krimsky, "Hormone Disruptors: A Clue to Understanding the Environmental Causes of Disease," *Environment* 43,

no. 5 (2001): 22. 另参见 Darshak M. Sanghavi, "Preschool Puberty, and a Search for Causes,"*New York Times*, 17 October 2006.

60. Worldwatch Institute, *Vital Signs 2002* (New York: W. W. Norton, 2002), 112.

61. Stephen M. Meyer, *The End of the Wild* (Cambridge, Mass.: MIT Press, 2006), 4-5.

62. U. N. Secretariat of the Convention on Biodiversity, *Global Biodiversity Outlook, 2* (Montreal: Secretariat of the Convention on Biodiversity, 2006), 2-3. 另参见 Worldwide Fund for Nature (WWF), *Living Planet Report, 2006* (Gland, Switzerland: WWF, 2006).

63. Stuart L. Pimm and Peter H. Raven, "Extinction by Numbers," *Nature* 403 (2000): 843.

64. 更多内容,参见 Speth, *Red Sky at Morning*, 30-36.

65. 参见引言注 7.

66. Duncan Graham-Rowe, "From the Poles to the Deserts, More and More Animals Face Extinction," *New Scientist*, 6 May 2006, 10.

67. Constance Holden, ed., "Racing with the Turtles," *Science* 316 (2007): 179.

68. Joseph R. Mendelson III et al., "Confronting Amphibian Declines and Extinctions,"*Science* 313 (2006): 48.

69. Erika Check, "The Tiger's Retreat," *Nature* 441 (2006): 927; James Randerson, "Tigers on the Brink of Extinction," *Guardian Weekly* (U. K.), 28 July-3 August 2006, 8.

70. Greg Butcher, "Common Birds in Decline," *Audubon*, July-August 2007, 58; Felicity Barringer, "Meadow Birds in Precipitous Decline, Audubon Says,"*New York Times*, 15 June 2007, A19.

71. 参见引言注 12 以及 Federico Magnani et al., "The Human Footprint in the Carbon Cycle of Temperate and Boreal Forests," *Nature* 447 (2007): 848.

72. Jane Lubchenco, "Entering the Century of the Environment," *Science* 279 (1998): 492.

73. 倡议重印于*Renewable Resource Journal*, Summer 2001, 16.

74. Millennium Ecosystem Assessment, Statement from the Board, *Living beyond Our Means: Natural Assets and Human Well-Being*, March 2005,

5. 另参见 Jonathan A. Foley et al., "Global Consequences of Land Use," *Science* 309 (2005)：570.

75. "The Clock Is Ticking," *New York Times*, 17 January 2007, A19. 另参见 http：//www.thebulletin.org.

76. Nicholas Stern, *Economics of Climate Change*, 162. 另参见注 30 中 Stern 与 Nordhaus 的对话。

77. WWF, *Living Planet Report, 2006*, 2-3.

78. WWF, *Living Planet Report, 2006*, 28-29.

79. U. N. Development Programme, *Human Development Report*, 1998 (New York：Oxford University Press, 1998), 2.

80. 这些设想和世界观源于 Paul Raskin et al., *Great Transition* (Boston：Stockholm Environment Institute, 2002), 13-19; Jennifer Clapp and Peter Dauvergne, *Paths to a Green World：The Political Economy of the Global Environment* (Cambridge, Mass.：MIT Press, 2005), 1-19; 以及 Allen Hammond, *Which World? Scenarios for the Twenty-first Century* (Washington,D. C.：Island Press, 1998), 26-65. 另参见 John Dryzek, *The Politics of the Earth：Environmental Discourses* (Oxford：Oxford University Press, 2005).

81. Speth and Haas, *Global Environmental Governance*, 126-127.

82. Thomas Berry, *The Great Work：Our Way into the Future* (New York：Bell-Tower, 1999), 1-7.

250

第二章　失控的现代资本主义

1. Javier Blas and Scheherazade Daneshkhu, "IMF Warns of 'Severe Global Slowdown,'" *Financial Times*, 6 September 2006; James C. Cooper, "If Oil Keeps Flowing, Growth Will, Too," *Business Week*, 31 July 2006, 21; Kevin J. Delaney, "Google Sees Content Deal as Key to Long-Term Growth," *Wall Street Journal*, 14 August 2006, B1.

2. Daniel Bell, *The Cultural Contradictions of Capitalism* (New York：Basic Books,1978), 237-38. 经济增长的社会和经济作用之有趣观点,参见 Benjamin M. Friedman, *The Moral Consequences of Economic Growth* (New

York: Alfred A. Knopf, 2005).

3. "Economic Focus: Venturesome Consumption," *Economist*, 29 July 2006, 70. 有关广告开支,参见 Speth, *Red Sky at Morning*, 20-21.

4. James C. Cooper, "Count on Consumers to Keep Spending," *Business Week*,1 January 2007, 29.

5. Alex Barker and Krishna Guha, "Sharp Rise in Consumer Spending Heralds Strong Rebound in U. S. Growth," *Financial Times*, 14 June 2007, 6.

6. 参见 "Time to Arise from a Great Slump," *Economist*, 22 July 2006, 65; 以及 "What Ails Japan," *Economist*, 20 April 2002, 3 (special section). 另参见 Clive Hamilton, Growth Fetish (London: Pluto Press, 2004), 226-227. 另参见 Ian Rowley and Kenji Hall, "Japan's Lost Generation," *Business Week*, 28 May 2007, 40.

7. Paul A. Samuelson and William D. Nordhaus, *Macroeconomics*, 17th ed. (Boston: McGraw-Hill Irwin, 2001), 69-70, 221.

8. J. R. McNeill, *Something New under the Sun: An Environmental History of the Twentieth-Century World* (New York: W. W. Norton, 2000), 334-336 (重点强调).

9. Richard Bernstein, "Political Paralysis: Europe Stalls on Road to Econom-icChange," *New York Times*, 14 April 2006, A8.

10. Samuelson and Nordhaus, *Macroeconomics*, 409.

11. Paul Ekins, *Economic Growth and Environmental Sustainability* (London: Routledge,2000), 316-317. 就连经济增长最热忱的支持者都承认潜在环境成本,其中有些观点较为完善,参见如 Benjamin M. Friedman, *The Moral Consequences of Economic Growth*, 369-395; 和 Martin Wolf, *Why Globalization Works* (New Haven and London: Yale University Press, 2004), 188-194.

12. McNeill, *Something New under the Sun*, 360.

13. 列举的数字源于世界资源研究所(www. earthtrends. wri. org)、世界观察研究所(www. worldwatch. org /node /1066 /print)及美国人口调查局(www. census. gov)维护的时序数据,取自于两个时期(1960-1980, 1980-2004)由 18 项指标组成的更为完整的数据集,相关网址: http: //environment. yale. edu/ post /5046 /global_trends_1960_2004_table /.

251

14. Donella Meadows, "Things Getting Worse at a Slower Rate," *Progressive Populist* 6, no. 14 (2000): 10.

15. Wallace E. Oates, "An Economic Perspective on Environmental and Resource Management," in Wallace E. Oates, ed., *The RFF Reader in Environmental and Resource Management* (Washington, D.C.: RFF, 1999), xiv.

16. Norman Myers 和 Jennifer Kent, *Perverse Subsidies: How Tax Dollars Can under Cut the Environment and the Economy* (Washington, D.C.: Island Press, 2001), 4, 188. 为了揭示补贴问题的严重性, 2007 年 5 月, 125 位国际海洋学者一起呼吁世贸组织削减政府对渔业的补贴. Robert Evans, "Scientists Urge WTO to Slash Fishing Subsidies," Reuters, 24 May 2007. 另参见 Doug Koplow and John Dernbach, "Federal Fossil Fuel Subsidies and Greenhouse Gas Emissions," 相关网址 http://www.earthtrack.net/earthtrack/library/Fossil%20Subsidies%20and%20Transparency.pdf.

17. Thomas L. Friedman, *The Lexus and the Olive Tree: Understanding Globalization* (New York: Farrar, Straus and Giroux, 1999), 86-87.

18. Michael Mandel, "Can Anyone Steer This Economy?" *Business Week*, 20 November 2006, 56-58.

19. Emily Matthews et al., *The Weight of Nations: Material Outflows from Industrial Economies* (Washington, D.C.: World Resources Institute, 2000), xi.

20. Stefan Bringezu et al., "International Comparison of Resource Use and Its Relation to Economic Growth," *Ecological Economics* 51 (2004): 97, 99.

21. Cutler Cleveland and Matthias Ruth, "Indicators of Dematerialization and the Materials Intensity of Use," *Journal of Industrial Ecology* 2, no. 3 (1999): 15. 该研究也指出, 在许多情况下, 从环境角度来看, "更少"不一定是真的减少消耗, 如用铝替代铁, 用塑料替代木材. 另参见 Ester van der Voet et al., "Dematerialization: Not Just a Matter of Weight," *Journal of Industrial Ecology* 8, no. 4 (2004): 121.

22. Arnulf Grubler, "Doing More with Less," *Environment*, March 2006, 29, 35. 非物质化和资源生产力提升可作为政策目标加强. 这些问题在第四章和第五章有述.

23. Paul Ekins, *Economic Growth*, 210(加深强调). 另参见 D. I. Stern et al.,　252
"Economic Growth and Environmental Degradation: The Environmental
Kuznets Curve and Sustainable Development," *World Development* 24,
no. 7 (1996): 1151; William R. Moomaw and Gregory C. Unruh, "Are
Environmental Kuznets Curves Misleading Us? The Case of CO_2 Emis-
sions," *Environment and Development Economics* 2 (1997): 451; M. A.
Cole et al., "The Environmental Kuznets Cure: An Empirical Analysis,"
Environment and Development Economics 2 (1997): 401; S. M. deBruyn
et al., "Economic Growth and Emissions: Reconsidering the Empirical
Basis of Environmental Kuznets Curves," *Ecological Economics* 25
(1998): 161; Scott Barrett and Kathryn Graddy, "Freedom, Growth, and
the Environment," *Environment and Development Economics* 5 (2000):
433; Neha Khanna and Florenz Plassmann, "The Demand for Environmen-
tal Quality and the Environmental Kuznets Curve Hypothesis," *Ecological
Economics* 51 (2004): 225; and Soumyananda Dinda, "Environmental
Kuznets Curve Hypothesis: A Survey," *Ecological Economics* 49
(2004): 431.

24. Samuel Bowles et al., *Understanding Capitalism: Competition, Com-
mand, and Change* (New York: Oxford University Press, 2005), 4. 另参见
Peter A. Halland David Soskice, eds., *Varieties of Capitalism* (Oxford:
Oxford University Press, 2001); and Colin Cronch and Wolfgang Streeck,
Political Economy of Modern Capitalism (London: Sage, 1997).

25. Bowles, *Understanding Capitalism*, 119, 148-149, 152.

26. William J. Baumol, *The Free Market Innovation Machine: Analyzing the
Growth Miracle of Capitalism* (Princeton, N. J.: Princeton University
Press, 2002), 1. 另参见 William J. Baumol et al., *Good Capitalism, Bad
Capitalism, and the Economics of Growth and Prosperity* (New Haven
and London: Yale University Press, 2007). 参见 Richard Smith, "Capital-
ism and Collapse: Contradictions of Jared Diamond's Market Meliorist
Strategy to Save the Humans," *Ecological Economics* 55 (2005): 294.

27. Karl Polanyi, *The Great Transformation* (Boston: Beacon Press, 1944),
3, 73, 131.

28. Medard Gabel and Henry Bruner, *Global Inc. ——An Atlas of the Multinational Corporation* (New York: New Press, 2003), 2-3. 另参见 Richard J. Barnet 和 Ronald E. Muller, *Global Reach* (New York: Simon and Schuster, 1974).

29. 参见第八章. 另参见 Peter Barnes, *Capitalism 3. 0: A Guide to Reclaiming the Commons* (San Francisco: Berrett-Koehler, 2006), 33-48.

30. 参见第七章和第十章.

31. 参见 Joseph S. Nye, Jr. , *Soft Power: The Means to Success in World Politics* (New York: Public Affairs, 2004); and Robert Gilpin, *The Political Economy of International Relations* (Princeton, N. J. : Princeton University Press, 1987). 有关资本主义、经济增长及民族主义的有趣探讨,参见 Liah Greenfeld, *The Spirit of Capitalism: Nationalism and Economic Growth* (Cambridge,Mass. : Harvard University Press, 2001).

32. Jan Aart Scholte, "Beyond the Buzzword: Towards a Critical Theory of Globalization,"in Eleonore Kofman and Gillian Youngs, eds. , *Globalization: Theory and Practice* (London: Pinter, 1996), 55.

33. John S. Dryzek, "Ecology and Discursive Democracy: Beyond Liberal Capitalism and the Administrative State," in Martin O'Connor, ed. , *Is Capitalism Sustainable? Political Economy and the Politics of Ecology* (New York: Guilford Press, 1994), 176.

34. Richard Falk, *Explorations at the Edge of Time: The Prospects for World Order* (Philadelphia: Temple University Press, 1992), 9.

35. Falk, *Explorations at the Edge of Time* , 13. 政治转变的深远设想,也可参见 Peter G. Brown, *Ethics, Economics and International Relations* (Edinburgh: Edinburgh University Press, 2000).

36. 参见如 David G. Myers, *The American Paradox: Spiritual Hunger in an Age of Plenty* (New Haven and London: Yale University Press, 2000).

37. Richard Hofstadter, *The American Political Tradition and the Men Who Made It* (New York: Vintage Books, 1948), vii-ix.

第三章　当今环保主义的桎梏

1. 参见 James Gustave Speth, *Red Sky at Morning: America and the Crisis of*

the *Global Environment*, 2nd ed. (New Haven and London: Yale University Press, 2005), 91-108.

2. World Resources Institute, *The Crucial Decade: The 1990's and the Global Environmental Challenge* (Washington, D. C. : WRI, 1989).

3. Environmental and Energy Study Institute Task Force, *Partnership for Sustainable Development: A New U. S. Agenda for International Development and Environmental Security* (Washington, D. C. : EESI, 1991).

4. World Resources Institute, *A New Generation of Environmental Leadership: Action for the Environment and the Economy* (Washington, D. C. : WRI, 1993). 另参见 National Commission on the Environment, *Choosing a Sustainable Future* (Washington, D. C. : Island Press, 1993).

5. President's Council on Sustainable Development, *Sustainable America: A New Consensus* (Washington, D. C. : U. S. GPO, 1996).

6. 有关这种环保的一般性方法,参见 John S. Dryzek, *The Politics of the Earth: Environmental Discourses*, 2nd ed. (Oxford: Oxford University Press, 2005), 73-120.

7. Speth, *Red Sky at Morning*, 77-116.

8. David Levy and Peter Newell, "Oceans Apart: Business Responses to Global Environmental Issues in Europe and the United States," *Environment* 42, no. 9 (2000): 9.

9. U. S. Environmental Protection Agency, "Air Quality and Emissions-Progress Continues in 2006," 30 April 2007 (相关网址: http: //www. epa. gov/airtrends /econ-emissions. html), 1.

10. 根据环保局的统计,1970 年至 1990 年间,《清洁空气法》产生的净利益近 20 万亿美元. EPA, "The Benefits and the Costs of the Clean Air Act, 1970 to 1990," http: //yosemite. epa. gov /ee /epa /eerm. nsf /vwRepNumLookup / EE-0295? opendocument.

11. John Heilprin, "EPA Says One-Third of Rivers in Survey Too Polluted for Swimming, Fishing," Associated Press, 1 October 2002. 另参见 EPA, "The Wadeable Streams Assessment," May 2005, 报告称,经查,42％的美国小溪和小型河流的状况"不佳".

12. U. S. Environmental Protection Agency, "National Estuary Program

254

Coastal Condition Report," June 2007 (online at http：//www. epa. gov / owow /oceans /nepccrcpccr /index. html).

13. Lucy Kafanov, "Record Number of U. S. Beaches Closed Last Year," E + E News, 7 August 2007, 相关网址：http：//www. eenews. net /eenewspm / print /2007 /08 /07 /3.

14. Lucy Kafanov, "Great Lakes Problems Nearing a 'Tipping Point,' Experts Say,"Environment and Energy Daily, 14 September 2006；Andrew Stern, "Great Lakes near Ecological Breakdown：Scientists," Reuters /Planet Ark, 12 September 2005；John Flesher, "Lake Superior Shrinking, War-ming," Associated Press,7 August 2007.

15. EPA, "Air Quality and Emissions," 2.

16. American Lung Association, *State of the Air：2006* (New York：American Lung Association, 2006), 5-13.

17. John Eyles and Nicole Consitt, "What's at Risk? Environmental Influences on Human Health," Environment 46, no. 8 (2004)：32.

18. Cheryl Dorschner, "Acid Rain Damage Far Worse than Previously Be-lieved,USA," Medical News Today, 17 July 2005；Charles T. Driscoll et al. , "Acid Depositionin the Northeastern United States," *Bioscience* 51, no. 3 (2001)：180；Kevin Krajick, "Longterm Data Show Lingering Effects from Acid Rain," *Science* 292 (2001)：195；Charles T. Driscoll et al. , *Acid Rain Revisited* , Hubbard Brook Research Foundation, Science Links Publications, 2001. 另参见 John McCormick, "Acid Pollution：The Inter-national Community's Continuing Struggle,"*Environment* 40, no. 3 (1998)：17.

19. J. Clarence Davies 和 Jan Mazurek, *Pollution Control in the United States：Evaluating the System* (Washington, D. C. ：Resources for the Fu-ture, 1998),269.

20. 这些及其他同样令人担忧的趋势数据源自美国政府等渠道,由耶鲁大学林业与环境学学院 Jorge Figueroa 收录进 "Threats tothe American Land," 3 May 2007, 相关网址 http：//environment. yale. edu /post /4971 /threats_to _the_american_land /.

21. 参见 Felicity Barringer, "Fewer Marshes + More Manmade Ponds = Increased Wetlands," *New York Times,* 31 March 2006, A16, 报告称,根据

255

美国鱼类和野生生物管理局保守估算,1998 年至 2004 年,自然湿地流失面积
达 52.4 万英亩.美国的地下水资源也因被大范围使用和污染而受到威胁.参
见如 William Ashworth,Ogallala Blue: Water and Life on the High Plains
(New York: W. W. Norton,2006).

22. 参见 Bruce A. Stein et al., eds., *Our Precious Heritage: The Status of
Biodiversityin the United States* (New York: Oxford University Press,
2000).第一章介绍了美国鱼类和鸟类种群下降的统计数据,令人担忧.

23. James Gustave Speth 和 Peter M. Haas, *Global Environmental Govern-
ance* (Washington, D.C.: Island Press, 2006), 17. 另参见 Grist, 22 April
2005 (相关网址: www. grist. org,包括资料来源).

24. 总体参见 Speth 和 Haas, *Global Environmental Governance*, 37-39; and
Speth, *Red Sky at Morning*, 46-50.

25. John Wargo, *Our Children's Toxic Legacy: How Science and Law Fail to
Protect Us from Pesticides* (New Haven and London: Yale University
Press, 1998), 3.

26. Paul R. Ehrlich 和 Anne H. Ehrlich, *Betrayal of Science and Reason: How
Anti-Environmental Rhetoric Threatens Our Future* (Washington, D. C.:
Island Press, 1996), 163-165.

27. U. S. Environmental Protection Agency, *2005 TRI Public Data Release
Report*, March 2007, 1-5, 相关网址 http://www. epa. gov/tri/tridata/
tri05/index. htm.

28. "Fish with Male and Female Characteristics Found in the Potomac River,"
Greenwire,6 September 2006; Deborah Zabarenko, "Intersex Fish Raises
Pollution Concerns in U. S. ," Reuters/Planet Ark, 9 August 2006; Brian
Westley, "EPAChided over 'Intersex' Fish Concerns," Associated Press,
5 October 2006.

29. Victoria Markham, "America's Supersized Footprint," *Business Week*, 30
October 2006, 132.

30. Richard N. L. Andrews, "Learning from History: U. S. Environmental Poli-
tics,Policies, and the Common Good," *Environment* 48, no. 9 (November
2006): 30, 33. 另参见 Richard N. L. Andrews, *Managing the Environ-
ment, Managing Ourselves: A History of American Environmental Policy*

(New Haven and London: Yale University Press, 2006).

31. Ross Gelbspan, *Boiling Point* (New York: Basic Books, 2004), 67-85.

32. Gelbspan, *Boiling Point*, 81.

33. Gelbspan, *Boiling Point*, 82.

34. Mark Dowie, *Losing Ground: American Environmentalism at the Close of the Twentieth Century* (Cambridge, Mass.: MIT Press, 1995), xiii.

35. 参见 Michael Shellenberger 和 Ted Nordhaus, *The Death of Environmentalism: Global Warming Politics in a Post-Environmental World* (New York: Nathan Cummings Foundation, 2004), 6-7, 10. 他们的批评对象基本上是国内主要环保组织,而不是草根环保团体,参见如*The Soul of Environmentalism* at www. rprogress. org /soul. 参见第十一章论述.

36. 近期喜闻自然保护选民联合会实力有所加强,环保界在国家、州级和本地的政治参与度也有所提高. 参见第十一章.

37. 参见 Richard J. Lazarus, *The Making of Environmental Law* (Chicago: University of Chicago Press, 2004), 94-97. 另参见 Jason DeParle, "Goals Reached, Donoron Right Closes up Shop," *New York Times*, 29 May 2005, A1; and John J. Miller, *The Gift of Freedom: How the John M. Olin Foundation Changed America* (San Francisco: Encounter Books, 2006). Many, many books have chronicled the rise of the American right. 参见如 Daniel Bell, ed., *The Radical Right* (Garden City, N.Y.: Anchor, 1963); Alan Crawford, *Thunder on the Right: The "New Right" and the Politics of Resentment* (New York: Pantheon, 1980); John Micklethwait and Adrian Wooldridge, *The Right Nation: Conservative Power in America* (New York: Penguin, 2005); and Jacob Hacker and Paul Pierson, *Off Center: The Republican Revolution and the Erosion of American Democracy* (New Haven and London: Yale University Press, 2005).

38. Frederick Buell, *From Apocalypse to Way of Life: Environmental Crisis in the American Century* (New York: Routledge, 2004), 3-4, 10, 18. 另参见 Sharon Begley, "Global Warming Deniers: A Well-Funded Machine," *Newsweek*, 13 August 2007.

39. 参见 William Ruckelshaus 和 J. Clarence Davies, "An EPA for the Twenty-first Century," *Boston Globe*, 7 July 2007, A9; and Sakiko Fukuda-Parr,

ed. , *The Gene Revolution: GM Crops and Unequal Development* (London: Earthscan,2007).

40. Mark Hertsgaard, *Earth Odyssey* (New York: Broadway Books, 1999), 273-277. 另参见 Edmund L. Andrews, "As Congress Turns to Energy, Lobbyists Are Out in Force," *New York Times*, 12 June 2007, A14.

41. Steve W. Pacala et al. , "False Alarm over Environmental False Alarms," *Science* 310 (2003): 1188.

42. 参见 Thomas Sterner et al. , "Quick Fixes for the Environment: Part of the Solution or Part of the Problem," *Environment* 48, no. 10 (December 2006): 22. 另见 and Richard Levine and Ernest Yanarella, "Don't Pick the Low-Lying Fruit," 29 November 2006 (相关网址: http: //www. uky. edu /~rlevine /don1. html1). 257

43. William Greider, *The Soul of Capitalism: Opening Paths to a Moral Economy* (New York: Simon and Schuster, 2003), 32.

第四章　为环境服务的市场

1. Robert Kuttner, *Everything for Sale: The Virtues and Limits of Markets* (Chicago: University of Chicago Press, 1999), 4. 另参见 Douglas S. Massey, *Return of the "L" Word: A Liberal Vision for the New Century* (Princeton, N. J. : Princeton University Press, 2005), 37-63.

2. 援引 Kuttner, *Everything for Sale*, 39.

3. Paul Hawken et al. , *Natural Capitalism: Creating the Next Industrial Revolution* (Boston: Little, Brown, 1999), 261.

4. Wallace E. Oates, ed. , *The RFF Reader in Environmental and Resource Management* (Washington, D. C. : RFF, 1999), xiii.

5. Theodore Pantayotou, *Instruments of Change: Motivating and Financing Sustainable Development* (London: Earthscan, 1998), 6.

6. Nathaniel O. Keohane 和 Sheila M. Olmstead, *Markets and the Environment* (Washington, D. C. : Island Press, 2007), 65-66.

7. Frederick R. Anderson et al. , *Environmental Improvement through Economic Incentives* (Baltimore: Johns Hopkins University Press, 1977).

8. Paul R. Portney, "Market-Based Approaches to Environmental Policy," *Resources*, Summer 2003, 15, 18.

9. Organisation for Economic Co-operation and Development, *Environmentally Related Taxes in OECD Countries: Issues and Strategies* (Paris: OECD, 2001), 9.

10. 参见如 Keohane 和 Olmstead, *Markets and the Environment*, 140.

11. Tom Tietenberg, *Environmental Economics and Policy* (Boston: Pearson AddisonWesley, 2004), 248.

12. David Pearce 和 Edward Barbier, *Blueprint for a Sustainable Economy* (London: Earthscan, 2000), 7. 另参见 Maureen L. Cropper 和 Wallace E. Oates, "Environmental Economics: A Survey," in Robert N. Stavins, ed., *Economics of the Environment* (New York: W. W. Norton, 2000), 62.

13. Frank Ackerman and Lisa Heinzerling, *Priceless: On Knowing the Price of Everything and the Value of Nothing* (New York: New Press, 2004), 8-9, 164, 177. 另参见 Mark Sagoff, *The Economy of the Earth: Philosophy, Law, and the Environment* (New York: Cambridge University Press, 1988); 以及 Douglas A. Kysar, "Climate Change, Cultural Transformation and Comprehensive Rationality," *Boston College Environmental Affairs Law Review* 31, no. 3 (2004): 555.

14. 参见如 Daniel W. Bromley and Jouni Paavola, eds., *Economics, Ethics and Environmental Policy* (Oxford: Blackwell, 2002).

15. Norman Myers and Jennifer Kent, *Perverse Subsidies: How Tax Dollars Can Undercut the Environment and the Economy* (Washington, D. C.: Island Press, 2001), 188.

16. Congressional Research Service to Representative Diana Degette, *Memorandum*, 26 May 2007.

17. 参见如 Panayotou, *Instruments of Change*, 15-116; Keohane and Olmstead, *Markets and the Environment*, 125-206; Robert Repetto, *Green Fees: How a Tax Shift Can Work for the Environment and the Economy* (Washington, D. C.: WRI, 1992).

18. 参见如 William J. Baumol and Wallace E. Oates, *Economics, Environmental Policy, and the Quality of Life* (Englewood Cliffs, N. J.: Prentice

258

Hall, 1979), 307-322.

19. 参见 "Special Issue: Priorities for Environmental Product Policy," *Journal of Industrial Ecology* 10, no. 3 (2006).

20. Richard B. Howarth and Richard B. Norgaard, "Intergenerational Resource Rights, Efficiency and Social Optimality," *Land Economics* 66, no. 1(1990): 1;以及 Richard B. Howarth 和 Richard B. Norgaard, "Environmental Valuation under Sustainable Development," *American Economic Review* 82, no. 2(1992), 473. 另参见 Richard B. Norgaard, "Sustainability as Intergenerational Equity," *Environmental Impact Assessment Review* 12 (1992): 85.

21. McKinsey, Global Institute, *Productivity of Growing Global Energy Demand*, November 2006.

22. Emily Thornton, "Roads to Riches," *Business Week*, 7 May 2007, 50.

23. Daniel Brook, "The Mall of America," Harper's, July 2007, 62. Outsourcingin America now extends to the military. 参见 Jeremy Scahill, *Blackwater: The Rise of the World's Most Powerful Mercenary Army* (New York: Nation Books, 2007).

24. Robert Kuttner, *Everything for Sale*, 49. 另参见 The Discussions in Peter G. Brown, *Ethics, Economics, and International Relations* (Edinburgh: Edinburgh University Press, 2000), 90-98; 以及 Ronnie D. Lipschutz, *Global Environmental Politics* (Washington, D. C. : CQ Press, 2004), 108-121.

25. 参见第二章.

26. Mark Sagoff, *Economy of the Earth*, 15-17.

第五章　通向后增长社会的经济转型

1. John Maynard Keynes, "Economic Possibilities for Our Grandchildren," in Keynes, *Essays in Persuasion* [1933] (New York: W. W. Norton, 1963), 365-373(原文有强调).

2. United Nations Development Programme, *Human Development Report*, 1996(New York: Oxford University Press, 1996), 2-4. 另参见 Todd J.

259

Moss, "Is Wealthier Really Healthier?" *Foreign Policy*, March-April 2005, 87.

3. 参见 Jan Vandemoortele, "Growth Alone Is Not the Answer to Poverty," *Financial Times*, 13 August 2003, 11.

4. 参见如 James Gustave Speth, *Red Sky at Morning: America and the Crisis of the Global Environment* (New Haven and London: Yale University Press, 2004),154-157.

5. 参见 Paul Ekins, *Economic Growth and Environmental Sustainability: The Prospects for Green Growth* (London: Routledge, 2000), 57. Ekins 将环境发展列入其中。

6. J. R. McNeill, *Something New under the Sun: An Environmental History of the Twentieth-Century World* (New York: W. W. Norton, 2000), xxiv, 336.

7. 参见 Marian R. Chertow, "The IPAT Equation and Its Variants," *Journal of Industrial Ecology* 4, no. 4 (2000), 13.

8. Speth, *Red Sky at Morning*, 157-161.

9. 广泛运用"碳捕获和储存"技术会小幅降低这些变化率.

10. GDP 增长与环境衰退之间的联系,参见第二章相关论述.

11. 援引 Robert M. Collins, *More: The Politics of Economic Growth in Postwar America* (Oxford: Oxford University Press, 2000), 63. 另参见 John Kenneth Galbraith, *The Affluent Society* (Boston: Houghton Mifflin, 1958).

12. Kenneth E. Boulding, "The Economics of the Coming Spaceship Earth," in Henry Jarrett, ed. , *Environmental Quality in a Growing Economy* (Baltimore: Johns Hopkins University Press, 1966).

13. E. J. Mishan, *The Costs of Economic Growth* (Harmondsworth, U. K. : Penguin,1967). 另参见 Fred Hirsch, *Social Limits to Growth* (Cambridge, Mass. : Harvard University Press, 1976); and Garrett Hardin, *Living within Limits: Ecology, Economics, and Population Taboos* (New York: Oxford University Press, 1993).

14. Donella H. Meadows et al. , *The Limits to Growth* (New York: Signet, 1972). The most recent contribution is Donella Meadows et al. , *Limits to Growth: The Thirty-Year Update* (White River Junction, Vt. : Chelsea Green, 2004).

15. Clive Hamilton, *Growth Fetish* (London: Pluto Press, 2004), 3, 10-11, 112-113. 另参见 Robert A. Dahl, *On Political Equality* (New Haven and London: Yale University Press, 2007), 106-114.

16. Herman E. Daly and Joshua Farley, *Ecological Economics* (Washington, D. C.: Island Press, 2004), 6, 23. 另参见 Herman E. Daly, *Beyond Growth* (Boston: Beacon Press, 1996). 有关生态经济学总体内容，参见 Robert Costanza, ed., *Ecological Economics* (New York: Columbia University Press, 1991); 以及 Robert Costanza et al., *An Introduction to Ecological Economics* (Boca Raton, Fla.: St. Lucie Press, 1997). 另参见 John Gowdy and Jon Erickson, "Ecological Economics at a Crossroads," *Ecological Economics* 53 (2005): 17; 和 Stefan Baumgartner et al., "Relative and Absolute Scarcity of Nature," *Ecological Economics* 59 (2006): 487. 另参见 Philip A. Lawn, *Toward Sustainable Development: An Ecological Economics Approach* (Boca Raton, Fla.: Lewis, 2001); Philip A. Lawn, "Ecological Tax Reform," *Environment, Development and Sustainability* 2 (2000): 143; and Mohan Munasinghe et al., eds., *The Sustainability of Long-Term Growth* (Cheltenham, U. K.: Edward Elgar, 2001).

17. Daly and Farley, *Ecological Economics*, 121.

18. 经济学者 Partha Dasgupta 证明，加大自然资本的比例甚至都能大幅改善薄弱的可持续性。参见 Partha Dasgupta, *Economics: A Very Short Introduction* (Oxford: Oxford University Press, 2007), 126-138.

19. Hamilton, *Growth Fetish*, 209. 在 *Red Sky at Morning* 中，我提出过一个相似的观点："想象有些国家的公民在购买力、健康、长寿、教育成就方面排名全球第一，贫富收入差距小，贫困已彻底消除，人口出生率处于或低于生育更替水平，所面临的问题不是失业，而是因劳动力缩减而运用创新技术保持竞争力及提高生产力。与其宣布经济发展的胜利，这些国家应不应该重点保持当前的生活水平(这与在当今快速发展的世界坐享其成非常不同)，享受和平、经济安全、自由和环境质量带来的非物质财富呢?" Speth, *Red Sky at Morning*, 192.

20. Daniel Bell, *The Cultural Contradictions of Capitalism* (New York: Basic Books, 1978), 237-238.

260

21. Benjamin M. Friedman, *The Moral Consequences of Economic Growth* (New York: Alfred A. Knopf, 2005), 4. 当然有很多人为经济增长辩护,其中最出色的包括以下两位: Friedman 和 Martin Wolf, *Why Globalization Works* (New Haven and London: Yale University Press, 2004).

22. 引自第二章.

23. Collins, *More*, x-xi.

24. Collins, *More*, 240.

25. 引自引言.

26. Andrew Taylor, "Global Growth to Fall Unless People Work Longer," *Financial Times*, 11 October 2005; and "Aging Populations Threaten to Overwhelm Public Finances," *Financial Times*, 11 October 2005.

27. Phillip Longman, "The Depopulation Bomb," Conservation in Practice 7, no. 3(2006): 40-41.

28. 参见如 Victor Mallet, "Procreation Does Not Result in Wealth Creation," *Financial Times*, 4 January 2007, 11; and "Suddenly the Old World Looks Younger," *Economist*, 16 June 2007, 29.

29. Hamilton, *Growth Fetish*, 225.

30. 参见注 19.

31. John Stuart Mill, *Principles of Political Economy* (London: Longmans, Green,1923), 751.

第六章　促进人与自然健康发展的真实增长

1. Darrin M. McMahon, *Happiness: A History* (New York: Atlantic Monthly Press,2006), 200.

2. McMahon, *Happiness*, 330-331.

3. McMahon, *Happiness*, 358-359.

4. Max Weber, *The Protestant Ethic and the Spirit of Capitalism* (New York: Charles Scribner's Sons, 1976), 181.

5. 关于幸福的著作有很多,包括 Robert E. Lane, *The Loss of Happiness in Market Democracies* (New Haven and London: Yale University Press, 2000), and Robert E. Lane, *After the End of History: The Curious Fate of Ameri-*

can Materialism (Ann Arbor: University of Michigan Press, 2006); Jonathan Haidt, *The Happiness Hypothesis: Finding Modern Truth in Ancient Wisdom* (New York: Basic Books, 2006); Daniel Gilbert, *Stumbling on Happiness* (New York: Vintage Books, 2005); Richard Layard, *Happiness: Lessons from a New Science* (New York: Penguin, 2005); Daniel Nettle, *Happiness: The Science behind Your Smile* (Oxford: Oxford University Press, 2005); Avner Offer, *The Challenge of Affluence: Self-Control and Well-Being in the United States and Britain since 1950* (Oxford: Oxford University Press, 2006); Bruno S. Freyand Alois Stutzer, *Happiness and Economics: How the Economy and Institutions Affect Human Well-Being* (Princeton, N. J. : Princeton University Press, 2002); Peter C. Whybrow, *American Mania: When More Is Not Enough* (New York: W. W. Norton, 2005); Robert H. Frank, *Luxury Fever: Money and Happiness in an Era of Excess* (Princeton, N. J. : Princeton University Press, 1999); Daniel Kahneman et al. , *Well-Being: The Foundations of Hedonic Psychology* (New-York: Russell Sage, 1999); 和 Mihaly Csikszentmihalyi, *Flow* (New York: Harper and Row, 1990). 另参见 Tibor Scitovsky, *The Joyless Economy: The Psychology of Human Satisfaction* (Oxford: Oxford University Press, 1976).

6. 由 Springer Netherlands 出版.

7. Ed Diener 和 Martin E. P. Seligman, "Beyond Money: Toward an Economy of Well-Being," *Psychological Science in the Public Interest* 5, no. 1 (2004), 1. Diener 和 Seligman 登上了《时代》的一篇有关幸福的封面报道,他们看上去十分开心。"The Science of Happiness," *Time*, 17 January 2005, A4-A5. 262

8. Diener and Seligman, "Beyond Money," 4.

9. 参见如 Daniel Kahneman 和 Alan B. Krueger, "Developments in the Measurement of Subjective Well-Being," *Journal of Economic Perspectives* 20, no. 1 (2006): 3-9; Richard A. Easterlin, "Income and Happiness: Toward a Unifi ed Theory," *Economic Journal* 111 (July 2001): 465-467; David G. Myers 和 Ed Diener, "The Pursuit of Happiness," *Scientific American*, May 1996, 54-56; 和 Carol Graham, "The Economics of Happiness," in Steven

Durlauf 和 Larry Blume, eds. , *The New Palgrave Dictionary of Economics* , 2nded. (London: Palgrave Macmillan, 2008).

10. Diener and Seligman, "Beyond Money," 5; Offer, *Challenge of Affluence* , 15-38.

11. 图 1 来自 Anthony Leiserowitz et al. , "Sustainability Values, Attitudes and Behaviors: A Review of Multi-National and Global Trends," Annual Review of Environment and Resources 31 (2006): 413, 相关网址 http: // arjournals. annualreviews. org /doi /pdf /10. 1146annurev. energy. 31. 102505. 133552.

12. Diener and Seligman, "Beyond Money," 507.

13. 图 2 来源: United States, Jonathon Porritt, Capitalism as If the World Matters (London: Earthscan, 2005), 54; United Kingdom, Nick Donovan 和 David Halpern, *Life Satisfaction: The State of Knowledge and the Implications for Government* , U. K. Cabinet Office Strategy Unit, December 2002, 17; Japan, Bruno S. Frey and Alois Stutzer, *Happiness and Economics: How the Economy and Institutions Affect Human Well-Being* (Princeton, N. J. : Princeton University Press, 2002), 9.

14. Diener and Seligman, "Beyond Money," 3.

15. Richard Layard, *Happiness: Lessons from a New Science,* 31.

16. 参见 Richard Layard, *Happiness* : Lessons from a New Science, 43-48; Diener and Seligman, "Beyond Money," 10; and Andrew Oswald, "The Hippies Were Right All Along about Happiness,"*Financial Times* , 19 January 2006, 17. 另参见 Gary Rivlin, "The Millionaires Who Don't Feel Rich," *New York Times* , 5 August 2007, 1A.

17. Richard Layard, *Happiness: Lessons from a New Science,* 48-49.

18. Diener and Seligman, "Beyond Money," 10.

19. Diener and Seligman, "Beyond Money," 18-19.

20. Richard Layard, *Happiness: Lessons from a New Science,* 62-63.

21. 内容参考 Claudia Walls, "The New Science of Happiness," *Time* , 17 January 2005, A6.

　　近期的幸福学文献资料对人们户外经历以及与大自然的联系关注甚少，着实令人感到不可思议. 毋庸置疑,部分原因是一些主要幸福调查忽略了有关环境的问题. 社会学者 Stephen Kellert 的著作*Building for Life* 归纳了此类文献,总结道:"即使现今在城市化水平越来越高的时代,人的身心健康仍旧高度依赖于他们对自然环境的体验效果. " Stephen R. Kellert, *Building for Life: Designing and Understanding the Human-Nature Connection* (Washington, D.C.: Island Press, 2005), 45. 另参见 Peter H. Kahn, Jr. , and Stephen R. Kellert, eds. , *Children and Nature: Psychological, Sociocultural, and Evolutionary Investigations* (Cambridge, Mass.: MIT Press, 2002); RichardLouv, *Last Child in the Woods: Saving Our Children from Nature Deficit Disorder* (Chapel Hill, N.C.: Algonquin Books, 2005); 和 Gary Paul Nabhan and Stephen Trimble, *The Geography of Childhood* (Boston: Beacon Press, 1994).

22. Lane, *Loss of Happiness in Market Democracies*, 6, 9, 319-324.

    2006 年,社会学者称,有 1/4 的美国人表示他们找不到一个人商量大事,这一数字几乎是 1985 年同样遭疏远的数字的 3 倍. Miller McPherson et al. , "Social Isolation in America,"*American Sociological Review 71* (2006): 353. 总体参见 Robert D. Putnam, *Bowling Alone: America's Declining Social Capital* (New York: Simon and Schuster,2000).

23. Peter Whybrow, *American Mania*, 4 (原文有强调). 1996 年至 2004 年,诊断出患有精神疾病的儿童人数上升了 50%,其中大多数被诊断患有双相情感障碍. 参见 Andy Coghlan,"Young and Moody or Mentally Ill?" *New Scientist*, 19 May 2007, 6.

24. Bill McKibben, "Reversal of Fortune," *Mother Jones*, March-April 2007, 39-40. 另参见 Bill McKibben, *Deep Economy: The Wealth of Communities and the Durable Future* (New York: Henry Holt, 2007).

25. David G. Myers, "What Is the Good Life?" *Yes! A Journal of Positive Futures*, Summer 2004, 15. 另参见 David G. Myers, *The American Paradox: Spiritual Hunger in an Age of Plenty* (New Haven and London: Yale University Press,2000).

26. 参见如 Jean Gadrey, "What's Wrong with GDP and Growth? The Need for Alternative Indicators," in Edward Fullbrook, ed. , *What's Wrong with Economics* (London: Anthem Press, 2004), 262; and Paul Elkins, *Economic Growth and Environmental Sustainability* (London: Routledge,

2000), 165.

27. Robert Repetto et al., *Wasling Assets: Natural Resources in the National Accounts* (Washington, D. C. : WRI, 1989), 2-3.

28. National Research Council, *Nature's Numbers: Expanding the National Income Accounts to Include the Environment* (Washington, D. C. : National Academy of Sciences, 1999).

29. 参见如 U. N. Development Programme, *Human Development Report*, 1998 (New York: Oxford University Press, 1998), 16-37.

30. 图 3 来源于 Tim Jackson 和 Susanna Stymne, *Sustainable Economic Welfare in Sweden: A Pilot Index*, 1950-2002 (Stockholm: Stockholm EnvironmentInstitute, 1996), 相关网址 http: //www. sei. se /dload /1996 /SEWISA-PI. pdf. 有关 ISEW 总体信息及其批评, 参见 John Talberth and AlokK. Bohara, "Economic Openness and Green GDP," *Ecological Economics* 58 (2006): 743-744, 756-757. 另参见 Philip A. Lawn, "An Assessment of the Valuation Methods Used to Calculate the Index of Sustainable Economic Welfare(ISEW), Genuine Progress Indicator (GPI), and Sustainable Net Benefit Index (SNBI)," *Environment, Development and Sustainability* 7 (2005): 185.

31. 参见如 Philip A. Lawn, *Toward Sustainable Development* (Boca Raton, Fla. : Lewis, 2001), 240-242.

32. 图 4 来源于 Jason Venetoulis and Cliff Cobb and the Redefining Progress Sustainability Indicators Program, *The Genuine Progress Indicator, 1950—2002* (2004 Update), March 2004, 相关网址 http: //www. rprogress. org /publications /2004 /gpi_march2004update. pdf. 另参见 Clifford Cobb et al., "If the GDP Is Up, Why Is American Down?" *Atlantic Monthly*, October 1995, 59.

33. William D. Nordhaus 和 James Tobin, "Is Growth Obsolete?" in Milton-Moss, ed., *The Measurement of Economic and Social Performance* (New York: Columbia University Press, 1973).

34. Daniel C. Esty et al., *Pilot 2006 Environmental Performance Index*, Yale Centerfor Environmental Law and Policy (2006), online at http: //www. yale. edu /epi.

35. 图 5 来源于 Marque-Luisa Miringoff and Sandra Opdycke, *America's Social Health: Putting Social Issues Back on the Public Agenda* (Armonk, N. Y. : M. E. Sharpe, 2007), 74.

36. University of Pennsylvania News Bureau, "U. S. Ranks 27th in 'Report Card' on World Social Progress; Africa in Dire Straits," 21 July 2003, 完整分析见 http: //www. sp2. upenn. edu/～restes/world. html. 各种措施有趣的介绍, 参见 Deutsche Bank Research, "Measures of Well-Being," 8 September 2006, 相关网址 http: //www. dbresearch. com.

37. Diener 和 Seligman, "Beyond Money," 1. 另参见 Ed Diener, "Guidelines for National Indicators of Subjective Well-Being and Ill-Being," University of Illinois, 28 November 2005.

38. New Economics Foundation, *The Happy Planet Index* (London: New Economics Foundation, 2006), 相关网址 http: //www. happyplanetindex. org.

39. 参见 Andrew C. Revkin, "A New Measure of Well-Being from a Happy Little Kingdom," *New York Times*, 4 October 2005, F1; and Karen Mazurkewich, "In Bhutan, Happiness Is King," *Wall Street Journal*, 13 October 2004, A14.

40. 在此列举的措施适用于应对美国社会不公平的危机. 参见 Kathryn M. Neckerman, ed. , *Social Inequality* (New York: Russell Sage Foundation, 2004); Lawrence Mishel et al. , *The State of Working America,2006—2007* (Washington, D. C. : Economic Policy Institute, 2007); Mark Robert Rank, *One Nation, Underprivileged* (Oxford: Oxford University Press, 2004); David K. Shipler, *The Working Poor: Invisible in America* (New York: Alfred A. Knopf, 2004); Barbara Ehrenreich, *Nickeled and Dimed: On (Not) Getting by in America* (New York: Henry Holt, 2001); Barbara Ehrenreich, *Bait and Switch: The (Futile) Pursuit of the American Dream* (New York: Henry Holt, 2005); Louis Uchitelle, *The Disposable Americans: Layoffs and Their Consequences* (New York: Vintage, 2007); Jacob S. Hacker, *The Great Risk Shift: The Assault on American Jobs, Families, Health Care and Retirement-and How You Can Fight Back* (Oxford: Oxford University Press, 2006); Jonathan Cohn, *Sick: The Untold Story of America's Health Care Crisis—and the People Who Pay*

265

the Price (New York: Harper Collins, 2007); National Urban League, *The State of Black America*, 2007 (Silver Spring, Md.: Beckham, 2007); Frank Ackerman et al., *The Political Economy of Inequality* (Washington, D. C.: Island Press, 2000); Juliet B. Schor, *The Overworked American: The Unexpected Decline of Leisure* (New York: Basic Books, 1992); Juliet B. Schor, *The Overspent American: Why We Want What We Don't Need* (New York: Harper Collins, 1998); and Katherine S. Newman and Victor Tan Chen, *The Missing Class: Portraits of the Near Poor in America* (Boston: Beacon, 2007).

另参见关于贫困的专门工作组的报告, *From Poverty to Prosperity* (Washington, D. C.: Center for American Progress, 2007); Ross Eisenbrey etal., "An Agenda for Shared Prosperity," *EPI Journal*, Economic Policy Institute, Winter 2007, 1; *American Prospect*, Special Reports, "Bridging the Two Americas," September 2004, 以及"Why Can't America Have a Family Friendly Workplace?" March 2007; 和 Robert Kuttner, "The Road to Good Jobs,"*American Prospect*, November 2006, 32.

Richard Layard 探讨了从趋量工作中征收所得税的必要. Layard,Happiness, 152-156. 关于累积消费税的例证,见 Robert H. Frank, Luxury Fever, 207-226. 哈佛大学的 Howard Gardner 建议,个人年收入不得超过平均年工资的 100 倍,个人房产过户金额不得超过年规定最高收入的 50 倍. 参见 Howard Gardner, *Foreign Policy*, May-June 2007, 39.

第七章 适可而止的消费

1. Louis Uchitelle, "Why Americans Must Keep Spending," *New York Times*, 1 December 2003, 1 (Business Day).

266 2. Christopher Swann, "Consuming Concern," *Financial Times*, 20 January 2006,11.

3. Kristin Downey, "Basics, Not Luxuries, Blamed for High Debt," *Washington Post*, 12 May 2006, D1.

4. 数据来自*Grist*, 22 April 2005 (www. grist. org), 以及 *Mother Jones*, March-April 2005, 26, and July-August 2007, 20.

5. 参见第三章有关美国环境趋势的论述.

6. 参见 Benjamin Cashore et al., *Governing through Markets: Forest Certifi-cation and the Emergence of Non-State Authority* (New Haven and London: Yale University Press, 2004); 以及 Benjamin Cashore, "Legitimacy and the Privatization of Environmental Governance," *Governance* 15 (2002): 504. 另参见 Frieder Rubit and Paolo Frankl, eds., *The Future of Eco-Labelling* (Sheffield, U. K.: Greenleaf, 2005).

7. 参见 William McDonough 和 Michael Braungart, *Cradle to Cradle: Rema-king the Way We Make Things* (New York: Farrar, Straus and Giroux, 2002).

8. Joel Makower 和 Deborah Fleischer, *Sustainable Consumption and Produc-tion: Strategies for Accelerating Positive Change* (New York: Environmen-tal Grantmakers Association, 2003), 2-3.

9. Wendy Gordon, "Crossing the Great Divide: Taking Green Mainstream" (Presentation), *Green Guide*, 22 February 2007. 另参见 Jerry Adler, "Going Green," *Newsweek*, 17 July 2006, 43; 以及 John Carey, "Hugging the Tree Huggers,"*Business Week*, 12 March 2007, 66.

10. Gordon, "Crossing the Great Divide."

11. Jonathon Porritt, *Capitalism as If the World Matters* (London: Earthscan, 2005),269.

12. James Gustave Speth, *Red Sky at Morning: America and the Crisis of the Global Environment* (New Haven and London: Yale University Press, 2004), 125.

13. John Lintott, "Beyond the Economics of More: The Place of Consumption in Ecological Economics," *Ecological Economics* 25 (1998): 239.

14. Michael F. Maniates, "Individualization: Plant a Tree, Buy a Bike, Save the World?" *Global Environmental Politics* 1 (2001): 49-50.

15. 参见如 Thomas Koellner et al., "Environmental Impacts of Conventional and Sustainable Investment Funds," *Journal of Industrial Ecology* 11, no. 3 (2007): 41.

16. Corporate Executive Board, Marketing Leadership Council, "Targeting the LOHAS Segment," Issue Brief, July 2005, 1. 另参见 "New Green Advertising Network Launched," 相关网址: http://www. greenbiz. com/

news/news_third. cfm? NewsID=34985.

17. 参见如 Claudia H. Deutsch, "Now Looking Green Is Looking Good," *New-York Times*, 28 December 2006; "More Firms Want to Market to Green Consumer," Reuters, 5 March 2007; and Carlos Grande, "Consumption with a Conscience," *Financial Times*, 19 June 2007, 16.

18. Tim Jackson, "Live Better by Consuming Less? Is There a 'Double Dividend' in Sustainable Consumption?" *Journal of Industrial Ecology*, 9 (2005): 19.

19. Jackson, "Live Better by Consuming Less?" 23.

20. 参见第六章。

21. Tim Kasser et al., "Materialistic Values: Their Causes and Consequences," in Tim Kasser 和 Allen D. Kanner, eds., *Psychology and Consumer Culture: The Struggle for a Good Life in a Materialistic World* (Washington, D. C.: American Psychological Association, 2004), 11.

22. 援引 Marilyn Elias, "Psychologists Know What Makes People Happy," *USA Today*, 10 December 2002. 另参见 Tim Kasser, *The High Price of Materialism* (Cambridge, Mass.: MIT Press, 2002).

23. David G. Myers, "What Is the Good Life?" *Yes! A Journal of Positive Futures*, Summer 2004, 14.

24. Sheldon Solomon et al., "Lethal Consumption: Death-Denying Materialism," in Kasser and Kanner, eds., *Psychology and Consumer Culture*, 127. 另参见 Ernest Becker, *The Denial of Death* (New York: Free Press, 1973).

25. Tim Jackson, "Live Better by Consuming Less?" 30. 另参见 Gary Cross, *An All-Consuming Century: Why Commercialism Won in Modern America* (New York: Columbia University Press, 2000). 并参见 Lizabeth Cohen, *A Consumers'Republic: The Politics of Mass Consumption in Postwar America* (New York: Alfred A. Knopf, 2003).

26. Clive Hamilton, *Growth Fetish*, 84-85.

27. John de Graaf et al., *Affluenza: The All-Consuming Epidemic* (San Francisco: Berrett-Koehler, 2005), 173-174.

28. Center for a New American Dream, "New American Dream: A Public

Opinion Poll," 2004, 相关网址 http://www.newdream.org/about/PollResults.pdf.

29. 参见如 Duane Elgin, *Voluntary Simplicity*, rev. ed. (New York: William Morrow, 1993); David G. Myers, *The American Paradox: Spiritual Hunger in an Age of Plenty* (New Haven and London: Yale University Press, 2000); Carl Honoré, *In Praise of Slowness: Challenging the Cult of Speed* (San Francisco: Harper Collins, 2004); Rick Warren, *The Purpose-Driven Life* (Grand Rapids, Mich.: Zondervan, 2002); and Richard Louv, *Last Child in the Woods: Saving Our Children from Nature Deficit Disorder* (Chapel Hill, N.C.: Algonquin Books, 2005).

30. 广泛搜集的材料,参见"Resources for Citizens" in Speth, *Red Sky at Morning*, 231-256. 另参见 www.Coop America.org; www.EcoLabels.org; www.The Green Guide.com; www.responsibleshopper.org; www.Treehugger.com; www.stopglobalwarming.org; and www.campusclimatechallenge.org.

31. Yvon Chouinard 和 Nora Gallagher, "Don't Buy This Shirt Unless You Need It," 相关网址 http://metacool.typepad.com/metacool/files/10.02.DontBuyThisShirt.pdf.

32. Anna White, "What Does Not Buying Really Look Like?" *In Balance: Journal of the Center for a New American Dream*, Winter 2006-2007, 1.

33. 消费学主要著作包括 Thomas Princen, *The Logic of Sufficiency* (Cambridge, Mass.: MIT Press, 2005); Thomas Princen, Michael Maniates, 和 Ken Conca, eds., *Confronting Consumption* (Cambridge, Mass.: MIT Press, 2002); Paul R. Ehrlich 和 Anne H. Erhlich, *One with Nineveh: Politics, Consumption, and the Human Future* (Washington, D.C.: Island Press, 2004); Juliet B. Schor 和 Douglas B. Holt, eds., *The Consumer Society Reader* (New York: New Press, 2000); 以及 Ramachandra Guha, *How Much Should a Person Consume?* (Berkeley: University of California Press, 2006).

有限范围较广的引人入胜的是 Benjamin R. Barber's Consumed: *How Markets Corrupt Children, Infantilize Adults, and Swallow Citizens Whole* (NewYork: W.W. Norton, 2007).

34. 参见注 26-33 以及 Naomi Klein, *No Logo* (NewYork: Harper Collins, 2000); Juliet B. Schor, *The Overspent American: Why We Want What We Don't Need* (New York: Harper Collins, 1998); Barry Schwartz, *The Par-*

268

adox of Choice: Why More Is Less (New York: Harper Collins, 2004); James B. Twichell, *Branded Nation: The Marketing of Megachurch, College Inc., and Museumworld* (New York: Simon and Schuster, 2004); John E. Carroll, *Sustainability and Spirituality* (Albany: SUNY Press, 2004); Bill McKibben, *Deep Economy: The Wealth of Communities and the Durable Future* (New York: Henry Holt, 2007); David C. Korten, *The Great Turning: From Empire to Earth Community* (San Francisco: Berrett-Koehler, 2006); Hazel Henderson, *Ethical Markets: Growing the Green Economy* (White River Junction, Vt.: ChelseaGreen, 2006); Duane Elgin, *Promise Ahead: A Vision of Hope and Action for Humanity's Future* (New York: HarperCollins, 2000); Alan Weisman, *Gaviotas: A Village to Reinvent the World* (White River Junction, Vt.: Chelsea Green, 1998); and Carlo Petrini, *Slow Food Nation* (New York: Rizzoli Ex Libria, 2007). 另参见 Dan Barry, "Would You Like This in Tens, Twenties, or Normans?"*New York Times*, 25 February 2007, 14.

35. Wendell Berry, *Selected Poems of Wendell Berry* (New York: Perseus Books, 1998).

第八章　带动根本转变的股份制企业

269 1. Adam Smith, *An Inquiry into the Nature and Causes of the Wealth of Nations*, ed. Edwin Cannan (New York: Modern Library, 1937), 800.

2. 参见 Thom Hartman, *Unequal Protection* (Emmaus, Pa.: Rodale, 2002), 90-110.

3. Joel Bakan, *The Corporation* (London: Constable, 2005), 50. 更具希望的观点,参见 Bruce L. Hay et al., eds., *Environmental Protection and the Social Responsibility of Firms* (Washington, D.C.: Resources for the Future, 2005).

　　利益驱使有时看上去不受任何制约,参见如 Brian Grow 和 Keith Epstein, "The Poverty Business: Inside U.S. Companies' Audacious Drive to Extract More Profits from the Nation's Working Poor,"*Business Week*, 21 May 2007, 57; Heather Timmons, "British Science Group Says Exxon Misrepresents Climate Issues," *New York Times*, 21 *September* 2006; Tom Philpott, "Bad Wrap: How Archer Daniels Midland Cashes in *on Mexico's* Tortilla Woes," *Grist*, 22 February 2007; Caroline Daniel 和 Maija Palmer, "Google's Goal to Organize Your Daily Life," *Financial Times*, 23 May 2007, 1; Leslie Savan, "Tefl on Is Forever," *Mother Jones*, May-June 2007,71; 以及 James Glanz 和 Eric Schmitt, "U. S. Widens Fraud Inquiry into Iraq Military Supplies," *New York Times*, 28 August 2007, 1A.

4. Joel Bakan, *The Corporation*, 60-61. 参见如 John J. Fialka, "Oil, Coal Lobbyist Mount Attack on Senate Plan to Curb Emissions," *Wall Street Journal*, June 21, 2005,A4; and Robert Repetto, *Silence Is Golden, Leaden, and Copper: Disclosure of Material Environmental Information in the Hardrock Mining Industry* (New Haven: Yale School of Forestry and Environmental Studies, 2004).

5. Lou Dobbs, *War on the Middle Class* (New York: Viking, 2006), 37.

6. Robert Repetto, "Best Practice in Internal Oversight of Lobbying Practice," 相关网址: http: //www. yale. edu/envirocenter /WP200601-Repetto. pdf.

7. Lee Drutman, "Perennial Lobbying Scandal," www. TomPaine. com, 28 February 2007.

8. G. William Domhoff, *Who Rules America*? (Boston: McGraw-Hill, 2006), xi,xiii-xiv. 另参见 Jeff Faux, *The Global Class War: How America's Bipartisan Elite Lost Our Future——and What It Will Take to Win It Back* (Hoboken, N.J.: John Wiley and Sons, 2006).

9. Edmund L. Andrews, "As Congress Turns to Energy, Lobbyists Are Out in Force," *New York Times*, 12 June 2007, A14.

10. 这些数据来自 Medar Gabel and Henry Bruner, *Global Inc. : An Atlas of the Multinational Corporation* (New York: New Press, 2003), 2, 7, 12, 28-29, 32-33, 132-133.

11. Gabel and Bruner, *Global*, Inc. , x.

12. 全球化的文献资料众多,从环境角度出发,参见 James Gustave Speth, ed. , *Worlds Apart: Globalization and the Environment* (Washington, D. C. : Island Press, 2003); Nayan Chanda, *Bound Together: How Traders, Preachers, Adventurers, and Warriors Shaped Globalization* (New Haven

270

and London：Yale University Press, 2007）；and Thomas L. Friedman, *The Lexus and the Olive Tree：Understanding Globalization* (New York：Farrar, Straus and Giroux, 1999).

13. John Cavanagh et al. , *Alternatives to Economic Globalization：A Better World Is Possible* (San Francisco：Berrett-Koehler, 2002), 4.

14. John Cavanagh et al. , *Alternatives to Economic Globalization* , 17-20.

15. John Cavanagh et al. , *Alternatives to Economic Globalization* , 61, 8.

16. John Cavanagh et al. , *Alternatives to Economic Globalization* , 4-5.

17. John Cavanagh et al. , *Alternatives to Economic Globalization* , 122-124.

18. 参见如 Sharon Beder, *Global Spin：The Corporate Assault on Environmentalism* (White River Junction, Vt. ：Chelsea Green, 2002); David C. Korten, *When Corporations Rule the World* (San Francisco：Berrett-Koehler, 2001). 另参见 John Perkins, *Confessions of an Economic Hit Man：How the U. S. Uses Globalization to Cheat Poor Countries out of Trillions* (New York：Penguin/Plume,2004); 以及 Carolyn Nordstrom, *Global Outlaws：Crime, Money, and Power in the Contemporary World* (Berkeley：University of California Press, 2007).

19. Fiona Harvey 和 Jenny Wiggins, "Companies Cash in on Environmental Awareness," *Financial Times* , 14 September 2006, 4.

20. Pete Engardio, "Beyond the Green Corporation," *Business Week* , 29 January 2007, 50, 53. 另参见 Fiona Harvey, "Lenders See Profit in Responsibility,"*Financial Times* , 12 June 2006, 1.

21. Francesco Guerrera, "GE Doubles 'Green' Sales in Two Years," *Financial Times* , 24 May 2007.

22. Daniel C. Esty and Andrew S. Winston, *Green to Gold：How Smart Companies Use Environmental Strategy to Innovate, Create Value, and Build Competitive Advantage* (New Haven and London：Yale University Press, 2006), 304.

23. 国际调查由 GlobeScan 为马里兰大学国际政策态度项目开展. 参见 http：//www. globescan. com/news_archives/pipa_market. html. 美国调查由 Gallup Organization 开展. 参见 http：//brain. gallup. com/content/Default. aspx?ci = 5248 and http：//brain. gallup. com/documents/questionnaire. aspx?

STUDY = P0207027.

24. 总体参见 Stephen Davis et al., *The New Capitalists: How Citizen Investors Are Reshaping the Corporate Agenda* (Boston: Harvard Business School Press, 2006).

25. 参见 Andrew W. Savitz, *The Triple Bottom Line: How America's Best Companies Are Achieving Economic, Social and Environmental Success— and How You Can Too* (San Francisco: Jossey-Bass, 2006).

26. 参见 Steven Mufson, "Companies Gear Up for Greenhouse Gas Limits," *Washington Post*, 29 May 2007, D1; Al Gore and David Blood, "For People and Planet," *Wall Street Journal*, 28 March 2006, A20; James Gustave Speth, "Why Business Needs Government Action on Climate Change," *World Watch*, July-August 2005, 30.

27. David Vogel, *The Market for Virtue: The Potential and Limits of Corporate Social Responsibility* (Washington, D.C.: Brookings Institution, 2005), 3-4 (原文有强调). 有些观点更为乐观。参见如 Ira A. Jackson and Jane Nelson, *Profits with Principles* (New York: Doubleday, 2004).

28. Richard D. Morgenstern and William A. Pizer, eds., *Reality Check: The Nature and Performance of Voluntary Environmental Programs in the United States, Europe, and Japan* (Washington, D.C.: Resources for the Future, 2006), 184.

29. 参见如 William J. Baumol, *Perfect Markets and Easy Virtue: Business Ethics and the Invisible Hand* (Cambridge, Mass.: Blackwell, 1991); Bill McKibben, "Hype vs. Hope: Is Corporate Do-Goodery for Real?" *Mother Jones*, November-December 2006, 52; Aaron Chatterji and Siona Listokin, "Corporate Social Irresponsibility," *Democracy Journal*. Org, Winter 2007, 52; and John Kenney, "Beyond Propaganda," *New York Times*, 14 August 2006, A21. 另参见 Thomas P. Lyon and John W. Maxwell, "Greenwash: Corporate Environmental Disclosureunder Threat of Audit," 相关网址: http://webuser.bus.umich.edu/tplyon/Lyon_Maxwell_Greenwash_March_2006.pdf.

30. 参见 Kel Dummett, "Drivers for Corporate Environmental Responsibility," *Environment, Development and Sustainability* 8 (2006): 375.

31. 参见 Common Cause et al. , *Breaking Free with Fair Elections* , March 2007,相关网址 http：//www. commoncause. org /atf /cf /{FB3C17E2-CDD1-4DF6-92BE-BD4429893665 }/BREAKING％ 20FREE％ 20FOR％ 20FAIR％ 20ELECTIONS. PDF.

32. Robert Repetto, "Best Practice. "

33. 参见 Robert Repetto and Duncan Austin, *Coming Clean：Corporate Disclosureof Financially Significant Environmental Risks* （Washington, D. C. ：World Resources Institute, 2000）.

34. Bakan, Corporation, 160.

35. Allen L. White, "Transforming the Corporation," Great Transition Initiative,Tellus Institute, Boston, 7 March 2006, 7-8. 参见 www. gtinitiative. org. 另参见 www. corporation2020. org. 另参见 David C. Korten, *The Post-Corporate World：Life after Capitalism* （San Francisco：Berrett-Koehler, 1999）.

36. Allen L. White, "Transforming the Corporation," 12-17.

第九章　超越当今资本主义本质

272 1. Gar Alperovitz, *America beyond Capitalism：Reclaiming Our Wealth, Our Liberty, and Our Democracy* （Hoboken, N. J. ：John Wiley and Sons, 2005）, ix.

2. Robert L. Heilbroner, *The Nature and Logic of Capitalism* （New York：W. W. Norton, 1985）, 143-144.

3. Samuel Bowles et al. , *Understanding Capitalism：Competition, Command, and Change* （New York：Oxford University Press, 2005）, 531.

4. Samuel Bowles et al. , *Understanding Capitalism* , 549.

5. Immanuel Wallerstein, *The End of the World as We Know It* （Minneapolis：University of Minnesota Press, 1999）, 78-85. 另参见 Immanuel Wallerstein, *World System Analysis：An Introduction* （Durham, N. C. ：Duke University Press,2004）, 76-90.

6. John S. Dryzek, "Ecology and Discursive Democracy：Beyond Liberal Capitalism and the Administrative State," in Martin O'Connor, ed. , *Is Capi-*

talism Sustainable ? (New York: Guilford Press, 1994), 176-177. 另参见 Matthew Paterson, *Understanding Global Environmental Politics: Domination, Accumulation,Resistance* (Basingstoke, U. K. : Palgrave, 2001).

7. John S. Dryzek, "Ecology and Discursive Democracy," 185.

8. William Robinson, *A Theory of Global Capitalism: Production, Class, and State in a Transnational World* (Baltimore: Johns Hopkins University Press, 2004), 147.

9. William Robinson, *A Theory of Global Capitalism* , 171-172.

10. Amy Goodman 在 Link TV 播出的节目 "Democracy Now" 非常独具匠心. 参见 www. democracynow. org.

11. 援引 William Robinson, *A Theory of Global Capitalism* , 170.

12. Gar Alperovitz, *America beyond Capitalism* , 1-4, 214.

13. Immanuel Wallerstein, *The End of the World as We Know It* , 86.

14. 此处论述参考 Richard A. Rosen et al. , "Visions of the Global Economy in a Great Transition World," Tellus Institute, Great Transition Initiative, Boston, 22 February 2006. 参见 www. gtinitiative. org.

15. 也许 Mica Panic 认为,这种分类是由于欧洲大陆未区分社会民主模式(如瑞典、挪威和 "社团主义" 模式(荷兰、德国、法国)而产生. 参见 M. Panic, "Does Europe Need Neoliberal Reforms?" *Cambridge Journal of Economics* 31 (2007): 145. 另参见 Pranab Bardhan, "Capitalism: One Size Does Not Suit All," *Yale Global* ,7 December 2006. 另参见 Colin Crouch and Wolfgang Streeck, eds. , *Political Economy of Modern Capitalism: Mapping Convergence and Diversity* (London: Sage, 1997).

16. Lawrence Peter King and Ivan Szelenyi, *A Theories of the New Class* (Minneapolis: University of Minnesota Press, 2004), 242.

17. Clive Hamilton, *Growth Fetish* , 211.

18. Clive Hamilton, *Growth Fetish* , 212-214.

19. Gar Alperovitz, *America beyond Capitalism* , 5.

20. William Greider, *The Soul of Capitalism: Opening Paths to a Moral Economy* (New York: Simon and Schuster, 2003), 22.

21. William Greider, *The Soul of Capitalism* , 33.

22. William Greider, *The Soul of Capitalism* , 65.

23. Jeff Gates, *The Ownership Solution: Toward a Shared Capitalism for the Twenty-First Century* (Reading, Mass.: Addison-Wesley, 1998).

24. Gar Alperovitz, *American beyond Capitalism*, 88-89.

25. Peter Barnes, *Capitalism 3.0: A Guide to Reclaiming the Commons* (San Francisco: Berrett-Koehler, 2006).

26. 参见 Stephen Davis et al., *The New Capitalists: How Citizen Investors Are Reshaping the Corporate Agenda* (Boston: Harvard Business School Press, 2006).

除信托、养老基金资本主义增长外,现今横扫资本主义的其他金融和所有制模式带来一系列令人担忧的风险和机遇. 参见如 "Caveat Investor,"*Economist*, 10 February 2007, 12 (private equity); Gerald Lyons, "How State Capitalism Could Change the World," *Financial Times*, 8 June 2007, 13 (state capitalism, sovereign wealth funds); and Martin Wolf, "The New Capitalism,"*Financial Times*, 19 June 2007, 11 ("financial capitalism"). 与此同时,建立家庭所有制仍然重要(例如,创建家庭持有标准普尔 100 工业股票 18% 的股权),家庭公司的环境记录据称好于平均水平. 参见 Justin Craig and Clay Dibrell, "The Natural Environment, Innovation and Firm Performance,"*Family Business Review* 19, no. 4 (2006): 275.

27. 参见如 Stephanie Strom, "Make Money, Save the World," *New York Times*, 6 May 2007 ("Sunday Business," 1); Mary Anne Ostrom, "Global Philanthropy Forum Explores New Way of Giving," *San Jose Mercury News*, 12 April 2007; Andrew Jack, "Beyond Charity? A New Generation Enters the Business of Doing Good," *Financial Times*, 5 April 2007, 11.

28. 仍具有价值的思想来自 Martin Carnoy and Derek Shearer, *Economic Democracy: The Challenge of the 1980s* (White Plains, N.Y.: M. E. Sharpe,1980).

第十章　新意识

1. Vaclav Havel, "Spirit of the Earth," *Resurgence*, November-December 1998, 30.

2. 援引 Verlyn Klinkenborg, "Land Man," *New York Times Book Review*, 5

November 2006，30．

3. Paul R. Ehrlich and Donald Kennedy, "Millennium Assessment of Human　274
   Behavior,"Science 309 (2005)：562-563. 另参见 Paul R. Ehrlich, *Human
   Natures: Genes, Cultures, and the Human Prospect* (Washington, D. C.：
   Island Press, 2000).

4. Paul Raskin et al., *Great Transition* (Boston：Stockholm Environment Insti-
   tute,2002), 42-43.

5. Peter Senge et al., *Presence: Human Purpose and the Field of the Future*
   (New York：Doubleday, 2005), 26.

6. Mary Evelyn Tucker and John Grim, "Daring to Dream: Religion and the
   Future of the Earth," *Reflections—The Journal of the Yale Divinity School*,
   Spring 2007, 4.

7. Erich Fromm, *To Have or to Be* (London：Continuum, 1977), 8, 137.

8. Thomas Berry, *The Great Work: Our Way into the Future* (New York：Bell
   Tower,1999), 4, 104-105.

9. Charles A. Reich, "Reflections: The Greening of America," *New Yorker*, 26
   September 1970, 42, 74-75, 86, 92, 102, 111. 另参见 Charles A. Reich,
   The Greening of America (New York：Random House, 1970).

10. Robert A. Dahl, *On Political Equality* (New Haven and London：Yale Uni-
    versity Press, 2007), 114-116.

11. 行为心理学有趣的探索之旅,参见如 Paul C. Stern, "Understanding Individ-
    uals' Environmentally Significant Behavior," *Environmental Law Reporter*
    35 (2005)：10785；Anja Kollmus and Julian Agyeman, "Mind the Gap: Why
    Do People Act Environmentally and What Are the Barriers to Pro-Environ-
    mental Behavior?" *Environmental Education Research* 8, no. 3 (2002)：
    239；and Thomas Dietz et al., "Environmental Values," *Annual Review of
    Environmental Resources* 30 (2005), 335.

12. 参见 Great Transition Initiative, 相关网址：www. gtinitiative. org.

13. Paul D. Raskin, *The Great Transition Today: A Report from the Future*
    (Boston：Tellus Institute, 2006), 1-2, 相关网址 http: //www. gtinitiative.
    org/default. asp? action=43.

14. Paul D. Raskin, *The Great Transition Today*, 2.

15. David Korten, "The Great Turning," *Yes! A Journal of Positive Futures*, Summer 2006, 16. 另参见 David C. Korten, *The Great Turning: From Empire to Earth Community* (San Francisco: Berrett-Koehler, 2006).

16. 地球宪章,登录 http://earthcharterinaction.org/ec_splash/. 该网站还介绍了《地球宪章》推进委员会的工作.

17. 参见如 Tu Wei-ming, "Beyond the Enlightenment Mentality," 和 Ralph Metzner, "The Emerging Ecological Worldview," 两篇文章都收录在 Mary Evelyn Tucker and John Grim, eds., *Worldviews and Ecology: Religion, Philosophy, and the Environment* (New York: Orbis Books, 1994); Manfred Max-Neef, "Development and Human Needs," in Paul Ekins and Manfred Max-Neef, *Real-Life Economics: Understanding Wealth Creation* (London: Routledge, 1992), 197; Thomas Berry, *Evening Thoughts*, ed. Mary Evelyn Tucker (San Francisco: Sierra Club Books, 2006; Stephen R. Kellert and Timothy J. Farnham, eds., *The Good in Nature and Humanity: Connecting Science, Religion, and Spirituality with the Natural World* (Washington, D. C.: Island Press, 2002); Carolyn Merchant, *Radical Ecology: The Search for a Livable World* (New York: Routledge, 1992); Mary Mellor, *Feminism and Ecology: An Introduction* (New York: New York University Press, 1998); Satish Kumar, *You Are, Therefore I Am: A Declaration of Dependence* (Totnes, U. K.: Green Books, 2002); Kwame Anthony Appiah, *Cosmopolitanism: Ethics in a World of Strangers* (New York: W. W. Norton, 2006); Bill McKibben, *Deep Economy: The Wealth of Communities and the Durable Future* (New York: Henry Holt, 2007); J. Baird Callicott, In *Defense of the Land Ethic: Essaysin Environmental Philosophy* (Albany: SUNY Press, 1989); J. Baird Callicott, *Earth's Insights: A Multicultural Survey of Ecological Ethics from the Mediterranean Basin to the Australian Basin* (Berkeley: University of California Press, 1994); and Victor Ferkiss, *Nature, Technology, and Society: Cultural Roots of the Current Environmental Crisis* (New York: New York University Press, 1993).

18. George Levine, *Darwin Loves You: Natural Selection and the Re-enchantment of the World* (Princeton, N. J.: Princeton University Press, 2006),

275

xvii.

19. William Wordsworth, "The Tables Turned," in *The Poetical Works of William Wordsworth*, ed. Thomas Hutchinson (London: Oxford University Press, 1895),481.

20. Oren Lyons, 向联合国代表发表演说, 1977, 重印于 A. Harvey, ed., *The Essential Mystics: Selections from the World's Great Wisdom Traditions* (San Francisco: Harper San Francisco, 1996), 14-15.

21. 援引 Lawrence E. Harrison, *The Central Liberal Truth: How Politics Can Change a Culture and Save It* (Oxford: Oxford University Press, 2006), xvi.

22. Harvey Nelsen, "How History and Historical Myth Shape Current Polities,"*University of South Florida* (undated).

23. Thomas Homer-Dixon, *The Upside of Down: Catastrophe, Creativity, and the Renewal of Civilization* (Washington, D.C.: Island Press, 2006), 6, 109, 254.

24. Thomas Homer-Dixon, *The Upside of Down*, 281.

25. Howard Gardner, *Changing Minds: The Art and Science of Changing Our Own and Other People's Minds* (Boston: Harvard Business School Press, 2006), 69,82. 另参见 James MacGregor Burns, *Transforming Leadership: A New Pursuit of Happiness* (New York: Grove Press, 2003).

26. 参见第七章.

27. Bill Moyers, "The Narrative Imperative," *Tom Paine. Common Sense*, 4 January 2007, 2, 5, 相关网址: http: //www. tompaine. com /print /the_narrative_imperative. php.

28. Thomas Berry, *The Dream of the Earth* (San Francisco: Sierra Club Books,1988); Carolyn Merchant, *Reinventing Eden: The Fate of Nature in Western Culture* (New York: Routledge, 2003); Evan Eisenberg, *The Ecology of Eden* (New York: Vintage Books, 1998); Bill McKibben, *Deep Economy*. 276

29. 参见第六章有关 Robert E. Lane 在 *Loss of Happiness in Market Democracies* 中的论述.

30. Curtis White, *The Spirit of Disobedience* (Sausalito, Calif.: Poli Point

Press,2007), 118, 124.

31. Mary Evelyn Tucker, *Worldly Wonder: Religions Enter Their Ecological Phase* (Chicago: Open Court, 2003), 9, 43.

32. 总体参见 National Religious Partnership for the Environment, www. nrpe. org. 另参见 Gary T. Gardner, *Inspiring Progress: Religions' Contributions to Sustainable Development* (New York: W. W. Norton, 2006); James Gustave Speth, "Protecting Creation a Moral Duty," *Environment: Yale—The Journal of the School of Forestry and Environmental Studies*, Spring 2007, 2; Bob Edgar, *Middle Church: Reclaiming the Moral Values of the Faithful* (New York: Simon and Schuster, 2006); Steven C. Rockefeller and John C. Elder, *Spirit and Nature: Why the Environment Is a Religious Issue——An Interfaith Dialogue* (Boston: Beacon Press, 1992); E. O. Wilson, *The Creation* (New York: W. W. Norton, 2006); James Jones, *Jesus and the Earth* (London: Society for Promoting Christian Learning, 2003).

33. 参见 David Orr, *Earth in Mind: On Education, Environment and the Human Prospect* (Washington, D. C. : Island Press, 2004); and David Orr, *Ecological Literacy: Education and the Transition to a Postmodern World* (Albany: State University of New York Press, 1992).

34. Stephen R. Kellert, *Building for Life: Designing and Understanding the Human-Nature Connection* (Washington, D. C. : Island Press, 2005).

35. 参见 Alan Andreasen, *Social Marketing in the Twenty-first Century* (Thousand Oaks, Calif. : Sage, 2006).

第十一章 新政治

1. William Greider, *The Soul of Capitalism: Opening Paths to a Moral Economy* (New York: Simon and Schuster, 2003), 29.

2. Peter Barnes, *Capitalism 3. 0: A Guide to Reclaiming the Commons* (San Francisco: Berrett-Koehler, 2006), 34, 36, 45.

3. Gar Alperovitz, *America beyond Capitalism: Reclaiming Our Wealth, Our Liberty, and Our Democracy* (Hoboken, N. J. : John Wiley and Sons,

2005).

4. Roger D. Masters, *The Nation Is Burdened: American Foreign Policy in a Changing World* (New York: Random House, 1967).

5. Kirkpatrick Sale, *Dwellers in the Land: A Bioregional Vision* (Athens: University of Georgia Press, 2000).

6. John Cavanagh et al., *Alternatives to Economic Globalization: A Better World Is Possible* (San Francisco: Berrett-Koehler, 2002). 参见第八章.

7. William A. Shutkin, *The Land That Could Be: Environmentalism and Democracy in the Twenty-First Century* (Cambridge, Mass.: MIT Press, 2000), 128.

8. Ronnie D. Lipschutz, *Global Environmental Politics: Power, Perspectives, and Practice* (Washington, D.C.: CQ Press, 2004), 133, 242-243.

9. Ronnie D. Lipschutz, *Global Environmental Politics*, 175.

10. 参见 Sheila Jasanoff and Marybeth Long Martello, eds., *Earthly Politics: Localand Global in Environmental Governance* (Cambridge, Mass.: MIT Press,2004).

11. Walter F. Baber and Robert V. Bartlett, *Deliberative Environmental Politics: Democracy and Ecological Rationality* (Cambridge, Mass.: MIT Press,2004).

12. 参见如 James Bohman, ed., *Public Deliberation: Pluralism, Complexity, and Democracy* (Cambridge, Mass.: MIT Press, 1996); James Bohman and William Rehg, eds., *Deliberative Democracy: Essays on Reason and Politics* (Cambridge,Mass.: MIT Press, 1997); and Iris Marion Young, "Activist Challenges to Deliberative Democracy" in James S. Fishkin and Peter Laslett, eds., *Debating Deliberative Democracy* (Oxford: Blackwell, 2003), 102.

13. Benjamin R. Barber, *Strong Democracy: Participatory Politics for a New Age* (Berkeley: University of California Press, 2003), 117, 151.

14. Benjamin R. Barber, *Strong Democracy*, 152, 261 (原文有强调).

15. David Held et al., *Global Transformations: Politics, Economics, and Culture* (Stanford, Calif.: Stanford University Press, 1999), 449-450.

16. Paul D. Raskin, *The Great Transition Today: A Report from the Future*

277

(Boston：Tellus Institute, 2006)，5-6，相关网址 http：//www. gtinitiative. org/default. asp? action＝43.

17. 参见如 "Is the U. S. Ready for Human Rights?" *Yes! The Journal of Positive Futures*，Spring 2007，17-53；and George E. Clark, "Environment and Human Rights," *Environment* July-August 2007，3. 有关创新型人权保护办法,参见 Peter G. Brown, *Ethics, Economics and International Relations* (Edinburgh：Edinburgh University Press, 2000)，9-29.

18. 参见第六章.

19. 参见第六章援引的著作,注 40.

20. Robert A. Dahl, *On Political Equality* (New Haven and London：Yale University Press, 2006)，x. Dahl 认为,另一种有希望的情况也"非常有可能出现". 他写道："哪一种未来将变成现实,取决于美国公民的后代."

21. Lawrence R. Jacobs and Theda Skocpol, eds. , *Inequality and American Democracy* (New York：Russell Sage Foundation, 2005).

22. Jacob S. Hacker and Paul Pierson, *Off Center：The Republican Revolution and the Erosion of American Democracy* (New Haven and London：Yale University Press, 2005)，185-223. 另参见 Al Gore, *The Assault on Reason* (New York：Penguin, 2007).

23. Common Cause et al. , *Breaking Free with Fair Elections*，March 2007,相关网址 http：//www. commoncause. org/atf/cf/{ FB3C17E2-CDD1-4DF6-92BE-BD4429893665}/BREAKING％ 20FREE％ 20FOR％ 20FAIR％ 20ELECTIONS. PDF. 另参见 www. democracy21. org.

24. 个人沟通.

25. Steven Hill, *Ten Steps to Repair American Democracy* (Sausalito, Calif. ：PoliPoint Press, 2006). 另参见 David W. Orr, *The Last Refuge：Patriotism, Politics, and the Environment in an Age of Terror* (Washington, D. C. ：Island Press, 2004) 及 "Imbalance of Power," *American Prospect*，June 2004 (special report).

26. 总体参见 Philip Shabecoff, *Earth Rising：American Environmentalism in the Twenty-First Century* (Washington, D. C. ：Island Press, 2000)；and Eban Goodstein, "Climate Change：What the World Needs Now Is. . . Politics,"*World Watch*，January-February 2006，25.

27. 参见 Mark Dowie, *Losing Ground: American Environmentalism at the Close of the Twentieth Century* (Cambridge, Mass.: MIT Press, 1995), xi-xiv, 1-8,205-257.

28. 参见 Sidney Tarrow, *The New Transnational Activism* (Cambridge: Cambridge University Press, 2005); and Doug McAdam et al., eds., *Comparative Perspectives on Social Movements* (Cambridge: Cambridge University Press, 1996).

29. James Gustave Speth, *Red Sky at Morning: America and the Crisis of the Global Environment* (New Haven and London: Yale University Press, 2004), 197-198.

30. Paul Hawken, *Blessed Unrest: How the Largest Movement in the World Camein to Being and Why No One Saw It Coming* (New York: Viking, 2007), 2, 186,189. 另参见 Katharine Ainger et al., eds., *We Are Everywhere* (London: Verso, 2003); and Tom Mertes, ed., *A Movement of Movements: Is Another World Really Possible?* (London: Verso, 2004).

31. 参见 www. energyaction. net; www. climatechallenge. org; www. itsgettinghotinhere. org;以及 http: //powershift07. org.

32. 参见第十章注 31 和注 32.

33. 参见 Mark Hertsgaard, "Green Goes Grassroots," *Nation*, 31 July-7 August 2006, 11.

34. 参见 www. apolloalliance. org.

35. Joan Hamilton, "Man of Steel," *Sierra*, July-August 2007, 18.

36. 参见 www. theclimateproject. org.

37. Nicola Graydon, "Rainforest Action Network," *Ecologist*, February 2006, 279
38.

38. 参见如 Van Jones, "Beyond Eco-Apartheid," *Conscious Choice*, April 2007, 相关网址: http: //www. consciouschoice. com /2007 /04 /eco-apartheid0704. html; Michel Gelobter et al., "The Soul of Environmentalism," *Grist*, 27 May 2005; Mark Hertsgaard, "Green Goes Grassroots," 11 (regarding Jerome Ringo).

39. Darryl Lorenzo Wellington, "A Grassroots Social Forum," *Nation*, 13-20 August 2007, 16.

40. 参见 Jonathan Isham and Sissel Waage, *Ignition: What You Can Do to Fight Global Warming and Spark a Movement* (Washington, D. C. : Island Press, 2007); 以及 Eben Goodstein, *Fighting for Love in the Century of Extinction: How Passion and Politics Can Stop Global Warming* (Burlington: University of Vermont Press, 2007). 尤其参见 www. stepitup2007. org 和 www. 1skycampaign. org. 另参见 Thomas L. Friedman, "The Greening of Geopolitics," *New York Times Magazine*, 15 April 2007, 40; and Mark Hertsgaard, "The Making of a Climate Movement," *Nation*, 22 October 2007, 18.

41. Mark Hertsgaard, "Green Goes Grassroots," 14.

42. 总体参见 Frances Moore Lappé, *Democracy's Edge: Choosing to Save Our Country by Bringing Democracy to Life* (San Francisco: Jossey-Bass, 2006).

43. Mark Kurlansky, *1968: The Year That Rocked the World* (New York: Random House, 2005), 380. 另参见 Jon Agnone, "Amplifying Public Opinion: The Policy Impact of the U. S. Environmental Movement," *Social Forces* 85, no. 4(2007): 1593 (该文指出,"对于某一具体问题,当抗议加强了公众舆论或提高了公众舆论的突显性时,联邦法律通过的数量也会增多.")

第十二章 世界边缘的桥梁

1. Kenneth Brower, "Introduction," in Aldo Leopold, *A Sand County Almanac* (New York: Oxford University Press, 2001), 9.

2. Arundhati Roy, "Come September," in Paul Rogat Loeb, *The Impossible Will Take a Little While: A Citizen's Guide to Hope in a Time of Fear* (New York: Basic Books, 2004), 240.

索引

．．．．．．．．．．．．．．．．．．．．．．．

说明：索引中的页码为原著页码，即本书中的边码。